高 等 学 校 规 划 教 材

Engineering Chemistry

工程化学

庄玲华　吕志芳　主编

U0230841

化学工业出版社

·北京·

内容简介

《工程化学》共分六章，主要内容包括化学反应基本原理、水溶液化学、氧化还原反应与电化学、物质结构基础和工程材料等。本书以反应原理为主线，同时穿插介绍能源、大气污染、绿色化学、水污染和金属腐蚀等，在重视化学基本理论与知识的同时，甄选实例将化学与各专业现实问题联系起来，反映学科发展趋势和最新成果，展现化学的广泛应用前景。在高等学校课程思政的人才培养发展环境和要求下，编写时注重将思政元素凝练并融入教材。

《工程化学》可作为高等院校非化学化工类专业工科类学生的教材，同时可供工程技术人员参考。

图书在版编目（CIP）数据

工程化学 / 庄玲华，吕志芳主编 . — 北京 ：化学工业出版社，2022.7（2024.7 重印）
高等学校规划教材
ISBN 978-7-122-41247-8

Ⅰ．①工… Ⅱ．①庄… ②吕… Ⅲ．①工程化学-高等学校-教材 Ⅳ．①TQ02

中国版本图书馆 CIP 数据核字（2022）第 065186 号

责任编辑：宋林青 文字编辑：刘志茹
责任校对：刘曦阳 装帧设计：史利平

出版发行：化学工业出版社（北京市东城区青年湖南街 13 号 邮政编码 100011）
印　　装：河北延风印务有限公司
787mm×1092mm　1/16　印张 12¼　彩插 1　字数 306 千字　2024 年 7 月北京第 1 版第 4 次印刷

购书咨询：010-64518888 售后服务：010-64518899
网　　址：http：//www.cip.com.cn
凡购买本书，如有缺损质量问题，本社销售中心负责调换。

定　　价：35.00 元

前 言

  工程化学是高等院校非化学化工类专业工科类学生的一门必修基础课程，是培养未来工程师所必需的一门基础课。工程师应该具备完整的基础科学知识体系，化学知识是其中的重要组成部分。工程化学是在普通化学、无机化学、物理化学、材料化学和环境化学等学科基础上发展起来的，通过学习，学生可掌握化学的基本理论、基本知识和基本技能，并了解化学理论、知识和技能在实际工程中的应用，能够用化学的观点去分析和解决今后学习和工作中遇到的一些实际问题；能够应用化学的理论、思维去审视当今社会关注的环境污染、新能源开发利用、工程材料的选择和保护等热点问题，并在工程领域的实践中自觉地去贯彻可持续发展理念。

  本教材的基本内容包括化学反应基本原理、水溶液化学、氧化还原反应与电化学、物质的结构基础和工程材料等，编写时以反应原理为主线，同时穿插介绍能源、大气污染、绿色化学、水污染和金属腐蚀等。

  本教材的特色与创新点主要有：充分调研普通高中化学的课程标准，非化学化工类工科专业的后续专业课程设置和应用需求，在研究分析同类课程优秀教材的基础上对化学基础理论知识难易深浅进行调整；重视化学基本理论与知识，注重化学与各专业工程实践的联系。由于各学科差异较大，而且各行业新知识、新技术、新成果不断涌现，甄选实例将化学与各专业现实问题联系起来，反映学科发展趋势和最新成果，在从教材内容入手提高学生学习兴趣的同时，充分体现现代化学与现代科技的息息相关，展现广泛的化学应用前景；与时俱进，在高等学校课程思政的人才培养发展环境和要求下，将思政元素凝练并融入教材。

  本教材共分 6 章，由南京工业大学工程化学教研组教师分工协作共同完成。其中绪论和第 1 章由王济奎编写，第 2 章和附录由吕志芳编写，第 3 章和第 6 章由庄玲华编写，第 4 章由田丽芳编写，第 5 章由张延华编写。全书由庄玲华和吕志芳负责统稿并任主编。

  为方便教学，本书配有课件、习题解答和电子教案，使用本书作教材的教师可向出版社索取：songlq75@126.com。

  由于编者水平所限，书中难免有疏漏和不足之处，恳请使用本书的师生批评指正。

编者

2021 年 12 月

目录

绪 论

▶▶

化学和数学、物理学一样，是一门基础学科，化学历史悠久而又富有活力。从开始用火的原始社会，到使用各种人造物质的现代社会，人类一直在享用化学成果。化学成就是社会文明的重要标志，人类生活能够不断提高和改善，化学起了重要的作用。当代化学已和许多学科深度渗透和交叉，人们的生产生活、工程实践也都离不开化学的参与和支持，学习和掌握必要的化学基础理论知识已成为当代公民应具备的基本科学素质。

(1) 化学是一门基础学科

化学与物理学、生物学一样都是以"物质(物体)"为研究对象，但研究物质的尺度和行为存在区别。化学是在原子、分子水平上研究物质的组成、结构、性质、变化规律以及变化过程中能量转换的一门基础学科，其特征是从微观层次认识物质，以符号形式描述物质，在不同层面创造物质。物理学是研究物质最一般的运动规律(不包括物质之间的转化，也很少涉及具体物质的特有性质)和物质基本结构(原子核、基本粒子等)的学科。生物学是研究生物(包括植物、动物和微生物)的结构、功能、发生和发展规律的科学，目的在于阐明和控制生命活动，具有综合多种物质行为的整体性特点。从物理学、化学、生物学在解释宇宙演化史中的物质进化表现出的不同功能，我们对三者的区别会有大致的了解。在宇宙的创生期和早期，先后形成"实时空"、各种基本粒子和原子，解释、说明这些过程是物理学的任务。然后，相继发生元素进化、星际小分子合成、生物小分子合成、生物大分子合成，宇宙物质由简单分子逐步进化为生物小分子，再逐步进化形成生命基础物质，解释、说明这些过程只能靠化学。随后，生命物质由简单到复杂、由低级到高级，逐步形成具有生命的生物，这些过程的解释则非生物学不可。物理学研究基本粒子，尺度非常小，化学研究原子、分子，尺度稍大一些，生物学研究细胞、组织和器官，尺度更大一些，从研究对象的尺度而言，化学位于中间。研究的内容物理学更注重普遍性，生物学更注重整体性，化学则介于两者之间，更多的会涉及具体物质的组成、结构和化学变化。总之，化学的研究内容既不同于物理的研究对象，也不同于生物学的研究对象，然而又不可能在它们之间划出绝对严格分明的界限。

(2) 化学学科的主要发展阶段

约 100 万年前的元谋人及 50 万年前的北京人，已经学会了用火来取暖并烤熟食物，开启了人类最早的化学实践活动。化学的发展史大致可以分为古代、近代和现代三个时期。

古代化学时期。 17 世纪中期之前，是古代化学时期。这一时期，人类在用火的基础上相继学会了制陶、冶炼、染色、酿造等工艺，创造了蒸发、蒸馏、升华、煅烧等一些化工操作方法。这些具有实用性、经验性、零散性等特点的化工实践活动，虽然没有形成系统的化学知识，但是却为后来化学科学的诞生奠定了坚实的实践基础。16 世纪之后，化学活动由具有神秘色彩的炼金、炼丹活动向更加注重实际的医药化学转变，使化学的发展走上科学之路。

化学的近代时期。从 17 世纪中期到 19 世纪 90 年代中期，化学进入近代时期。这一时期，产生了一批具有里程碑意义的学术观点、理论和假说，如 1661 年英国化学家玻义耳（Robert Boyle，1627—1691）提出了科学的元素概念，并出版了《怀疑的化学家》一书。该书的出版标志着化学学科的诞生，也标志着近代化学的开始。1777 年，法国化学家拉瓦锡（Antoine-Laurent de Lavoisier，1743—1794）用定量化学实验阐述了燃烧的氧化学说，于 1778 年发表《化学基础论》，并对化学元素进行了初步的分类。1803 年，英国化学家道尔顿（John Dalton，1766—1844）在古希腊朴素原子论及牛顿微粒说的基础上提出了科学的原子论，认为原子是化学变化中不可再分的最小单位。1811 年，意大利物理学家阿伏伽德罗（Amedeo Avogadro，1776—1856）提出分子假说，认为"同体积的气体，在相同的温度和压力时，含有相同数目的分子"，这一假说称为阿伏伽德罗定律。随后德国化学家李比希（Justus von Liebig，1803—1873）和维勒（Friedrich Wöhler，1800—1882）发展了有机结构理论。俄国化学家门捷列夫（Дмитрий Иванович Менделеев，1834—1907）发现元素周期律，并编制出元素周期表。这些成果的取得，促进了化学学科理论的系统化，推动了无机化学、有机化学、分析化学和物理化学等化学分支学科的相继建立，推动化学学科进入现代发展期。

化学的现代发展期。19 世纪末至今，化学进入现代发展期。19 世纪末和 20 世纪初，物理学有了一系列重大发现，近代物理学对化学发展在理论上和实验上都提供了巨大支持，为化学家认识原子、分子结构和性能积累了大量的实验资料及一系列有指导意义的原则，因此化学进入了一个全新的发展阶段。这个时期的化学研究内容越来越深入，同时也越来越广泛，与其他学科的交叉也越来越多，该时期化学科学的特点是由描述到推理、由定性到定量、由宏观到微观、由静态到动态，并向分子设计和分子工程领域发展。

（3）化学的分支学科

按研究对象或研究目的不同，可将化学分为无机化学、有机化学、高分子化学、分析化学、物理化学五大分支学科（二级学科）。

无机化学是研究无机物的组成、结构、性质和无机化学反应与过程的化学。

有机化学是研究碳氢化合物及其衍生物的化学，也有人称之为"碳的化学"。有机化合物都含有 C 和 H 元素，有些还含有 O、Cl、S、P、N 等非金属元素或 Fe、Zn、Cu 等金属元素。有机化合物一定含 C 是有机化学又称"碳的化学"的原因，有些有机化合物（不含有 C—C 键、C—H 键）如碳的氧化物和硫化物、碳酸、碳酸盐、氰化物、硫氰化物、氰酸盐等，主要在无机化学中研究。世界上每年合成的新化合物中 70% 以上为有机化合物。现在已知的有机化合物已达千万余种，而周期表内 100 多种元素形成的无机化合物却只有数十万种。

高分子化学是研究高分子化合物的结构、性能与反应、合成方法、加工成型及应用的化学。高分子化合物是指分子量在 10000 以上的一类化合物，按来源可分为天然高分子和合成高分子。在 20 世纪，高分子材料是人类物质文明的标志之一。塑料、纤维和橡胶这三大合成材料以及形形色色的功能高分子，对提高人类生活质量、促进国民经济发展和科技进步做出了巨大贡献。

分析化学是研究物质的组成、含量、结构和形态等化学信息的分析方法及理论的一门科学。分析化学分为化学分析和仪器分析。随着生命科学、信息科学和计算机技术的发展，分析化学得到了迅速的发展，它不只限于测定物质的组成和含量，还要对物质的状态（氧化还原态、各种结合态、结晶态）、结构（一维、二维、三维空间分布）、微区、薄层和表面的组成与结构以及化学行为和生物活性等做出瞬时追踪、无损和在线监测和过程控制，甚至要求直接观察到原子和分子的形态和排列。随着技术的进步，有望把分析化学实验室搬到芯片上，化学家只要把 $1\mu L$ 或 $1nL$ 的样品注入化学芯片，几分钟后计算机就会打印出分析结果。分析化学已经成为许多学科深入研究的重要帮手，当然分析化学的发展也得益于其他学科和技术的新成就。

物理化学是从化学变化和物理变化的联系入手，研究化学反应的方向和限度（化学热力学）、化学反应速率和机理（化学动力学）以及物质的微观结构和宏观性质的关系（结构化学）等问题，它是化学学科的理论核心。

在研究各类物质的性质和变化规律的过程中，化学逐渐发展出若干分支学科，但在探索和处理具体课题时，这些分支学科又相互联系、相互渗透。例如，物理化学的研究常以某些无机或有机化合物的合成为起点，而在进行这些工作时又必须借助分析化学的准确测定结果，来显示合成工作中原料、中间体、产物的组成和结构，这一切当然也离不开物理化学的理论指导。

随着各学科的全面繁荣，化学分支学科之间，化学与其他学科之间的交叉渗透也在不断扩大和深入，化学分支学科之间的界限在淡化，分支学科之间相互支撑的作用也越来越明显，同时也形成了许多交叉学科，如药物化学、地球化学、环境化学、生物化学、材料化学等。众多新兴学科及先进技术的涌现，也极大地丰富了化学学科的内容，拓展了化学研究和发现的空间，同时新兴学科的发展和高新技术的诞生也离不开化学的基础，没有化学的进步，就不可能有相关新兴学科的发展。

（4）化学的作用和地位

化学既是一门中心科学，又是一门应用性极强的学科。化学与我们的衣食住行都有非常紧密的联系，与信息、生命、材料、环境、能源、地球、空间等学科也有紧密的交叉渗透。21世纪人类面临的粮食、人口、环境和能源等问题更加严重，这些问题的缓解和解决都离不开化学的参与。

化学是解决食品问题的主要学科之一。化学将在设计、合成功能分子和结构材料，从分子层次阐明和控制生物过程（如光合作用、动植物生长）的机理等方面，为研究开发高效安全肥料（生物肥料）、饲料、添加剂、农药（生物农药）、农用材料（如生物可降解的农用薄膜）等提供理论指导和技术路线。利用化学和生物的方法增加动植物食品中的防病成分，提供安全的有防病作用的食品和食品添加剂，改进食品储存和加工方法，以减少不安全因素等，都是化学研究的内容。

化学在能源和资源的合理开发、高效利用中起关键作用。化石能源和矿物资源随着储量枯竭和环境约束等因素的影响，面临巨大挑战。在能源和资源方面，未来化学要在高效洁净的转化技术，控制低品位燃料的化学反应等方面开展研究。太阳能、氢能、化学电源、燃料电池等新能源将成为21世纪的重要能源，这些新能源开发过程中都有许多问题需要化学来解决。矿产资源不可再生，研究重要矿产资源（如稀土）的分离技术和深度加工技术，以提高资源的利用效率，也是化学的重要任务。

化学持续推动材料科学的发展。各种结构材料和功能材料与粮食一样永远是人类赖以生存和发展的物质基础。材料是由物质组成的，其性能是由物质结构决定的，化学可从材料性能需求出发，设计、合成物质分子，并将这些分子组装成具有特定功能的材料。如今的功能高分子材料、纳米材料、超导材料的合成、分离、鉴定都离不开化学。化学在自身学科发展过程中也会不断发现一些新的具有特殊功能的物质,为制备新材料提供源泉。

化学是提高人类生存质量和安全的有效保障。化学可从多个方面对提高生存质量做出贡献,如研究开发对环境无害的化学品和生活用品,研究对环境无害的生产方式,践行绿色化学的理念。化学还可以从分子水平了解疾病的病理过程,为预防和治疗疾病提供指导。药物的合成、作用机理的研究也都离不开化学。

(5)关于工程化学

工程化学课程面向非化学化工类工科学生开设,目标定位是向学生传授工程化学的基础知识,健全学生的知识结构体系。学生在接受中学化学教育的基础上,进一步学习化学学科的基本理论、基础知识,提升自身化学学科的核心素养。通过学习本课程,学生能够运用化学的理论、思维去审视当今社会关注的如环境污染、能源及资源危机、工程材料的选择与保护等热点问题,并在工程领域的实践中自觉地去贯彻可持续发展理念。

工程化学课程综合考虑普通高中化学课程标准(2017 版)的实施、非化学化工类工科专业的实际需求,以及 30～40 教学学时的实际情况,在教学内容处理上进一步注重与普通高中化学教学的衔接,避免不必要的重复,简化化学原理的系统性和推演过程的严密性,更加强调对化学基本原理的应用,精选了化学原理在社会生活和工程实践中的具体应用内容充实到教材中。

第1章

热化学

内容提要

化学反应的发生伴随有能量的变化，形式虽有多种，但通常以热的形式放出或吸收。本章着重讨论热化学的基本问题，比如热效应的实验测量和理论计算等，并介绍能源的概况及有关的化学知识。

学习要求

(1) 了解用弹式热量计测量等容热效应(Q_V)的原理。

(2) 熟悉状态函数、化学计量数、反应进度、标准状态等概念。理解等压热效应(Q_p)与反应焓变的关系、Q_V与热力学能变的关系。会利用物质的标准摩尔生成焓($\Delta_f H_m^\ominus$)计算化学反应的标准摩尔焓变($\Delta_r H_m^\ominus$)。

(3) 了解能源的概况，了解化石能源的清洁化及新能源开发。

1.1 热化学概述

1.1.1 几个基本概念

1.1.1.1 系统与环境

为了讨论问题的方便，有目的地将某一部分物质与其余物质分开(可以是实际的，也可以是假想的)，被划定的研究对象称为系统；系统之外，与系统密切相关、影响所能及的部分称为环境。

根据系统和环境之间有无物质和能量的交换，可将系统分为三类。

① 敞开系统　与环境之间既有物质交换，又有能量交换的系统，也称开放系统。

② 封闭系统　与环境之间没有物质交换，只有能量交换的系统。通常在密闭容器中的系统即为封闭系统。除特别指出外，所讨论的系统均指封闭系统。

③ 隔离系统　与环境之间既无物质交换，又无能量交换的系统，也称孤立系统。绝热、密闭的等容系统即为隔离系统。

1.1.1.2 聚集状态与相

聚集状态就是通常所说的固态、液态和气态，其中固态和液态属于凝聚态。相是指系统中具有相同的物理性质和化学性质的均匀部分。所谓均匀是指其分散程度达到分子或离子大

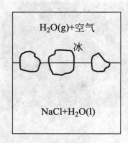

图 1.1　相的概念

小的尺度。相与相之间有明确的界面，超过此相界面，一定有某些宏观性质(如密度、折射率、组成等)发生突变。

某系统如图 1.1 所示，对于 NaCl 的水溶液，无论在何处取样，NaCl 水溶液的浓度、物理性质、化学性质都相同，此 NaCl 水溶液就是一个相，称为液相。溶液上面的水蒸气与空气的混合物称为气相。浮在液面上的冰称为固相。相可以不连续地存在，图中分开的三块冰都属同一个相。所以，图 1.1 所示系统是一个三相系统。

任何气体均能无限混合而达到分子程度的均匀，所以系统内不论有多少种气体都只有一个气相。液体系统根据组分的互溶程度可以是一相或多相。例如，液态乙醇与水完全互溶，其混合液体为一个相的单相系统；苯与水不互溶而分层，是相界面很清楚的两相系统。通常固体混合物的组分之间难以达到分子或原子层次的混合均匀，因此固体系统中含有多少种固体物质，就有多少个相。单质的固体同素异形体分属不同的相，如由碳元素所形成的石墨、金刚石和碳 60 互为同素异形体，它们混合后是一个三相系统。

系统中只有一个相，称为单相(均相)系统；有两个或两个以上的相，称为多相(非均相)系统。在 273.16 K 和 611.73 Pa 时，冰、水、水蒸气三相可以平衡共存，这个温度和压力条件称为水的"三相点"。

1.1.1.3　状态与状态函数

状态是指系统性质的总和。用来描述系统性质的物理量称为**状态函数**。例如，压力 p、体积 V、温度 T 及后面要介绍的热力学能(又称内能)U、焓 H、熵 S 和吉布斯函数 G 等均是状态函数。

状态函数的特点是：状态一定，其值一定；状态发生变化，必有一个或多个状态函数值发生变化；其变化值只取决于系统的始态和终态，而与实现这一变化的途径无关。

状态函数可分为广度性质和强度性质。**广度性质**又称容量性质，其量值与系统中物质的量成正比，具有加和性。当将系统分割成若干部分时，系统的某广度性质等于各部分该性质之和。体积、热容、质量、焓、熵和热力学能等均是广度性质。**强度性质**的量值与系统中物质的量多寡无关，不具有加和性。例如，两杯 300 K 的水混合，水温仍是 300 K，不是 600 K。温度、压力、密度、黏度和摩尔体积等均是强度性质。

系统的状态函数之间往往是有一定联系的，一般只要确定部分状态函数，状态也就确定了。对于理想气体，压力 p、体积 V、温度 T 和物质的量 n 之间存在下列定量关系式，称为理想气体状态方程。

$$pV = nRT \tag{1.1}$$

式中，R 为摩尔气体常数，$R = 8.314\ \mathrm{J \cdot mol^{-1} \cdot K^{-1}}$。理想气体状态方程也可以写成

$$pV_\mathrm{m} = RT \tag{1.2}$$

式中，V_m 为摩尔体积。实际气体在温度不太低、压力不太大的条件下，可近似视为理想气体。工业上，有许多实用的描述实际气体的状态方程。例如，范德华方程式：

$$\left(p + \frac{a}{V_\mathrm{m}^2}\right)(V_\mathrm{m} - b) = RT \tag{1.3}$$

式中，a 和 b 为范德华常数。不同的物质具有不同的范德华常数，可以从有关手册中查得。

1.1.1.4　化学计量数和反应进度

如果把常规化学反应方程式中的所有反应物和生成物都写在等号的右边，化学反应方程

式可用以下通式表示：

$$0 = \sum_{B} \nu_B B \tag{1.4}$$

式中，B 表示反应式中物质的化学式；ν_B 为物质 B 的化学计量数，是量纲为一的量，对反应物取负值，对产物（生成物）取正值。

对应同一个化学反应，化学计量数与化学反应方程式的写法有关。例如，合成氨反应 $N_2(g)+3H_2(g)=\!=\!=2NH_3(g)$，按通式写法可写成：$0=-N_2(g)-3H_2(g)+2NH_3(g)$。则 $\nu(N_2)=-1$，$\nu(H_2)=-3$，$\nu(NH_3)=2$。若写作 $\frac{1}{2}N_2(g)+\frac{3}{2}H_2(g)=\!=\!=NH_3(g)$，按通式写法可写成：$0=-\frac{1}{2}N_2(g)-\frac{3}{2}H_2(g)+NH_3(g)$，则 $\nu(N_2)=-\frac{1}{2}$，$\nu(H_2)=-\frac{3}{2}$，$\nu(NH_3)=1$。

反应进度是描述化学反应进行程度的物理量，在反应热、化学平衡和反应速率的表示式中将普遍使用。对于化学反应，一般选尚未反应时 $\xi=0$，因此**反应进度**可定义为下式：

$$\xi = \Delta n_B / \nu_B = [n_B(\xi) - n_B(0)] / \nu_B \tag{1.5}$$

式中，$n_B(0)$ 为 $\xi=0$ 时物质 B 的物质的量；$n_B(\xi)$ 为 $\xi=\xi$ 时物质 B 的物质的量；ν_B 为物质 B 的化学计量数。显然，反应进度 ξ 的单位为 mol。

根据定义，反应进度只与化学反应方程式有关，而与选择反应系统中何种物质来表示无关。以合成氨反应为例，对于化学反应方程式：$N_2(g)+3H_2(g)=\!=\!=2NH_3(g)$，当反应进行到某时刻，消耗掉 2.0 mol 的 $N_2(g)$ 和 6.0 mol 的 $H_2(g)$，即 $\Delta n(N_2)=-2.0$ mol，$\Delta n(H_2)=-6.0$ mol，同时生成了 4.0 mol 的 $NH_3(g)$，即 $\Delta n(NH_3)=4.0$ mol，根据式（1.5），可计算反应进度为

$$\xi = \frac{\Delta n(N_2)}{\nu(N_2)} = \frac{-2.0 \text{ mol}}{-1} = 2 \text{ mol}$$

或

$$\xi = \frac{\Delta n(H_2)}{\nu(H_2)} = \frac{-6.0 \text{ mol}}{-3} = 2 \text{ mol}$$

或

$$\xi = \frac{\Delta n(NH_3)}{\nu(NH_3)} = \frac{4.0 \text{ mol}}{2} = 2 \text{ mol}$$

可见，不论用反应系统中何种物质来表示，该反应的反应进度均为 2.0 mol。

但若将合成氨的化学反应方程式写成：$\frac{1}{2}N_2(g)+\frac{3}{2}H_2(g)=\!=\!=NH_3(g)$，对于上述物质的量的变化，则可求得 $\xi=4.0$ mol。所以，述及反应进度，必须指明化学反应方程式。反应进度 ξ 等于 1 mol 时，即进行了 1 mol 化学反应，简称**摩尔反应**。

1.1.2　热效应及其测量

1.1.2.1　热效应

化学反应引起吸收或放出的热量称为化学反应热效应，简称**反应热**。反应热与电、光、磁效应一样，可以反映化学变化过程的重要特征，基于这些效应来捕捉信息、探求规律是化学研究和实践中的基本方法。研究化学反应中热量与其他能量变化的定量关系的学科即为**热化学**。

热化学数据具有重要的理论和实用价值。例如，热效应与物质结构、热力学函数、化学平衡常数等密切相关，热效应也是实际生产中进行能量衡算、设备设计、节能减排及经济效益预测等具体问题的重要基础。

1.1.2.2 热效应的测量

热效应的数值大小与具体途径有关。等温、等容过程发生的热效应称为**等容热效应**；等温、等压过程发生的热效应称为**等压热效应**。通过量热实验可以测量热效应，测量热效应所用的仪器称为**热量计**。

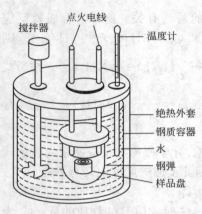

图 1.2 弹式热量计示意图

在实验室和工业生产上，常用弹式热量计(见图 1.2)精确测定固体、液体有机化合物的燃烧热，其主要部件是一厚壁钢制可密闭的耐压容器(叫作钢弹)，它实际上测得的是等容条件下(反应过程中，钢弹的体积不变)的燃烧反应热效应 Q_V。测量燃烧热时，将已知精确质量的固态或液态有机化合物装入钢弹中的样品盘内，密封后充入过量氧气，将钢弹置于弹式热量计中；加入足够的已知质量的吸热介质(水)，将钢弹淹没在水中；连接线路，精确测定水的起始温度；用电火花引发燃烧反应，系统(钢弹中物质)反应放出的热使环境(包括钢弹、水等)的温度升高，测定温度计所示的最高读数即环境的终态温度。根据始、终态温度和弹式热量计的仪器常数(热容)即可按式(1.6)计算燃烧热数值。弹式热量计的仪器常数常用国际量热学会推荐的苯甲酸来标定。

$$Q = -(c_s m_s + C_b)(T_2 - T_1) = -(C_s + C_b)\Delta T \tag{1.6}$$

式中，Q 表示一定量反应物在给定条件下的反应热；c_s 表示吸热介质(水)的比热容；m_s 表示介质(水)的质量；C_s 表示介质(水)的热容；C_b 表示钢弹组件(包括钢弹、钢质容器、温度计、搅拌器等)的总热容，对给定的弹式热量计而言是常数；ΔT 表示介质终态温度 T_2 与 始态温度 T_1 之差。式中的负号来自反应放热为负，吸热为正的规定。

例 1.1　联氨(N_2H_4，又称肼)是一种火箭液体燃料。将 0.500 g N_2H_4(l)在盛有 1210 g H_2O 的弹式热量计的钢弹内(通入氧气)完全燃烧。吸热介质水的温度由 293.18 K 上升至 294.82 K。已知钢弹组件在实验温度范围内的热容 C_b 为 848 $J \cdot K^{-1}$，水的比热容为 4.18 $J \cdot g^{-1} \cdot K^{-1}$。试计算在此条件下联氨完全燃烧所放出的热量。写出联氨完全燃烧的反应方程式，并计算反应的摩尔反应热。

解　$Q = -[C(H_2O) + C_b](T_2 - T_1)$

$\qquad = -(4.18\ J \cdot g^{-1} \cdot K^{-1} \times 1210\ g + 848\ J \cdot K^{-1}) \times (294.82\ K - 293.18\ K)$

$\qquad = -9685.5\ J = -9.69\ kJ$

即在此条件下，0.500 g 联氨完全燃烧所放出的热量为 9.69 kJ。

联氨在氧气中完全燃烧的反应为

$$N_2H_4(l) + O_2(g) =\!=\!= N_2(g) + 2H_2O(l)$$

联氨的摩尔质量为 32.0 $g \cdot mol^{-1}$，则 0.500 g 联氨完全燃烧时的反应进度为

$$\xi = \frac{0 - \dfrac{0.500\ g}{32.0\ g \cdot mol^{-1}}}{-1}$$

$$= 1.56 \times 10^{-2}\ mol$$

故该反应的**摩尔反应热**为

$$Q_m = \frac{Q}{\xi} = \frac{-9.69 \text{ kJ}}{1.56 \times 10^{-2} \text{ mol}}$$
$$= -6.21 \times 10^2 \text{ kJ·mol}^{-1}$$

1.1.2.3　热化学反应方程式

表示化学反应与热效应关系的方程式称为**热化学反应方程式**。写热化学反应方程式要注明反应热，还必须注明物态、温度、压力、组成等条件。若没有特别注明，所说的"反应热"均指等温、等压反应热 Q_p。习惯上，对不注明温度和压力的反应，皆指在 $T = 298.15$ K，$p = 100$ kPa 下进行。

关于反应热还有两个问题值得思考。第一，在采用类似弹式热量计的量热实验中，精确测得的是 Q_V 而不是 Q_p。但大多数化学反应却在等压条件下发生，能否由 Q_V 求得更常用的 Q_p？第二，有些反应的热效应，包括设计新产品、新反应所需的反应热，难以直接用实验测得，那么应如何得知这些反应热？比如，碳的不完全燃烧反应：

$$C(s) + \frac{1}{2}O_2(g) \rightleftharpoons CO(g)$$

其热效应显然无法直接测定，因为实验中不能做到碳全部氧化为 CO 而不产生 CO_2。化学反应的数量巨大，依靠实验来获得热效应数据，既无可能也无必要，绝大多数反应的热效应数据是依赖计算获得。下面将讨论反应热的计算问题。

1.2　反应热的计算

1.2.1　热力学第一定律

能量转化与守恒定律用于热力学系统中称为**热力学第一定律**，它用来描述系统的热力学状态发生变化时系统的热力学能与过程的热和功之间的定量关系，式(1.7)为封闭系统的热力学第一定律的数学表达式。

$$\Delta U = U_2 - U_1 = Q + W \tag{1.7}$$

式中，U 为系统的**热力学能**，为系统内分子的平动能、转动能、振动能、分子间势能、原子间键能、电子运动能、核内基本粒子间核能等内部能量的总和，故又称**内能**。因热力学能的复杂性，其绝对值无法确定，热力学能是系统的状态函数。ΔU 为当系统由状态 1 变化到状态 2 导致的热力学能的变化。

Q 为**热**，是系统与环境之间由于存在温度差而交换的能量。规定系统吸热，Q 为正值；系统放热，Q 为负值。Q 的 SI 单位为 J。

W 为**功**，系统与环境之间除热以外的其他形式传递的能量，其 SI 单位为 J。规定环境对系统做功，W 为正值；系统对环境做功，W 为负值。功可分为体积功和非体积功两类，**体积功**是指系统因体积改变而产生的与环境交换的功，除体积功以外的一切功称为**非体积功**，非体积功包括表面功、电功等，用 W' 表示。本章讨论反应的热效应都局限于只做体积功的情况。

体积功的定义式为

$$\delta W = -p_{外} dV \tag{1.8a}$$

$$W = -\sum p_{外} dV \tag{1.8b}$$

式中，$p_{外}$ 为环境压力；δW 表示微量功；dV 表示系统体积的微小变化量。如果系统变

化过程中外压 $p_{外}$ 恒定，这时系统所做的体积功为

$$W = -p_{外} \Delta V = -p_{外}(V_2 - V_1)$$

应当注意：功和热都是过程中被传递的能量，都不是状态函数，它们只有在系统发生变化时才表现出来，其数值与途径有关，不同的途径有不同的功和热的交换。

1.2.2 等容热效应与热力学能变、等压热效应与焓变

化学反应热通常指等温过程热，即当系统发生了变化后，使反应产物的温度回到反应始态的温度，系统放出或吸收的热量。

1.2.2.1 等容反应热与热力学能变

在等容、不做非体积功的条件下，$W = 0$，根据热力学第一定律，有

$$Q_V = \Delta U \tag{1.9}$$

式中，Q_V 表示等容反应热，下标 V 表示等容过程。式(1.9)表明，等容且不做非体积功的过程热在数值上等于系统热力学能的改变量。

1.2.2.2 等压反应热与焓变

在等压、不做非体积功条件下，$W = -p\Delta V = -p(V_2 - V_1)$。根据热力学第一定律

$$\Delta U = U_2 - U_1 = Q_p - p(V_2 - V_1)$$
$$Q_p = (U_2 + pV_2) - (U_1 + pV_1)$$

令
$$H = U + pV \tag{1.10}$$

则
$$Q_p = H_2 - H_1 = \Delta H \tag{1.11}$$

式中，Q_p 表示等压反应热，下标 p 表示等压过程。式(1.10)是焓的定义式，焓是状态函数 U、p、V 的组合，所以焓 H 也是状态函数。显然，H 的 SI 单位为 J。式(1.11)表明，等压且不做非体积功的过程热在数值上等于系统的焓变，$\Delta H < 0$ 表示系统放热，$\Delta H > 0$ 表示系统吸热。

1.2.2.3 盖斯定律

1840 年，盖斯(G. H. Hess)从大量热化学实验中总结出来的反应热总值一定定律，后来称为**盖斯定律**：在等容或等压条件下，化学反应的反应热只与反应的始态和终态有关，而与变化的途径无关。盖斯定律的结论实际上是 $Q_V = \Delta U$ 和 $Q_p = \Delta H$ 的必然结果，因为 ΔU 和 ΔH 都是状态函数变，只与反应的始态和终态有关，而与变化的途径无关。盖斯定律是热化学的基本规律，其最大用处是利用已精确测定的反应热数据来求算难以测定的反应热。例如，可以通过反应(1)和(2)的反应热来求算反应(3)的反应热。

(1)$C(s) + O_2(g) = CO_2(g)$，$\Delta_r H_{m,1} = -393.5 \text{ kJ·mol}^{-1}$

(2)$CO(g) + 1/2 O_2(g) = CO_2(g)$，$\Delta_r H_{m,2} = -283.0 \text{ kJ·mol}^{-1}$

(3)$C(s) + 1/2 O_2(g) = CO(g)$，$\Delta_r H_{m,3} = ?$

这三个反应的关系如下图所示。按照反应箭头的方向，可选择 $C + O_2$ 和 CO_2 分别作为反应的始态和终态，从始态到终态就有两种不同的途径，途径一为①，途径二为③+②。根据盖斯定律，这两种途径总的焓变应该相等。

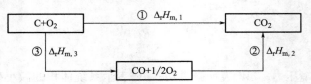

$$\Delta_r H_{m,1} = \Delta_r H_{m,2} + \Delta_r H_{m,3}$$

$$\Delta_r H_{m,3} = \Delta_r H_{m,1} - \Delta_r H_{m,2} = [-393.5 - (-283.0)] \text{ kJ} \cdot \text{mol}^{-1} = -110.5 \text{ kJ} \cdot \text{mol}^{-1}$$

盖斯定律可概括为：若反应式(3)$= a \times$反应式(1)$+ b \times$反应式(2)，则 $\Delta_r H_{m,3} = a\Delta_r H_{m,1} + b\Delta_r H_{m,2}$。

1.2.2.4　Q_V 与 Q_p 的关系

等温等压和等温等容反应系统对应的始、终态如下所示。

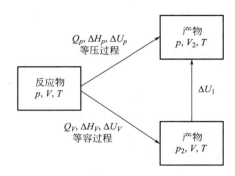

根据热力学第一定律，等压过程有 $Q_p = \Delta U_p + p\Delta V$；由状态函数特征和 $\Delta U_V = Q_V$ 可得 $\Delta U_p = \Delta U_V + \Delta U_1 = Q_V + \Delta U_1$，所以 $Q_p = Q_V + p\Delta V + \Delta U_1$。

ΔU_1 是相同产物在同温度下的两种不同状态的热力学能差，可忽略。因此：

$$Q_p = Q_V + p\Delta V$$

ΔV 是反应在等压条件下进行时系统的体积变化，主要来自气体分子数的变化。如把反应中的气体物质视为理想气体，则 $p\Delta V = \Delta nRT$，$\Delta n = \xi \sum_B \nu(B,g)$ 为反应前后气体物质的物质的量变化，$\sum_B \nu(B,g)$ 为化学反应中气体物质化学计量数之和(即气体生成物的分子数减去气体反应物的分子数)，故有：

$$Q_p = Q_V + p\Delta V = Q_V + \xi \sum_B \nu(B,g)RT \tag{1.12}$$

两边均除以反应进度 ξ 即得化学反应摩尔等压热与摩尔等容热之间的关系式：

$$Q_{p,m} = Q_{V,m} + \sum_B \nu(B,g)RT \tag{1.13}$$

或反应的摩尔焓变 $\Delta_r H_m$ 与反应的摩尔热力学能变 $\Delta_r U_m$ 的关系式：

$$\Delta_r H_m = \Delta_r U_m + \sum_B \nu(B,g)RT \tag{1.14}$$

式(1.12)和式(1.13)表示了 Q_p 和 Q_V 的关系，根据该式可从一种热效应的测定换算得到另一种热效应，比如由氧弹热量计测得 Q_V 然后求得 Q_p，从 $\Delta_r U_m$ 求得到 $\Delta_r H_m$，文献上大量的热化学数据都是按照这样的方式得到的。

例 1.2　已精确测得下列反应的 $Q_{V,m} = -3268 \text{ kJ} \cdot \text{mol}^{-1}$

$$C_6H_6(l) + 7\frac{1}{2}O_2(g) \Longrightarrow 6CO_2(g) + 3H_2O(l)$$

求 298.15 K 时上述反应在等压下进行，反应进度 $\xi = 1$ mol 的反应热。

解　由式(1.13)

$$Q_{p,m} = Q_{V,m} + \sum_B \nu(B,g)RT$$

根据给定的化学反应方程式，式中

$$\sum_{\mathrm{B}} \nu(\mathrm{B,g}) = \nu(\mathrm{CO_2}) + \nu(\mathrm{O_2}) = 6 - 7.5 = -1.5$$

所以

$$Q_{p,\mathrm{m}} = Q_{V,\mathrm{m}} + \sum_{\mathrm{B}} \nu(\mathrm{B,g})RT$$

$$= -3268 \text{ kJ·mol}^{-1} + (-1.5) \times 8.314 \times 10^{-3} \text{ kJ·mol}^{-1}\text{·K}^{-1} \times 298.15 \text{ K}$$

$$= -3272 \text{ kJ·mol}^{-1}$$

等压热效应与等容热效应的差为 4 kJ·mol^{-1}。可见，一般来说反应的等压热效应与等容热效应差别不是很大。

例 1.3 已知（在 298.15 K 和标准状态下）

(1) $2\mathrm{H_2(g)} + \mathrm{O_2(g)} =\!=\!= 2\mathrm{H_2O(g)}$，$\Delta_{\mathrm{r}}H_{\mathrm{m,1}} = -483.64 \text{ kJ·mol}^{-1}$

(2) $2\mathrm{Ni(s)} + \mathrm{O_2(g)} =\!=\!= 2\mathrm{NiO(s)}$，$\Delta_{\mathrm{r}}H_{\mathrm{m,2}} = -479.4 \text{ kJ·mol}^{-1}$

试求反应(3) $\mathrm{NiO(s)} + \mathrm{H_2(g)} =\!=\!= \mathrm{Ni(s)} + \mathrm{H_2O(g)}$ 在相同条件下的摩尔等压热效应。

解 从三个化学反应式可知：

$$反应(3) = [反应(1) - 反应(2)]/2$$

根据盖斯定律可得：$\Delta_{\mathrm{r}}H_{\mathrm{m,3}} = (\Delta_{\mathrm{r}}H_{\mathrm{m,1}} - \Delta_{\mathrm{r}}H_{\mathrm{m,2}})/2$

$$= [-483.64 - (-479.4)] \text{ kJ·mol}^{-1}/2$$

$$= -2.12 \text{ kJ·mol}^{-1}$$

$Q_{p,\mathrm{m}} = \Delta_{\mathrm{r}}H_{\mathrm{m}}$，即摩尔等压热 $Q_{p,\mathrm{m}}$ 为 $-2.12 \text{ kJ·mol}^{-1}$。

化学反应的热效应还可以用物质的热力学数据来进行计算，也是最常用的热效应的计算方法。

1.2.3 反应的标准摩尔焓变

1.2.3.1 热力学标准状态

为避免同一物质的某热力学状态函数在不同反应系统中数值不同，热力学中规定了一个公共的参考状态——**标准状态**，简称标准态。我国国家标准规定，标准压力 $p^{\ominus} = 100$ kPa。在任一温度 T、标准压力 $p^{\ominus}$ 下表现出理想气体性质的纯气体状态为气态物质的标准状态；在任一温度 T、标准压力 $p^{\ominus}$ 下的纯液体、纯固体的状态为液体、固体物质的标准状态；溶液中的水合离子或水合分子的标准状态为在标准压力下，浓度为标准浓度，即 $c = 1$ mol·dm^{-3} 时的状态。应当注意，对标准态的温度并无限定，但手册上一般选 $T = 298.15$ K 为参考温度。

1.2.3.2 标准摩尔生成焓

规定在标准状态时由指定单质生成单位物质的量(1 mol)的纯物质时反应的焓变叫作该物质的**标准摩尔生成焓**，以符号 $\Delta_{\mathrm{f}}H_{\mathrm{m}}^{\ominus}$ 表示，常用单位为 kJ·mol^{-1}。298.15 K 下物质的标准摩尔生成焓表示为 $\Delta_{\mathrm{f}}H_{\mathrm{m}}^{\ominus}(298.15 \text{ K})$。符号中的下角标"f"表示生成反应，上角标"$\ominus$"代表标准状态(读作"标准")，下角标"m"表示为 1 mol，即此生成反应的产物必定是"单位物质的量"。定义中的"指定单质"通常为选定温度 T 和标准压力时的最稳定单质。例如，氢 $\mathrm{H_2(g)}$、氮 $\mathrm{N_2(g)}$、氧 $\mathrm{O_2(g)}$、氯 $\mathrm{Cl_2(g)}$、溴 $\mathrm{Br_2(l)}$、碳 C(石墨)、硫 S(正交)、钠 Na(s)、铁 Fe(s) 等；磷较为特殊，"指定单质"为白磷，而不是热力学上更稳定的红磷。

如液态水在 298.15 K 下的标准摩尔生成焓 $\Delta_{\mathrm{f}}H_{\mathrm{m}}^{\ominus}(298.15 \text{ K}) = -285.8 \text{ kJ·mol}^{-1}$ 是指 $\mathrm{H_2(g)} + \frac{1}{2}\mathrm{O_2(g)} =\!=\!= \mathrm{H_2O(l)}$ 在 298.15 K 的标准状态条件下进行 1 mol 的焓变。

　　按定义，生成反应方程式的写法是唯一的；**指定单质的标准摩尔生成焓均为零**。习惯上，如果不注明温度，则就是指温度为 298.15 K(这一点对其他热力学函数也适用)。

　　对于水合离子，规定**水合氢离子的标准摩尔生成焓为零**，即规定

$$\Delta_{\mathrm{f}} H_{\mathrm{m}}^{\ominus}(\mathrm{H}^{+}, \mathrm{aq}, 298.15\ \mathrm{K}) = 0$$

据此，可以获得其他水合离子在 298.15 K 时的标准摩尔生成焓。

　　生成焓是说明物质性质的重要热化学数据，生成焓的负值越大，表明该物质键能越大，对热越稳定。其数值可从热力学数据手册中查到，本书附录 2 中列出了部分数据。

1.2.3.3　反应的标准摩尔焓变

　　某一温度下，反应中各物质处于标准态时的摩尔焓变称为该**反应的标准摩尔焓变**，以 $\Delta_{\mathrm{r}} H_{\mathrm{m}}^{\ominus}$ 表示。下角标"r"表示反应；下角标"m"表示按指定化学反应方程式进行反应的反应进度 $\xi = 1\ \mathrm{mol}$。

　　根据状态函数的特征和标准摩尔生成焓的定义，可以很方便地计算反应的标准摩尔焓变。对于任意一个在等温等压下进行的化学反应，都可以将其设计成如下图的两个途径。

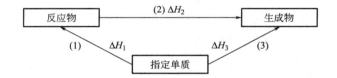

　　图中 $\Delta H_1 = \sum (-\nu_i) \Delta_{\mathrm{f}} H_{\mathrm{m}}^{\ominus}$(反应物)，$\Delta H_3 = \sum \nu_i \Delta_{\mathrm{f}} H_{\mathrm{m}}^{\ominus}$(生成物)，$\Delta H_2 = \Delta_{\mathrm{r}} H_{\mathrm{m}}^{\ominus}$

由盖斯定律得
$$\Delta H_3 = \Delta H_1 + \Delta H_2$$
$$\Delta H_2 = \Delta H_3 - \Delta H_1$$

即
$$\begin{aligned}
\Delta_{\mathrm{r}} H_{\mathrm{m}}^{\ominus} &= \sum \nu_i \Delta_{\mathrm{f}} H_{\mathrm{m}}^{\ominus}(\text{生成物}) - \sum (-\nu_i) \Delta_{\mathrm{f}} H_{\mathrm{m}}^{\ominus}(\text{反应物}) \\
&= \sum \nu_i \Delta_{\mathrm{f}} H_{\mathrm{m}}^{\ominus}(\text{生成物}) + \sum \nu_i \Delta_{\mathrm{f}} H_{\mathrm{m}}^{\ominus}(\text{反应物}) \\
&= \sum \nu_{\mathrm{B}} \Delta_{\mathrm{f}} H_{\mathrm{m}}^{\ominus}
\end{aligned}$$

298.15 K 时反应的标准摩尔焓变 $\Delta_{\mathrm{r}} H_{\mathrm{m}}^{\ominus}$(298.15 K)的一般计算式为

$$\Delta_{\mathrm{r}} H_{\mathrm{m}}^{\ominus}(298.15\ \mathrm{K}) = \sum_{\mathrm{B}} \nu_{\mathrm{B}} \Delta_{\mathrm{f}} H_{\mathrm{m,B}}^{\ominus}(298.15\ \mathrm{K}) \tag{1.15a}$$

该式表明，一定温度下反应的标准摩尔焓变等于同温度下各物质的标准摩尔生成焓与其化学计量数乘积的总和。式中，B 为参加反应的任何物质；ν_{B} 为 B 的化学计量数。对于任一化学反应：

$$a\mathrm{A(l)} + b\mathrm{B(aq)} =\!=\!= g\mathrm{G(s)} + d\mathrm{D(g)}$$

反应的标准摩尔焓变(省略了温度)的计算式可写成：

$$\Delta_{\mathrm{r}} H_{\mathrm{m}}^{\ominus} = g\Delta_{\mathrm{f}} H_{\mathrm{m}}^{\ominus}(\mathrm{G,s}) + d\Delta_{\mathrm{f}} H_{\mathrm{m}}^{\ominus}(\mathrm{D,g}) - a\Delta_{\mathrm{f}} H_{\mathrm{m}}^{\ominus}(\mathrm{A,l}) - b\Delta_{\mathrm{f}} H_{\mathrm{m}}^{\ominus}(\mathrm{B,aq}) \tag{1.15b}$$

　　对同一反应，若给定的化学反应方程式(化学计量方程式)化学计量数不同，$\Delta_{\mathrm{r}} H_{\mathrm{m}}^{\ominus}$ 的数值也就不同。例如：

$$\mathrm{Al(s)} + \frac{3}{4}\mathrm{O}_2(\mathrm{g}) =\!=\!= \frac{1}{2}\mathrm{Al}_2\mathrm{O}_3(\mathrm{s}) \tag{1.16a}$$

$$\Delta_{\mathrm{r}} H_{\mathrm{m}}^{\ominus}(298.15\ \mathrm{K}) = -837.9\ \mathrm{kJ \cdot mol^{-1}}$$

它表明在 298.15 K 的标准态条件下，反应进度为 1 mol 的上述反应，即消耗 1 mol Al(s)和 0.75 mol O_2(g)，同时生成 0.5 mol $\mathrm{Al}_2\mathrm{O}_3$(s)时放出 837.9 kJ 的热量。

若化学计量方程式写成：

$$2Al(s)+\frac{3}{2}O_2(g)\!=\!\!=\!\!=\!Al_2O_3(s) \tag{1.16b}$$

$$\Delta_r H_m^\ominus(298.15\ K)=-1675.8\ kJ\cdot mol^{-1}$$

它表明在 298.15 K 的标准态条件下，反应进度为 1 mol 的此反应，即消耗 2 mol Al(s) 和 1.5 mol $O_2(g)$，同时生成 1 mol $Al_2O_3(s)$ 时放出 1675.8 kJ 的热量。

同一反应的化学计量方程式可以不同，它们对应的 $\Delta_r H_m^\ominus$ 的数值也不同。所以，在表达反应的标准摩尔焓变时，除注明系统的状态(T，物态等)外，还必须指明相应的化学计量方程式。

若系统的温度不是 298.15 K，反应的标准摩尔焓变会有些改变，如果温度变化范围不大，可认为反应的标准摩尔焓变基本不随温度而变。即

$$\Delta_r H_m^\ominus(T)\approx\Delta_r H_m^\ominus(298.15\ K)$$

例 1.4 金属铝粉和三氧化二铁的混合物(称为铝热剂)点火时，因反应放出大量的热(温度可达 2000 ℃以上)能使铁熔化，而应用于诸如钢轨的焊接等。试查用标准摩尔生成焓的数据，计算铝粉和三氧化二铁反应的 $\Delta_r H_m^\ominus(298.15\ K)$。

解
$$2Al(s)+Fe_2O_3(s)\!=\!\!=\!\!=\!Al_2O_3(s)+2Fe(s)$$
$\Delta_f H_m^\ominus(298.15\ K)/kJ\cdot mol^{-1}$ 0   −824.2   −1675.7   0

根据式(1.15a)，得

$$\Delta_r H_m^\ominus(298.15\ K)=\sum_B \nu_B \Delta_f H_{m,B}^\ominus(298.15\ K)$$
$$=[(-1675.7)+0-0-(-824.2)]\ kJ\cdot mol^{-1}$$
$$=-851.5\ kJ\cdot mol^{-1}$$

例 1.5 试用标准摩尔生成焓的数据，计算氧化还原反应：$Zn(s)+Cu^{2+}(aq)\!=\!\!=\!\!=\!Zn^{2+}(aq)+Cu(s)$ 的 $\Delta_r H_m^\ominus(298.15\ K)$。

解
$$Zn(s)+Cu^{2+}(aq)\!=\!\!=\!\!=\!Zn^{2+}(aq)+Cu(s)$$
$\Delta_f H_m^\ominus(298.15\ K)/kJ\cdot mol^{-1}$ 0   64.77   −153.89   0

根据式(1.15a)，得

$$\Delta_r H_m^\ominus(298.15\ K)=\sum_B \nu_B \Delta_f H_{m,B}^\ominus(298.15\ K)$$
$$=[(-153.89)+0-0-64.77]\ kJ\cdot mol^{-1}$$
$$=-218.66\ kJ\cdot mol^{-1}$$

1.3 能源与能源的合理利用

能源是一种物质资源，是自然界中能为人类提供某种形式能量的资源，是国民经济、社会发展和人民生活水平提高的重要基础，是每个国家都必须高度重视的战略资源。能源工业在很大程度上依赖化学过程，能源消费的 90% 以上依靠化学和化学工程技术。能源按照性质和来源分类，可分为一次能源和二次能源。一次能源是指自然界中可直接利用其能量的能源，包括可再生的太阳能、风能、地热能、海洋能、生物能、核能和不可再生的煤炭、石油、天然气资源，这些不可再生的一次能源又称化石能源；二次能源指由一次能源直接或间接转换成其他种类和形式的能量资源，如电力、煤气、汽油、柴油、焦炭、洁净煤、激光和

沼气等。

随着化石能源消耗的日益增加和储量的不断减少，环境污染、气候异常和能源短缺等已成为全球面临的共同问题。我国正处于快速发展时期，能源需求持续增长，能源对可持续发展的约束越来越严重，因而发展清洁能源技术，加快新能源开发势在必行，化学和化学工程技术在这方面也将发挥重要的作用。

1.3.1　化石能源

1.3.1.1　煤炭与洁净煤技术

我国的能源资源特点是少油、贫气、富煤。煤炭资源相对丰富，提高煤炭能源的使用率和清洁化是解决我国天然气供需矛盾的重要途径。洁净煤技术主要包括煤炭的加工、转化、燃烧和污染控制等，比如煤的气化、液化和水煤浆燃料技术。

（1）煤的气化

将水蒸气通过装有灼热焦炭（1200 K）的气化炉内可产生**水煤气**：

$$H_2O(g)+C(s)\!=\!=\!=\!CO(g)+H_2(g)，\Delta_r H_m^\ominus(298.15\ K)=131.3\ kJ\cdot mol^{-1}$$

这是一个强吸热反应，需避免焦炭被冷却下来。水煤气的组成（体积分数）约含 CO 40%、H_2 5%，其余为 N_2 和 CO_2 等，属低热值煤气；由于含 CO 多，毒性较大，一般不宜作城市燃料用。若将水煤气中的 CO 和 H_2 进行催化（Ni 为催化剂）甲烷化反应，即

$$CO(g)+3H_2(g)\!=\!=\!=\!CH_4(g)+H_2O(l)，\Delta_r H_m^\ominus(298.15\ K)=-250.1\ kJ\cdot mol^{-1}$$

可得到相当于天然气的高热值煤气，称为**合成天然气**。

（2）煤的液化

煤是一种固体高分子物质，让煤在高温、高压条件下热裂解或与其他物质（如氢）作用，转化为低分子化合物而成液体燃料、化工原料和产品的过程称为煤的液化。

煤的液化分为直接液化和间接液化两种方式。煤的直接液化是根据煤与石油烃相比，组成中碳多氢少的特点，采用催化加氢的方法直接得到液化烃。煤的间接液化是首先将煤气化为 CO 和 H_2，然后用合成气为原料，选用不同催化剂和合适条件可间接生产合成汽油（反应①）或甲醇（反应②）等液体燃料：

$$CO+H_2 \xrightarrow[170\sim200\ ℃,\ 1\sim2\ MPa]{活性\ Fe\text{-}Co} C_nH_{2n+2}+H_2O \qquad ①$$

$$CO+2H_2 \xrightarrow[300\ ℃,\ 20\sim30\ MPa]{Cu} CH_3OH \qquad ②$$

（3）水煤浆燃料

水煤浆燃料的组成（质量分数）由约煤粉 70%、水 30%及少量添加剂混合而成，具有燃烧效率高、燃烧温度较低和生成 NO_x 少等特点，与燃烧煤粉相比，所排放的 NO_x 和 CO 要少 1/6～1/2。我国的水煤浆燃料技术，已跨入世界先进行列。

1.3.1.2　石油和天然气

（1）石油与无铅汽油

石油是主要由链烷烃、环烷烃和芳香烃组成的复杂混合物，还含有少量含氧、氮、硫的有机化合物，平均含碳（质量分数）84%～85%、氢 12%～14%。石油经过分馏和裂化等加工后，可得到石油气、汽油、煤油、柴油、润滑油等一系列产品。

石油产品中重要的燃料之一是汽油。抗爆性是燃料的重要特征，抗爆性能好坏与燃料的组成和化学结构有关。汽油的抗爆性能一般用**辛烷值**来表示，规定异辛烷的辛烷值为 100，正庚烷的辛烷值为 0，辛烷值是汽油最重要的质量指标，汽油标号就是以辛烷值的指标值来

划分的，例如一种汽油样品的抗爆性与 92％异辛烷和 8％正庚烷的混合液相等，该样品的辛烷值就是 92，就称为 92 号汽油。辛烷值提高一个单位可减少油耗 0.7％～3.1％。为提高辛烷值，经常要加入抗爆剂。四乙基铅是最常用的高效抗爆剂，汽油中加入 0.1％的四乙基铅，辛烷值可提高 14～17 个单位。实际上加入的抗爆剂一般为含四乙基铅 $Pb(C_2H_5)_4$（或四甲基铅）（占 60％）和二溴乙烷（或二氯乙烷）（占 40％）的混合物。四乙基铅（高效抗爆剂）能阻止提前点火，防止不稳定燃烧；二溴乙烷则能帮助除去汽缸中的铅，使之转换成易挥发的铅卤化物，随废气排入大气。城市大气中的铅，主要来自汽车尾气排放。我国自 2000 年 7 月 1 日起禁止使用含铅汽油，改用无铅汽油，并装置尾气转化器以净化尾气。采用甲基叔丁基醚（MTBE）调和辛烷值的汽油，就是一种**无铅汽油**。

（2）天然气和可燃冰

天然气是一种蕴藏在地层内的可燃性气体，主要组分为甲烷 CH_4。在世界各地的油田、煤田和沼泽地带都有天然气存在。在三种化石燃料中，天然气的热值最高，达 $-55.6 \ kJ\cdot g^{-1}$，其燃烧反应为：

$$CH_4(g)+2O_2(g) \Longrightarrow CO_2(g)+2H_2O(l), \quad \Delta_rH_m^{\ominus}(298.15 \ K)=-890 \ kJ\cdot mol^{-1}$$

天然气的氢碳比高、热值大，是一种优质、高效和洁净的能源。天然气和水在高压低温条件下，可共同结晶形成天然气水合物，又称**可燃冰**，其组成近似为 $CH_4\cdot 6H_2O$。每立方米的可燃冰大约可释放出 160 m^3 的甲烷（标准状况）和 0.8 m^3 的水。可燃冰广泛存在于大海底部和永久冻土带的地层中，是很有开发前途的能源。

1.3.2 新能源

1.3.2.1 氢能

氢能具有以下优点：①氢具有很高的燃烧热值，热值为 142.9 $MJ\cdot kg^{-1}$，约为汽油 3 倍、煤炭的 6 倍，且点火容易，燃烧速率快，燃烧分布均匀；②氢资源丰富，氢是地球上最丰富的元素，如果能以水为原料制备氢能，则原料充足；③氢燃料无污染，氢的燃烧产物为水，对环境不产生污染。

开发利用氢能需要解决三个关键问题：①廉价易行的制氢工艺；②方便、安全的储运手段；③有效的利用。这些问题都与化学关系密切，都是当前研究的热点问题。

（1）氢燃料的制取

电解法制氢，关键在于取得价廉的电能，就当前的电能而论，经济上仍不合算。可以从水煤气中取得氢气，但这仍需用煤炭为原料，不够理想。利用高温下循环使用无机盐的热化学法分解水制氢效率比较高，是个活跃的研究领域，其安全性、经济性仍在研究与探索中。目前认为最有前途的是太阳能光解水制氢法，关键在于寻找和研制合适的催化剂，以提高光解制氢的效率。

（2）氢气的储存

储氢方式有化学储氢和物理储氢两类。氢气密度小，在 15 MPa 压力下，40 dm^3 的常用钢瓶只能装 0.5 kg 氢气。若将氢气液化，需耗费很大能量，安全要求也很高（氢气有渗漏和爆炸的危险）。当前研究和开发十分活跃的是固态合金储氢方法，储氢材料应满足：存储量大，放氢速率快，安全性好，能耗小，循环使用寿命长等。

例如，镧镍合金 $LaNi_5$ 能吸收氢气形成金属型氢化物 $LaNi_5H_6$：

$$LaNi_5+3H_2 \Longrightarrow LaNi_5H_6, \quad \Delta_rH_m^{\ominus}(323 \ K)=-301.1 \ kJ\cdot mol^{-1}$$

加热金属型氢化物时，即放出 H_2。$LaNi_5$ 合金可长期地反复进行吸氢和放氢。1 kg $LaNi_5$

合金在室温和 250 kPa 压力下可储氢 15 g 以上。

1.3.2.2 核能

核能是原子核发生变化(裂变、聚变等)而释放的能量。1938 年德国科学家哈恩和史特拉斯曼发现了 U-235 的核裂变现象：铀原子核裂变的同时释放出巨大的能量，这种能量来源于原子核内质子和中子的结合能，它恰好等于核裂变时的质量亏损。这一发现不仅验证了 1905 年爱因斯坦在著名的相对论中列出的质能方程 $\Delta E = \Delta m c^2$(m 为质量；E 为能量；c 为光速)，而且也使核能的利用走向现实。

从原子核变化得到能量有两种方式：一种是核裂变，某些重核分裂为较轻的核，是原子弹爆炸、核电站和核动力产生的基础；另一种是核聚变，由轻核合并成较重的原子核，是制造氢弹的基础。

(1)核裂变

人们首先发现的是 U-235 的核裂变。^{235}U 原子核裂变时分裂成两个不相等的碎片和若干个中子。下面是 ^{235}U 裂变的几种方式：

$$^{235}_{92}U + ^1_0n \longrightarrow \begin{cases} ^{72}_{30}Zn + ^{160}_{62}Sm + 4^1_0n \\ ^{87}_{35}Br + ^{146}_{57}La + 3^1_0n \\ ^{142}_{56}Ba + ^{91}_{36}Kr + 3^1_0n \\ ^{90}_{37}Rb + ^{144}_{55}Cs + 2^1_0n \end{cases}$$

核裂变时，释放出能量的原因是裂变前后的质量不相等。核裂变后有质量亏损，亏损的质量转变成了能量。该能量可由爱因斯坦的质能方程求得。如下裂变：

$$^{235}_{92}U + ^1_0n \longrightarrow ^{142}_{56}Ba + ^{91}_{36}Kr + 3^1_0n, \quad \Delta_r H_m^\ominus = -1.9 \times 10^{10} \text{ kJ} \cdot \text{mol}^{-1}$$

1 g ^{235}U 裂变放出的能量约为 8.1×10^7 kJ，约相当于 2.7 t 煤燃烧放出的热量，可见核能是多么巨大。

事实上，裂变产物的组成很复杂，它们的原子序数在 30(Zn)～65(Tb)范围分布。U-235 裂变出的中子还可以轰击别的 U-235，诱发新的裂变反应，从而导致更多的中子产生，再引起更多的 U-235 裂变，这种裂变反应称为链式反应。在此过程中，每 1 g U-235 裂变可放出 8.1×10^7 kJ 的能量，如果这种链式反应不加控制地进行，在极短的时间内 U-235 裂变会放出巨大能量，这就是原子弹爆炸。如果能控制这种链式反应的进行(如在反应堆内)，就可以根据需要利用裂变能，如核电站、核潜艇等。

(2)核聚变

核聚变为在一定条件下，由氘和氚等质量非常小的原子核之间相互作用，发生聚合反应，从而生成质量更大的原子，并且释放出巨大能量的一种核反应形式。例如氘和氚的聚变反应：

$$^2_1H + ^3_1H \longrightarrow ^4_2He + ^1_0n, \quad \Delta_r H_m^\ominus = -1.7 \times 10^9 \text{ kJ} \cdot \text{mol}^{-1}$$

由此可计算出，1 g 核聚变燃料放出的热量约为 3.4×10^8 kJ。

与核裂变比较，核聚变的反应优势在于：核聚变产物是稳定的氦，不存在放射性污染，没有难以处理的废料；聚变原料氘的资源比较丰富，氘可以从海水中提取，每升海水中约含氘 0.03 g，因此氘是取之不尽、用之不竭的能源。氚是放射性核素，虽然天然不存在，但可以通过中子与 $^6_3$Li 进行下列反应得到：

$$^6_3Li + ^1_0n \longrightarrow ^4_2He + ^3_1H$$

$^6_3$Li 是一种较丰富的同位素，广泛存在于陆地和海洋的岩石中，海水中也含有丰富的

锂,所以相对来讲也是取之不尽的。

1.3.2.3 太阳能

太阳能是太阳内部连续不断的核聚变反应过程产生的能量。太阳能仅有 22 亿分之一到达地球,其中约 50% 又被大气层反射和吸收,约 50% 到达地面,太阳每秒照射到地球上的能量相当于 500 万吨标准煤燃烧释放的能量,只要能利用它的万分之一,就可以满足目前全世界对能源的需求。直接利用太阳能的方法主要有三种:

(1)太阳能转变为热能

所需的关键设备是太阳能集热器(有平板式和聚光式两种类型)。在集热器中通过吸收表面(一般为黑色粗糙或采光涂层的表面)将太阳能转换成热能,用于加热传热介质(一般为水)。例如,薄层 CuO 对太阳能的吸收率为 90%,可达到的平衡温度计算值为 327 ℃;聚光式集热器则用反射镜或透镜聚光,能产生很高温度,但造价高昂。

(2)太阳能转变为电能

利用太阳能电池可直接将太阳能转换成电能。随着空间技术的发展,科学家已构思在宇宙空间建造太阳能发电站的可能性。

(3)太阳能转变为化学能

利用光和物质相互作用引起化学反应,实现光化学转换。例如,利用太阳能在催化剂参与下分解水制氢。利用仿生技术,模仿光合作用一直是科学家努力追求的目标,一旦解开光合作用之谜,就可使人造粮食、人造燃料成为现实。

太阳能资源总量巨大,分布广泛,应用太阳能不引起环境污染、不破坏生态平衡,因此,太阳能是一种理想的清洁能源。进入 21 世纪以来,太阳能利用有令人振奋的进展,太阳能热水器、太阳能电池等产品年产量一直保持在 30% 以上的增长速率,被称为"世界增长最快的能源",科学家预测,太阳能将成为 21 世纪人类的重要能源之一。

 选读材料

1. 科学家故事

盖斯(G. H. Germain Henri Hess, 1802—1850),俄国化学家。1802 年 8 月 8 日出生于瑞士日内瓦市一位画家家庭,三岁随父亲定居俄国莫斯科,因而在俄国上学和工作。1825 年毕业于多尔帕特大学医学系,并取得医学博士学位。1826 年弃医专攻化学,并到瑞典斯德哥尔摩柏济力阿斯实验室进修化学,从此与柏济力阿斯结下了深厚的友谊。回国后到乌拉尔作地质调查和勘探工作,后又到伊尔库茨克研究矿物,1828 年由于在化学上的卓越贡献被选为圣彼得堡科学院院士,旋即被聘为圣彼得堡工艺学院理论化学教授兼中央师范学院和矿业学院教授。1838 年被选为俄国科学院院士。1850 年盖斯卒于俄国圣彼得堡。

盖斯早年从事分析化学的研究,曾对巴库附近的矿物和天然气进行分析,做出了一定成绩,以后还曾发现蔗糖可氧化成糖二酸。1830 年专门从事化学热效应测定方法的改进,曾改进拉瓦锡和拉普拉斯的冰量热计,从而较准确地测定了化学反应中的热量。1836 年经过许多次实验,他总结出一条规律:任何化学反应过程中的热量,不论该反应是一步完成还是分步进行的,其总热量变化是相同的,1860 年以热的加和性守恒定律形式发表。这就是举世闻名的盖斯定律。

盖斯定律(Hess's law),又名反应热加成性定律(the law of additivity of reaction heat):

若一反应为两个反应的代数和，其反应热为此两个反应热的代数和。也可表达为在条件不变的情况下，化学反应的热效应只与起始和终了状态有关，与变化途径无关。盖斯定律是断定能量守恒的先驱，也是化学热力学的基础。当一个不能直接发生的反应要求反应热时，便可以用分步法测定反应热并加和来间接求得。盖斯是热化学的奠基人。

盖斯的主要著作有《纯化学基础》(1834 年)，曾用作俄国教科书达 40 年，出过七版，对欧洲化学界也有一定影响。

2. 科技进展论坛

可燃冰

可燃冰的学名叫天然气水合物，是一种由水分子和碳氢化合物气体小分子组成的晶状固体化合物，形状似冰雪，通常呈白色，可以像蜡烛一样燃烧。可燃冰燃烧后不会留下任何残渣或废弃物。每立方米可燃冰所含甲烷的质量为 133 kg，而且纯度比普通的天然气纯度高，燃烧热值高，因此可燃冰可以放出巨大的能量。

1810 年，科学家第一次在实验室里发现了甲烷水合物。1934 年苏联在被堵塞的天然气输气管道里发现了天然气水合物。这一发现引起苏联科学家的重视。1965 年苏联在西伯利亚永久冻土带发现天然气水合物矿藏，1970 年开始对该矿床进行商业性开采。以后陆续在美国、苏联、墨西哥湾等地深海钻探发现了天然气水合物。1979 年墨西哥湾深海钻探取得岩心，首次验证了天然气水合物矿藏在深海海底的存在。

可燃冰受其特殊的性质和生成条件(高压大于 100 MPa，低温 0～10 ℃)，它的矿藏主要出现在高纬度地区的永久冻土中及大陆边缘水深较大的大陆坡、海山和边缘海深水盆地中。科学家大胆推测，全球海底天然气水合物的甲烷资源量是迄今地球上所有已知的煤、页岩油、石油及天然气资源的两倍，足够人类利用 1000 年！虽然一些学者发表的天然气水合物资源储量数据不尽相同，但是所有的数据资料都不约而同地表明，天然气水合物的资源潜力极大，远远超过石油、煤、页岩油和天然气等资源储量的总和。这意味着天然气水合物有着巨大的资源潜势和商业价值。

美国、英国、德国、加拿大、日本等国相继开展了本土和国际海底的调查研究和评价。现在全世界范围兴起了一股从海底开发天然气水合物新能源的热潮。我国科学家从 1999 年开始进行可燃冰调查研究工作，2007 年我国首次在海域进行可燃冰钻探，取得了可燃冰实物样品，成为继美国、日本、印度之后第四个通过国家级研究计划采到可燃冰实物样品的国家。2015 年我国自主研制的海马号潜水器首次发现了可燃冰潜在储藏地，被命名为"海马冷泉"，圈定了千亿立方级的可燃冰矿藏。据专家初步预测，中国南海北部天然气水合物远景储量可达上百亿吨油当量。我国已经完成了几次试采工作，工程开采上进入世界先进行列。

但是如何把天然气水合物作为能源使用，特别是如何解决天然气水合物的低成本开采技术问题，目前仍然没有得到解决，但国际上在天然气水合物应用性研究方面的新一轮竞赛已经展开。

习题

1. 是非题(对的在括号内填"＋"号，错的填"－"号)

(1)功和热是在系统和环境之间的两种能量传递方式，在系统内部不讨论功和热。(   )

(2)化学反应热是等温反应热，即在化学变化过程中温度始终不变。(   )

(3)在标准状态下，所有单质的标准摩尔生成焓为零。（　　）

(4)盖斯定律适用于任意条件下的化学反应，可用于化学反应焓变的计算。（　　）

(5)反应的焓变就是反应的热效应。（　　）

2. 选择题（将正确答案的标号填入括号内）

(1)下列说法错误的是（　　）。

A. 反应进度不考虑时间变化

B. 反应进度与方程式的写法有关

C. 标准状态规定了温度为 298 K

D. 溶液的标准态是指在标准压力下溶质的浓度为 $1\ mol\cdot L^{-1}$ 的理想溶液

(2)在下列反应中，反应进度为 1 mol 时放出热量最大的是（　　）。

A. $CH_4(l)+2O_2(g)\!=\!=\!CO_2(g)+2H_2O(g)$

B. $CH_4(g)+2O_2(g)\!=\!=\!CO_2(g)+2H_2O(g)$

C. $CH_4(g)+2O_2(g)\!=\!=\!CO_2(g)+2H_2O(l)$

D. $CH_4(g)+1.5O_2(g)\!=\!=\!CO(g)+2H_2O(l)$

(3)在标准条件下石墨燃烧反应的焓变为 $-393.6\ kJ\cdot mol^{-1}$，金刚石燃烧反应的焓变为 $-395.6\ kJ\cdot mol^{-1}$，则石墨转变成金刚石反应的焓变为（　　）。

A. $-789.3\ kJ\cdot mol^{-1}$ B. 0

C. $1.9\ kJ\cdot mol^{-1}$ D. $-1.9\ kJ\cdot mol^{-1}$

(4)下列对于功和热的描述中，正确的是（　　）。

A. 都是途径函数，无确定的变化途径就无确定的数值

B. 都是途径函数，对应于某一状态有一确定值

C. 都是状态函数，变化量与途径无关

D. 都是状态函数，始、终态确定，其值也确定

(5)对于状态函数，下列叙述正确的是（　　）。

A. 只要系统处于平衡态，状态函数的值就已经确定

B. 状态函数和途径函数一样，其变化值取决于具体的变化过程

C. ΔH 和 ΔU 都是状态函数

D. 任一状态函数的值都可以通过实验测得

(6)下述说法中，不正确的是（　　）。

A. 焓变只有在某种特定条件下才与系统反应热相等

B. 焓是人为定义的一种具有能量量纲的热力学量

C. 焓是系统与环境进行热交换的能量

D. 焓是状态函数

(7)公式 $\Delta H=Q_p$ 的适用条件是（　　）。

A. 等压 B. 等温等压

C. 封闭系统、等温等压、只做体积功 D. 封闭系统的任何过程

3. 在温度 T 的标准状态下，若已知反应 $A\longrightarrow 2B$ 的标准摩尔焓变 $\Delta_r H^\ominus_{m,1}=40\ kJ\cdot mol^{-1}$，反应 $2A\longrightarrow C$ 的标准摩尔焓变 $\Delta_r H^\ominus_{m,2}=-60\ kJ\cdot mol^{-1}$，则反应 $C\longrightarrow 4B$ 的标准摩尔焓变 $\Delta_r H^\ominus_{m,3}$ 为多少？

4. 已知下列热化学反应方程式：

$$Fe_2O_3(s)+3CO(g)\!=\!=\!2Fe(s)+3CO_2(g),\ Q_p=-27.6\ kJ\cdot mol^{-1}$$

$$3Fe_2O_3(s)+CO(g)\!=\!=\!2Fe_3O_4(s)+CO_2(g),\ Q_p=-58.6\ kJ\cdot mol^{-1}$$

$$Fe_3O_4(s)+CO(g)\!=\!=\!3FeO(s)+CO_2(g),\ Q_p=38.1\ kJ\cdot mol^{-1}$$

不用查表，试根据盖斯定律计算下列反应的 Q_p。

$$FeO(s)+CO(g)\!=\!=\!Fe(s)+CO_2(g)$$

5. CH_4 的燃烧反应 $CH_4(g)+2O_2(g)\!=\!\!=\!\!=\!CO_2(g)+2H_2O(l)$ 在弹式热量计中进行，已测出 0.25 mol CH_4 燃烧放热 221.34 kJ，假定各气体都是理想气体，试计算(假定反应温度为 298.15 K)：

(1)1 mol $CH_4(g)$ 的等容燃烧热；

(2)1 mol $CH_4(g)$ 的等压燃烧热；

(3)1 mol $CH_4(g)$ 燃烧时，$\Delta_r H_m$ 和 $\Delta_r U_m$ 分别是多少？

6. 已知乙醇在 101.325 kPa 压力下沸点温度为 351 K，且蒸发热为 39.2 kJ·mol^{-1}。试估算 1 mol 液态乙醇在该蒸发过程中的体积功和 ΔU。

7. 1 mol 理想气体经恒温膨胀、恒容加热和恒压冷却三步，完成一个循环后回到始态，整个过程放热 100 J，求此过程的 W 和 ΔU。

8. 查阅附录 2 的数据，试计算下列反应的 $\Delta_r H_m^\ominus$(298.15 K)。下列反应的等压反应热和等容反应热是否相同？哪个大？

(1)$8Al(s)+3Fe_3O_4(s)\!=\!\!=\!\!=\!4Al_2O_3(s)+9Fe(s)$

(2)$C_2H_2(g)+H_2(g)\!=\!\!=\!\!=\!C_2H_4(g)$

(3)$4NH_3(g)+3O_2(g)\!=\!\!=\!\!=\!2N_2(g)+6H_2O(l)$

(4)$Zn(s)+CuSO_4(aq)\!=\!\!=\!\!=\!ZnSO_4(aq)+Cu(s)$

9. 辛烷 C_8H_{18} 是汽油的主要成分，完全燃烧的化学方程式为：

$$C_8H_{18}(l)+\frac{25}{2}O_2(g)\!=\!\!=\!\!=\!8CO_2(g)+9H_2O(l)$$

已知 298.15 K 时 $C_8H_{18}(l)$ 的 $\Delta_f H_m^\ominus$ 为 -208 kJ·mol^{-1}，其他物质的标准摩尔生成焓可查附录，计算 200 g 辛烷完全燃烧放出的热量。

10. 甘油三油酸酯是一种典型的脂肪，当它被人体代谢时发生下列反应：

$$C_{57}H_{104}O_6(s)+80O_2(g)\!=\!\!=\!\!=\!57CO_2(g)+52H_2O(l),\quad \Delta_r H_m^\ominus=-3.35\times10^4\ kJ\cdot mol^{-1}$$

问消耗这种脂肪 1 kg 时，上述反应的反应进度是多少？将有多少热量放出？

第2章

化学反应的基本原理

内容提要

第1章讨论了化学反应的热效应问题，若给出任一反应，可计算出反应放出或吸收了多少热量。可是该反应实际能否发生，反应能进行到什么程度，反应进行的速率快还是慢，对此我们都不得而知，这些都是我们关心的基本化学原理问题。这一章将在热化学的基础上讨论化学反应的方向、限度和速率等基本原理问题，并了解大气污染和绿色化学。

学习要求

(1)理解熵和吉布斯函数两个重要状态函数。掌握利用热力学数据计算化学反应的标准摩尔吉布斯函数变，能用 $\Delta_r G_m$ 判断反应进行的方向。

(2)理解标准平衡常数 $K^\ominus$ 的意义及与 $\Delta_r G_m^\ominus$ 的关系，并掌握有关计算。熟悉浓度、压力和温度对化学平衡的影响。

(3)理解反应速率和速率方程，了解基元反应和反应级数的概念。能用阿伦尼乌斯方程进行初步计算，能用活化能和活化分子说明浓度、温度和催化剂等对化学反应速率的影响。

(4)了解大气污染、绿色化学的概念。

2.1　化学反应的方向和吉布斯函数

2.1.1　影响化学反应方向的因素

2.1.1.1　自发过程

在给定条件下能自动进行的反应(或过程)叫作**自发反应**(或自发过程)。自然界中能看到不少自发过程，比如水自发地从高处流向低处，热自发地从高温物体传向低温物体，正电荷自发地从电场中高电势处流向低电势处，溶质自高浓度向低浓度的扩散过程等。

这些过程都有以下三个共同特征：过程不可逆性即单向性，如热只能自发地从高温物体传向低温物体，而不能自发地由低温物体传向高温物体；过程有一定的限度即平衡状态，如当两个物体温度相等时，热传递达到平衡；有一定的物理量判断变化的方向，即判据。如热传递的判据是温度差，只要有温度差就会有热传递。

自发的化学反应同样也有以上三个特征，那判断化学反应能否自发进行的依据是什么？如果想找到判据，首先要了解哪些因素影响化学反应的方向。下面讨论影响化学反应方向的因素。

2.1.1.2　焓变与反应的方向

很多简单的物理过程，总是向着系统势能降低的方向自发进行。例如，水自发地从高处流向低处以降低其重力势能，正电荷在电场中自发地从高电势处运动到低电势处以降低其电势能。19 世纪的化学家曾试图用反应是否放热，即焓变是否小于零作为判断反应自发性的依据，并认为放热越多，反应越易自发进行。

实践证明，有大量的放热反应会自发进行。例如：

$$H^+(aq)+OH^-(aq)\!=\!\!=\!\!=\!H_2O(l), \quad \Delta_r H_m^{\ominus}(298.15\ K)\!=\!-55.8\ kJ\cdot mol^{-1}$$

$$C(s)+O_2(g)\!=\!\!=\!\!=\!CO_2(g), \quad \Delta_r H_m^{\ominus}(298.15\ K)\!=\!-393.5\ kJ\cdot mol^{-1}$$

$$Zn(s)+2H^+(aq)\!=\!\!=\!\!=\!Zn^{2+}(aq)+H_2(g), \quad \Delta_r H_m^{\ominus}(298.15\ K)\!=\!-153.9\ kJ\cdot mol^{-1}$$

这说明反应放热降低系统的总能量是过程自发进行的重要趋势，即反应放热 $\Delta H<0$，有利于反应进行。但是有些反应或过程却是向吸热方向进行的。例如，工业上石灰石煅烧分解为生石灰和 CO_2 的反应是一吸热反应：

$$CaCO_3(s)\!=\!\!=\!\!=\!CaO(s)+CO_2(g) \qquad \Delta H>0$$

在 100 kPa 和 1183 K 时，$CaCO_3$ 能自发且剧烈地进行热分解，生成 CaO 和 CO_2。这表明，在给定条件下要判断一个反应能否自发进行，除了考虑焓变这一因素外，还有其他重要因素。

2.1.1.3　熵变与反应的方向

（1）系统混乱度和熵

我们可以从自然界的一些过程和反应得到一些启示。在常温下，水可以自发地由液态蒸发为气态；往一杯水中滴入几滴蓝墨水，蓝墨水就会自发地逐渐扩散到整杯水中；吸热反应 $Ba(OH)_2\cdot 8H_2O(s)+2NH_4SCN(s)\!=\!\!=\!\!=\!Ba(SCN)_2(s)+2NH_3(g)+10H_2O$ 在常温下可以进行。仔细观察这些过程，会发现都是自发地向着混乱程度增加的方向进行，或者说系统中有序的运动易变成无序的运动。之所以如此，是因为无序情况实现的可能性远比有序的情况大，系统倾向于取得系统的最大混乱度。

系统处于某一状态时，内部物质微观粒子的混乱度确定，可用状态函数**熵** S 来表示。统计热力学中的玻耳兹曼定理告诉我们：

$$S=k\ln\Omega \tag{2.1}$$

式中，$\Omega\geqslant 1$，Ω 是与一定宏观状态对应的微观状态总数(或称混乱度)；k 为玻耳兹曼常数，数值为 1.38×10^{-23} J $\cdot$ K^{-1}。此式将系统的宏观性质熵与微观状态总数即混乱度联系了起来。它表明熵是系统混乱度的量度，系统的微观状态数越多，系统越混乱，熵就越大。

系统内物质微观粒子的混乱度与物质的聚集状态、温度等有关。在热力学零度时，理想晶体内粒子的各种运动都将停止，物质微观粒子处于完全整齐有序的状态。人们根据一系列低温实验事实和推测，总结出**热力学第三定律**：在 0 K 时，一切纯物质的完美晶体的熵值都等于零，即

$$S(0\ K，完美晶体)=0 \tag{2.2}$$

按照统计热力学的观点，0 K 时，纯物质完美晶体的混乱度最小，微观状态数为 1，所以

$$S(0\ K，完美晶体)=k\ln 1=0$$

以此为基准，若知道某一物质从 0 K 到指定温度下的一些热化学数据(如热容、相变焓)，就可以求出该温度时的熵值。规定在标准状态下，单位物质的量的纯物质 B 的熵称为该物质的**标准摩尔熵**，以 $S_m^{\ominus}(B,T)$ 表示，常用单位为 J $\cdot$ mol$^{-1}\cdot$ K^{-1}。书末附录 2 列出了一些单质

和化合物在 298.15 K 时的标准摩尔熵 $S_m^\ominus$，注意，单质的标准摩尔熵并不为零。

与标准摩尔生成焓相似，对于水合离子，因溶液中同时存在正、负离子，规定处于标准状态下水合 H^+ 的标准摩尔熵值为零，通常温度选定为 298.15 K，即 $S_m^\ominus(H^+,aq,298.15\ K)=0\ J\cdot mol^{-1}\cdot K^{-1}$，从而得出其他水合离子在 298.15 K 时的标准摩尔熵，数据参见书末附录 2。

根据熵的意义并比较物质的标准摩尔熵值，可以得出下面一些规律：

① 对同一物质，相同温度下，气态熵大于液态熵大于固态熵，即 $S_g > S_l > S_s$。例如：298.15 K 时，$S_m^\ominus(H_2O,g)=188.825\ J\cdot mol^{-1}\cdot K^{-1}$，$S_m^\ominus(H_2O,l)=69.91\ J\cdot mol^{-1}\cdot K^{-1}$。

② 同一物质在相同的聚集状态时，其熵值随温度的升高而增大，即 $S_{高温} > S_{低温}$。例如：

$$S_m^\ominus(Fe,s,500\ K)=41.2\ J\cdot mol^{-1}\cdot K^{-1}$$

$$S_m^\ominus(Fe,s,298.15\ K)=27.28\ J\cdot mol^{-1}\cdot K^{-1}$$

③ 一般来说，温度和聚集状态相同时，分子或晶体结构较复杂（内部微观粒子较多）的物质的熵大于（由相同元素组成的）结构较简单（内部微观粒子较少）的物质的熵，即 $S_{复杂分子} > S_{简单分子}$。例如：

$$S_m^\ominus(C_2H_6,g,298.15\ K)=229.60\ J\cdot mol^{-1}\cdot K^{-1}$$

$$S_m^\ominus(CH_4,g,298.15\ K)=186.264\ J\cdot mol^{-1}\cdot K^{-1}$$

利用这些简单规律可得出：对于物理变化或化学变化，气体分子数增加的过程或反应总伴随着熵值的增大（$\Delta S > 0$）；相反，如果气体分子数减少，$\Delta S < 0$。

前面已讨论过，系统会倾向于向混乱度增大的方向进行。对于化学反应，$\Delta_r S > 0$，系统的混乱度增大，有利于反应的进行。

（2）反应熵变的计算

在标准状态和温度 T 下，反应进度为 1 mol 时反应的熵变，称作该反应的**标准摩尔熵变**，记作 $\Delta_r S_m^\ominus$，常用单位为 $J\cdot mol^{-1}\cdot K^{-1}$。因为熵是状态函数，所以反应（或过程）的熵变取决于始态和终态，而与变化的途径无关。它的计算与 $\Delta_r H_m^\ominus$ 相似，对于一般的化学反应，

$$a A + b B \Longrightarrow g G + d D$$

反应的标准摩尔熵变为

$$\Delta_r S_m^\ominus(T) = g S_m^\ominus(G,T) + d S_m^\ominus(D,T) - a S_m^\ominus(A,T) - b S_m^\ominus(B,T) \tag{2.3}$$

或

$$\Delta_r S_m^\ominus(T) = \sum_B \nu_B S_m^\ominus(B,T) \tag{2.4}$$

应当指出，查表得到的数据是物质在常温 298.15 K 下的标准摩尔熵，根据上式计算的结果是反应在常温下的熵变。虽然反应中各物质的标准摩尔熵随温度的升高而增大，但只要温度升高时，没有引起物质聚集状态的改变，反应物和生成物的熵的改变基本可以抵消，$\Delta_r S_m^\ominus$ 随温度变化并不大。与 $\Delta_r H_m^\ominus$ 相似，在近似计算中，通常可忽略温度的影响，可认为 $\Delta_r S_m^\ominus$ 基本不随温度而变。即

$$\Delta_r S_m^\ominus(T) \approx \Delta_r S_m^\ominus(298.15\ K) \tag{2.5}$$

例 2.1 试计算石灰石（$CaCO_3$）热分解反应的 $\Delta_r S_m^\ominus(298.15\ K)$ 和 $\Delta_r H_m^\ominus(298.15\ K)$，并初步分析该反应的自发性。

解 写出化学反应方程式，从附录 2 查出各反应物和生成物的 $S_m^\ominus(298.15\ K)$ 和 $\Delta_f H_m^\ominus(298.15\ K)$，并在各物质下面标出。

$$CaCO_3(s) == CaO(s) + CO_2(g)$$

$\Delta_f H_m^\ominus(298.15\ K)/kJ\cdot mol^{-1}$ -1206.92 -635.09 -393.509

$S_m^\ominus(298.15\ K)/J\cdot mol^{-1}\cdot K^{-1}$ 92.9 39.75 213.74

根据式(1.15a)得

$$\Delta_r H_m^\ominus(298.15\ K) = \sum_B \nu_B \Delta_f H_m^\ominus(B, 298.15\ K)$$
$$= [(-635.09)+(-393.509)-(-1206.92)]\ kJ\cdot mol^{-1} = 178.32\ kJ\cdot mol^{-1}$$

根据式(2.4)，得

$$\Delta_r S_m^\ominus(298.15\ K) = \sum_B \nu_B S_m^\ominus(B, 298.15\ K)$$
$$= [(39.75+213.74)-92.9]\ J\cdot mol^{-1}\cdot K^{-1}$$
$$= 160.59\ J\cdot mol^{-1}\cdot K^{-1}$$

该反应的 $\Delta_r H_m^\ominus(298.15\ K)$ 为正值，表明此反应为吸热反应。从系统倾向于取得最低的能量这一因素来看，吸热不利于反应自发进行。但反应的 $\Delta_r S_m^\ominus(298.15\ K)$ 为正值，表明反应过程中系统的熵值增大。从系统倾向于取得最大的混乱度这一因素来看，熵值增大，有利于反应自发进行。因此，该反应的自发性究竟如何，还需要进一步探讨。

化学反应自发性的判断不仅与焓变 ΔH 有关，还与熵变 ΔS 有关。一般而言 $\Delta H < 0$，有利于反应进行，$\Delta S > 0$，有利于反应进行。实际上熵增大往往需要吸收热量，能否把这两个因素综合考虑，形成统一的自发性判据呢？

2.1.2 吉布斯函数变与反应的自发性

2.1.2.1 吉布斯函数

1875 年，美国物理化学家吉布斯(J. W. Gibbs)首先提出一个综合了焓、熵和温度的热力学状态函数——**吉布斯函数**(或称为吉布斯自由能)，用符号 G 表示，其定义为

$$G = H - TS \tag{2.6a}$$

吉布斯函数 G 是状态函数 H 和 T、S 的组合，和 U、H 一样，G 的绝对值也无法得知，但系统经历某一过程后，其变化值是可以得到的。

对于等温过程，吉布斯函数的变化：

$$\Delta G = \Delta H - T\Delta S \tag{2.6b}$$

此式称为吉布斯-亥姆霍兹(Gibbs-Helmholtz)方程，是热力学中非常重要、实用的方程，将此式用于化学反应，可得：

$$\Delta_r G_m = \Delta_r H_m - T\Delta_r S_m \tag{2.6c}$$

式中，ΔG 表示过程的吉布斯函数的变化，简称为吉布斯函数变。

若反应处于标准状态时，有

$$\Delta_r G_m^\ominus(T) = \Delta_r H_m^\ominus(T) - T\Delta_r S_m^\ominus(T) \tag{2.6d}$$

2.1.2.2 吉布斯函数判据

根据化学热力学的推导可以得到，对于恒温、恒压、只做体积功的一般反应(或过程)，其自发性的**吉布斯函数判据**为

$$\left.\begin{array}{l} \Delta G < 0\ \text{自发过程，反应正向进行} \\ \Delta G = 0\ \text{平衡状态} \\ \Delta G > 0\ \text{非自发过程，反应逆向进行} \end{array}\right\} \tag{2.7}$$

对于不同的系统，过程自发性的判据不同；对于孤立系统，可以用熵增加原理；对于恒温恒容过程，可以用亥姆霍兹函数判据。由于化学反应大多在恒温、恒压条件下进行，对于系统不做非体积功的化学反应而言，吉布斯函数极为重要，可用于判断过程自发进行的方向。

如果化学反应在恒温、恒压条件下，除体积功外还做非体积功 W'（比如电功），则吉布斯函数判据（可从热力学理论推导出）就变为

$$\left. \begin{array}{l} \Delta G < W' \text{自发过程} \\ \Delta G = W' \text{平衡状态} \\ \Delta G > W' \text{非自发过程} \end{array} \right\} \qquad (2.8)$$

式(2.8)表明，在恒温、恒压下，一个封闭系统所能做的最大非体积功等于其吉布斯函数的减少。这就是本书第 4 章中叙述的电源和燃料电池中电功的源泉，即

$$\Delta G = W'_{\max} \qquad (2.9)$$

式中，$W'_{\max}$ 为最大电功。

ΔG 作为反应（或过程）自发性的判断依据，实际上包含着焓变 ΔH 和熵变 ΔS 这两个因素。由于 ΔH 和 ΔS 均既可为正值，又可为负值，就可能出现列于表 2.1 中的 4 种基本情况。

表 2.1 ΔH、ΔS 及 T 对反应自发性的影响

反应实例	ΔH	ΔS	$\Delta G = \Delta H - T\Delta S$	（正）反应的自发性
①$H_2(g) + Cl_2(g) == 2HCl(g)$	−	+	−	自发（任何温度）
②$2CO(g) == 2C(s) + O_2(g)$	+	−	+	非自发（任何温度）
③$CaCO_3(s) == CaO(s) + CO_2(g)$	+	+	升高至某温度时由正值变负值	升高温度，有利于反应自发进行
④$N_2(g) + 3H_2(g) == 2NH_3(g)$	−	−	降低至某温度时由正值变负值	降低温度，有利于反应自发进行

应当注意：大多数反应属于 ΔH 和 ΔS 同号的上述③或④两类反应，此时温度对反应的自发性有决定性影响，存在一个自发进行的最低或最高温度，称为转变温度 T_c（此时 $\Delta G = 0$）：

$$T_c = \Delta H / \Delta S \qquad (2.10)$$

它取决于 ΔH 和 ΔS 的相对大小，是反应的本性。

2.1.2.3 反应的标准摩尔吉布斯函数变

由吉布斯函数的定义式 $G = H - TS$ 可知，该函数是状态函数，其绝对值无法得知，与定义标准摩尔生成焓 $\Delta_f H_m^\ominus$ 一样，在标准状态时，由指定单质生成单位物质的量的纯物质 B 时反应的吉布斯函数变，称为该物质 B 的**标准摩尔生成吉布斯函数**，记作 $\Delta_f G_m^\ominus(B)$，常用单位为 $kJ \cdot mol^{-1}$。任何指定单质的标准摩尔生成吉布斯函数为零。对于水合离子，规定水合 H^+ 的标准摩尔生成吉布斯函数为零。一些物质在 298.15 K 时的数据见附录 2。

与标准摩尔焓变相似，在标准状态时，反应进度为 1 mol 时反应的吉布斯函数变称为该反应的**标准摩尔吉布斯函数变**，记作 $\Delta_r G_m^\ominus$，常用单位为 $kJ \cdot mol^{-1}$。显然，对于一般化学反应

$$a A + b B == g G + d D$$

反应的标准摩尔吉布斯函数变为

$$\Delta_r G_m^\ominus(T) = g\Delta_f G_m^\ominus(G, T) + d\Delta_f G_m^\ominus(D, T) - a\Delta_f G_m^\ominus(A, T) - b\Delta_f G_m^\ominus(B, T) \qquad (2.11a)$$

或
$$\Delta_r G_m^{\ominus}(T) = \sum_B \nu_B \Delta_f G_m^{\ominus}(B, T) \tag{2.11b}$$

应当注意，反应的焓变与熵变可视为基本不随温度而变，而反应的吉布斯函数变近似为温度的线性函数(因为一定温度时，$\Delta G = \Delta H - T\Delta S$)。

如果同时已知各物质的 $\Delta_f H_m^{\ominus}(298.15\ K)$ 和 $S_m^{\ominus}(298.15\ K)$ 的数据，可先算出 $\Delta_r H_m^{\ominus}$ $(298.15\ K)$ 和 $\Delta_r S_m^{\ominus}(298.15\ K)$，再按式(2.6)求得任一温度时的 $\Delta_r G_m^{\ominus}$，即

$$\Delta_r H_m^{\ominus}(298.15\ K) = \sum_B \nu_B \Delta_f H_m^{\ominus}(B, 298.15\ K)$$

$$\Delta_r S_m^{\ominus}(298.15\ K) = \sum_B \nu_B S_m^{\ominus}(B, 298.15\ K)$$

$$\Delta_r G_m^{\ominus}(T) \approx \Delta_r H_m^{\ominus}(298.15\ K) - T\Delta_r S_m^{\ominus}(298.15\ K) \tag{2.12}$$

对应的转变温度 T_c 为：

$$T_c \approx \frac{\Delta_r H_m^{\ominus}(298.15\ K)}{\Delta_r S_m^{\ominus}(298.15\ K)} \tag{2.13}$$

2.1.2.4 反应的摩尔吉布斯函数变

上面介绍了标准条件下的反应吉布斯函数变，可以用它判断反应在标准条件下能否自发进行。但实际上大多数反应都不是在标准条件下进行的，其自发性只能由非标准条件下的吉布斯函数变 $\Delta_r G_m$ 来判断，所以 $\Delta_r G_m$ 的计算就显得尤为实际和重要。$\Delta_r G_m$ 会随着系统中反应物和产物的分压或浓度的改变而改变，$\Delta_r G_m$ 与 $\Delta_r G_m^{\ominus}$ 之间的关系可由化学热力学理论推导得出，称为**化学反应的等温方程**。对于任意反应

$$a A + b B \Longrightarrow g G + d D$$

$$\Delta_r G_m(T) = \Delta_r G_m^{\ominus}(T) + RT\ln Q \tag{2.14}$$

式中，Q 为**反应商**，是生成物的相对浓度或相对压力相应幂的乘积与反应物的相对浓度或相对压力相应幂的乘积的比值。其中的幂为化学方程式中该物质前面的系数。在 Q 的表达式中，反应中的溶液用相对浓度 $c/c^{\ominus}$ 表示，$c^{\ominus}$ 为标准浓度，$c^{\ominus} = 1\ mol \cdot L^{-1}$；反应中的气体物质，用相对压力 $p/p^{\ominus}$ 表示，p 为气体的分压，$p^{\ominus}$ 为标准压力，$p^{\ominus} = 100\ kPa$；参与反应的纯固体或纯液体，则不必列入反应商 Q 中或记为 1；书写时需注意 Q 的表达式一定与化学方程式相对应，方程式的写法不同，Q 的表达式也不同。

对于气相反应

$$a A(g) + b B(g) \Longrightarrow g G(g) + d D(g)$$

Q 表达式为

$$Q = \frac{(p_G/p^{\ominus})^g (p_D/p^{\ominus})^d}{(p_A/p^{\ominus})^a (p_B/p^{\ominus})^b}$$

对于液相反应

$$a A(aq) + b B(aq) \Longrightarrow g G(aq) + d D(aq)$$

$$Q = \frac{(c_G/c^{\ominus})^g (c_D/c^{\ominus})^d}{(c_A/c^{\ominus})^a (c_B/c^{\ominus})^b}$$

对于任一化学反应

$$a A(l) + b B(aq) \Longrightarrow g G(s) + d D(g)$$

$$Q = \frac{(p_D/p^{\ominus})^d}{(c_B/c^{\ominus})^b}$$

该反应的等温方程式为

$$\Delta_r G_m(T) = \Delta_r G_m^\ominus(T) + RT \ln \frac{(p_D/p^\ominus)^d}{(c_B/c^\ominus)^b}$$

如氧化铁的还原反应

$$Fe_2O_3(s) + 3H_2(g) = 2Fe(s) + 3H_2O(g)$$

$$Q = \frac{(p_{H_2O}/p^\ominus)^3}{(p_{H_2}/p^\ominus)^3}$$

$$\Delta_r G_m(T) = \Delta_r G_m^\ominus(T) + RT \ln \frac{(p_{H_2O}/p^\ominus)^3}{(p_{H_2}/p^\ominus)^3}$$

再如水煤气制取合成天然气的反应

$$CO(g) + 3H_2(g) = CH_4(g) + H_2O(g)$$

$$Q = \frac{(p_{CH_4}/p^\ominus)(p_{H_2O}/p^\ominus)}{(p_{CO}/p^\ominus)(p_{H_2}/p^\ominus)^3}$$

$$\Delta_r G_m(T) = \Delta_r G_m^\ominus(T) + RT \ln \frac{(p_{CH_4}/p^\ominus)(p_{H_2O}/p^\ominus)}{(p_{CO}/p^\ominus)(p_{H_2}/p^\ominus)^3}$$

显然，若反应中所有物质都处于标准态，$Q = 1$，$\Delta_r G_m(T) = \Delta_r G_m^\ominus(T)$，此时可用 $\Delta_r G_m^\ominus(T)$ 判断标准状态下化学反应的自发性。但在一般情况下，需要根据等温方程求出指定条件下的 $\Delta_r G_m(T)$，才能判断该条件下反应的自发性。也就是说，用于判断方向的 $\Delta_r G_m(T)$ 必须与反应条件相对应。

$\Delta_r G_m^\ominus(T)$ 与 $\Delta_r G_m(T)$ 的应用甚广。除用来判断反应的自发性，估算反应自发进行的温度条件外，后面还将介绍 $\Delta_r G_m^\ominus(T)$ 与 $\Delta_r G_m(T)$ 的一些其他应用，如计算标准平衡常数（见 2.2 节），计算原电池的最大电功和电动势（见 4.1 节）等。

例 2.2 试计算石灰石（$CaCO_3$）热分解反应的 $\Delta_r G_m^\ominus(298.15\ K)$ 和 $\Delta_r G_m^\ominus(1273\ K)$，分析该反应在标准状态时的自发性，并计算该反应在标准状态下的热分解温度。实际上石灰石的热分解反应一般是在空气压力 $p = 100\ kPa$、CO_2 的体积分数为 0.03% 的条件下进行的，试计算在此条件下石灰石的实际热分解温度。

解 写出化学反应方程式，从附录 2 查出各反应物和产物的 $\Delta_f G_m^\ominus(298.15\ K)$，并在各物质下面标出。

$$CaCO_3(s) = CaO(s) + CO_2(g)$$

$\Delta_f G_m^\ominus(298.15\ K)/kJ\cdot mol^{-1}$ -1128.79 -604.03 -394.359

(1) $\Delta_r G_m^\ominus(298.15\ K)$ 的计算及自发性判断

方法（Ⅰ）：利用 $\Delta_f G_m^\ominus(298.15\ K)$ 的数据，按式（2.11b）

$$\Delta_r G_m^\ominus(298.15\ K) = \sum_B \nu_B \Delta_f G_m^\ominus(B, 298.15\ K)$$

$$= [(-604.03) + (-394.359) - (-1128.79)]\ kJ\cdot mol^{-1}$$

$$= 130.40\ kJ\cdot mol^{-1}$$

方法（Ⅱ）：利用 $\Delta_f H_m^\ominus(298.15\ K)$ 和 $S_m^\ominus(298.15\ K)$ 的数据，如例 2.1 先求得反应的 $\Delta_r H_m^\ominus(298.15\ K)$ 和 $\Delta_r S_m^\ominus(298.15\ K)$，再按式（2.12）可得

$$\Delta_r G_m^\ominus(298.15\ K) = \Delta_r H_m^\ominus(298.15\ K) - 298.15 \Delta_r S_m^\ominus(298.15\ K)$$

$$= (178.32 - 298.15 \times 160.59/1000)\ kJ\cdot mol^{-1}$$

$$=130.44 \text{ kJ·mol}^{-1}$$

$\Delta_r G_m^\ominus(298.15 \text{ K}) > 0$，所以在 298.15 K 的标准态时，石灰石热分解反应非自发。

(2) $\Delta_r G_m^\ominus(1273 \text{ K})$ 的计算及自发性判断

利用 $\Delta_r H_m^\ominus(298.15 \text{ K})$ 和 $\Delta_r S_m^\ominus(298.15 \text{ K})$，再按式(2.12)可得

$$\Delta_r G_m^\ominus(1273 \text{ K}) \approx \Delta_r H_m^\ominus(298.15 \text{ K}) - T\Delta_r S_m^\ominus(298.15 \text{ K})$$

$$= (178.32 - 1273 \times 160.59/1000) \text{kJ·mol}^{-1}$$

$$= -26.11 \text{ kJ·mol}^{-1}$$

$\Delta_r G_m^\ominus(1273 \text{ K}) < 0$，所以在 1273 K 的标准态时，石灰石热分解反应自发进行。

(3) 标准状态下 T_c 的估算

利用 $\Delta_r H_m^\ominus(298.15 \text{ K})$ 和 $\Delta_r S_m^\ominus(298.15 \text{ K})$，再按式(2.13)可得

$$T_c \approx \frac{\Delta_r H_m^\ominus(298.15 \text{ K})}{\Delta_r S_m^\ominus(298.15 \text{ K})} = \frac{178.32 \times 10^3 \text{ J·mol}^{-1}}{160.59 \text{ J·mol}^{-1}\text{·K}^{-1}} = 1110.4 \text{ K}$$

(4) 非标准条件下，T_c 的估算

空气中 CO_2 的分压为 $p_{CO_2} = 100 \text{ kPa} \times 0.03\% = 30 \text{ Pa}$，$Q = \dfrac{p_{CO_2}}{p^\ominus} = \dfrac{30 \text{ Pa}}{100 \text{ kPa}} = 3 \times 10^{-4}$

在 1 atm(标准大气压)条件下，$\Delta_r G_m(T) < 0$，热分解反应才能自发进行，由式(2.14)可得

$$\Delta_r G_m(T) = \Delta_r G_m^\ominus(T) + RT\ln(3 \times 10^{-4})$$

将 $\Delta_r G_m^\ominus(T) \approx \Delta_r H_m^\ominus(298.15 \text{ K}) - T\Delta_r S_m^\ominus(298.15 \text{ K})$，$\Delta_r G_m(T) = 0$ 代入上式得

$$T_c = \frac{\Delta_r H_m^\ominus(298.15 \text{ K})}{\Delta_r S_m^\ominus(298.15 \text{ K}) - R\ln(3 \times 10^{-4})}$$

$$= \frac{178.32 \times 10^3}{160.59 - 8.314\ln(3 \times 10^{-4})} \text{ K}$$

$$= 782.0 \text{ K}$$

2.2　反应的限度和平衡常数

2.2.1　反应限度和平衡常数

2.2.1.1　反应限度

已经知道，对于等温、等压只做体积功的化学反应，$\Delta_r G_m$ 可用来判断反应进行的方向。由化学反应的等温方程 $\Delta_r G_m(T) = \Delta_r G_m^\ominus(T) + RT\ln Q$ 可知，当 $\Delta_r G < 0$ 时，反应正向自发进行；随着反应的不断进行，Q 值越来越大；当 $\Delta_r G = 0$ 时，反应达到了极限，即化学平衡状态。由此可知 $\Delta_r G = 0$ 是化学平衡的热力学标志，也是反应限度的判据。

一个化学反应 $a\text{A} + b\text{B} \Longrightarrow g\text{G} + d\text{D}$ 进行到极限时，其 $\Delta_r G = 0$，宏观上系统内各反应物和生成物的浓度保持不变，此时反应所处的状态称为**化学平衡状态**，此平衡是**动态平衡**，从介观或者微观上看，反应没有停止，其正、逆反应速率相等。**化学平衡也是相对的，有条件的**，如外界条件发生改变，平衡破坏，物质浓度或压力也会发生改变，平衡移动达到新的平衡。

2.2.1.2　标准平衡常数

当反应处于化学平衡状态时，系统内各反应物和生成物的浓度保持不变，这时的反应商

也保持不变,是一常数,称为标准平衡常数,用 $K^{\ominus}$ 表示,

$$K^{\ominus} = Q^{eq} \tag{2.15}$$

对于液相反应

$$a\,A(aq) + b\,B(aq) \Longrightarrow g\,G(aq) + d\,D(aq)$$

$$K^{\ominus} = \frac{(c_G^{eq}/c^{\ominus})^g\,(c_D^{eq}/c^{\ominus})^d}{(c_A^{eq}/c^{\ominus})^a\,(c_B^{eq}/c^{\ominus})^b} \tag{2.16}$$

对于气相反应

$$a\,A(g) + b\,B(g) \Longrightarrow g\,G(g) + d\,D(g)$$

$$K^{\ominus} = \frac{(p_G^{eq}/p^{\ominus})^g\,(p_D^{eq}/p^{\ominus})^d}{(p_A^{eq}/p^{\ominus})^a\,(p_B^{eq}/p^{\ominus})^b} \tag{2.17}$$

对任意反应

$$a\,A(l) + b\,B(aq) \Longrightarrow g\,G(s) + d\,D(g)$$

$$K^{\ominus} = \frac{(p_D^{eq}/p^{\ominus})^d}{(c_B^{eq}/c^{\ominus})^b} \tag{2.18}$$

即 $K^{\ominus}$ 是生成物的相对平衡浓度或相对平衡压力相应幂的乘积与反应物的相对平衡浓度或相对平衡压力相应幂的乘积的比值。反应物和产物中液态、固态纯物质可不在表达式中出现或记为1。

在书写和应用标准平衡常数时,注意以下几个方面。

① 标准平衡常数和反应商的表达式形式一样,但一定要注意,标准平衡常数表达式中的浓度和压力一定是反应物和生成物的平衡浓度和平衡压力,而反应商中的浓度和压力是任意一状态的数值。

② 标准平衡常数的表达式,必须与化学方程式相对应,同一化学反应,方程式书写不同时,其反应的 $K^{\ominus}$ 也不相同。

$$N_2(g) + 3H_2(g) \Longrightarrow 2NH_3(g) \qquad K^{\ominus} = \frac{(p_{NH_3}^{eq}/p^{\ominus})^2}{(p_{N_2}^{eq}/p^{\ominus})(p_{H_2}^{eq}/p^{\ominus})^3}$$

$$\frac{1}{2}N_2(g) + \frac{3}{2}H_2(g) \Longrightarrow NH_3(g) \qquad K^{\ominus} = \frac{(p_{NH_3}^{eq}/p^{\ominus})}{(p_{N_2}^{eq}/p^{\ominus})^{1/2}(p_{H_2}^{eq}/p^{\ominus})^{3/2}}$$

③ 对于给定的反应,$K^{\ominus}$ 仅仅是温度的函数,与反应的初始浓度和压力无关。

④ $K^{\ominus}$ 是衡量化学反应进行程度的特征常数,$K^{\ominus}$ 数值越大,说明反应进行的程度越大,反应物的转化率越高;反之,平衡常数越小,表示反应进行的程度越小,反应的转化率越低。

⑤ 注意区分标准平衡常数 $K^{\ominus}$ 和实验平衡常数(或经验平衡常数)K_c 或 K_p。中学曾学过的实验平衡常数是根据实验结果把平衡时各物质的浓度或压力测定值直接代入平衡常数的表达式中,如任何一个可逆反应,$a\,A + b\,B \Longrightarrow g\,G + d\,D$,在一定温度下达到平衡时,

$$K_c = \frac{(c_G^{eq})^g\,(c_D^{eq})^d}{(c_A^{eq})^a\,(c_B^{eq})^b}$$

如果反应物和生成物都是气体时,也可以用气体的平衡分压来表示平衡常数:

$$K_p = \frac{(p_G^{eq})^g\,(p_D^{eq})^d}{(p_A^{eq})^a\,(p_B^{eq})^b}$$

实验平衡常数的数值和量纲随所用浓度或压力单位的不同而不同,其量纲经常不为1。由于实验平衡常数使用非常不方便,国际上现已统一改用标准平衡常数。如果没有特别说明,本书中提到的平衡常数都是指标准平衡常数。

2.2.1.3　多重平衡规则

由以上平衡常数表达式的写法规定，可以推出一个有用的运算规则——**多重平衡规则**：如果某个反应可以表示为两个(或更多个)反应之和(或差)，则总反应的平衡常数等于各反应平衡常数相乘(或相除)。即，如果

$$反应(3)=反应(1)+反应(2)$$

则

$$K_3^\ominus=K_1^\ominus K_2^\ominus \tag{2.19}$$

利用多重平衡规则，可以从一些已知反应的平衡常数推出未知反应的平衡常数。这对于新产品合成路线的设计常常是很有用的。

例如，在某温度下生产水煤气时同时存在下列 4 个平衡：

(1)$C(s)+H_2O(g)\Longrightarrow CO(g)+H_2(g)$；$K_1^\ominus$

(2)$CO(g)+H_2O(g)\Longrightarrow CO_2(g)+H_2(g)$；$K_2^\ominus$

(3)$C(s)+2H_2O(g)\Longrightarrow CO_2(g)+2H_2(g)$；$K_3^\ominus$

(4)$C(s)+CO_2(g)\Longrightarrow 2CO(g)$；$K_4^\ominus$

(3)和(4)两个平衡可以看作是通过(1)和(2)两个平衡的建立而形成的。其中(3)=(1)+(2)，(4)=(1)-(2)，根据多重平衡规则，由式(2.19)可得

$$K_3^\ominus=K_1^\ominus K_2^\ominus$$
$$K_4^\ominus=K_1^\ominus/K_2^\ominus$$

2.2.2　标准平衡常数与标准摩尔吉布斯函数变

标准平衡常数的计算有两种方法：一种是由实验数据即平衡时各反应物和生成物的浓度或压力直接代入平衡常数的表达式计算，另一种是由标准热力学数据计算。

前面学习了化学反应的等温方程式 $\Delta_r G_m(T)=\Delta_r G_m^\ominus(T)+RT\ln Q$，当反应处于平衡状态时，$\Delta_r G_m(T)=0$，$Q=K^\ominus$，则有

$$0=\Delta_r G_m^\ominus(T)+RT\ln K^\ominus$$

$$\ln K^\ominus=\frac{-\Delta_r G_m^\ominus(T)}{RT} \tag{2.20}$$

$$K^\ominus=e^{\frac{-\Delta_r G_m^\ominus(T)}{RT}} \tag{2.21}$$

例 2.3　$C(s)+CO_2(g)\Longrightarrow 2CO(g)$ 是高温加工处理钢铁零件时涉及脱碳氧化或渗碳的一个重要化学平衡式。试分别计算或估算该反应在 298.15 K 和 1173 K 时的标准平衡常数 $K^\ominus$ 值，并简单说明其在高温脱碳中的意义。

解　从附录 2 查出各反应物和生成物的标准热力学函数，并对应标在化学反应方程式之下。

$$C(s,石墨)+CO_2(g)\Longrightarrow 2CO(g)$$

$\Delta_f H_m^\ominus(298.15\text{ K})/\text{kJ·mol}^{-1}$	0	-393.509	-110.525
$\Delta S_m^\ominus(298.15\text{ K})/\text{J·mol}^{-1}\text{·K}^{-1}$	5.740	213.74	197.674

(1)298.15 K 时

$$\begin{aligned}\Delta_r H_m^\ominus(298.15\text{ K})&=\sum_B \nu_B\Delta_f H_m^\ominus(B,298.15\text{ K})\\&=[2\times(-110.525)-0-(-393.509)]\text{ kJ·mol}^{-1}\\&=172.459\text{ kJ·mol}^{-1}\end{aligned}$$

$$\Delta_r S_m^\ominus(298.15\text{ K})=\sum_B \nu_B S_m^\ominus(B,298.15\text{ K})$$

$$= (2 \times 197.674 - 213.74 - 5.740) \text{ J} \cdot \text{mol}^{-1} \cdot \text{K}^{-1}$$
$$= 175.868 \text{ J} \cdot \text{mol}^{-1} \cdot \text{K}^{-1}$$

$$\Delta_r G_m^\ominus (298.15 \text{ K}) = \Delta_r H_m^\ominus (298.15 \text{ K}) - 298.15 \text{ K} \times \Delta_r S_m^\ominus (298.15 \text{ K})$$
$$= (172.459 - 298.15 \times 175.87 \times 10^{-3}) \text{ kJ} \cdot \text{mol}^{-1}$$
$$= 120.0 \text{ kJ} \cdot \text{mol}^{-1}$$

$$K^\ominus = e^{\frac{-\Delta_r G_m^\ominus (T)}{RT}} = e^{\frac{-120.0 \times 10^3}{8.314 \times 298.15}} = 9.46 \times 10^{-22}$$

(2) 1173 K 时,

$$\Delta_r G_m^\ominus (1173 \text{ K}) \approx \Delta_r H_m^\ominus (298.15 \text{ K}) - 1173 \text{ K} \times \Delta_r S_m^\ominus (298.15 \text{ K})$$
$$= (172.459 - 1173 \times 175.87 \times 10^{-3}) \text{ kJ} \cdot \text{mol}^{-1}$$
$$= -33.83 \text{ kJ} \cdot \text{mol}^{-1}$$

$$K^\ominus = e^{\frac{-\Delta_r G_m^\ominus (T)}{RT}} = 32$$

计算结果分析:温度从室温(298.15 K)增至高温 1173 K 时,反应的 $\Delta_r G_m^\ominus$ 值急剧减小,反应由非自发转变为自发进行,反应的 $K^\ominus$ 值显著增大;从 $K^\ominus$ 值看,常温时钢铁中碳被 CO_2 氧化的脱碳反应实际上没有进行,但 1173 K 时,钢铁中的碳(以石墨或渗碳体 Fe_3C 形式存在)被氧化脱碳程度会较大,但仍具有明显的可逆性。钢铁脱碳会降低钢铁零件的强度等而使其性能变差。欲使钢铁零件既不脱碳又不渗碳,应将钢铁热处理的炉内气氛中 CO 与 CO_2 组分比符合该温度时 $[p(CO)/p^\ominus]^2/[p(CO_2)/p^\ominus] = K^\ominus$ 值。

化学热处理工艺中,也会利用这一化学平衡,在高温时采用含有 CO 的气氛进行钢铁零件表面渗碳(使上述反应逆向进行)处理,以改善钢铁表面性能,提高其硬度、耐磨性、耐热、耐蚀和抗疲劳性能等。

2.2.3 化学平衡的移动及温度对平衡常数的影响

化学平衡是一种动态平衡,系统内的各组分浓度或压力不再随时间发生变化。但平衡是相对的和暂时的,只有在一定的条件下才能保持;反应条件发生改变,系统的平衡就会被破坏,气体混合物中各物质的分压或液态溶液中各溶质的浓度就发生变化,直到在新的条件下达到新的动态平衡。这种因条件的改变使化学反应从原来的平衡状态转变到新的平衡状态的过程叫**化学平衡的移动**。

中学时已学过平衡移动原理——**吕·查德里(Le Chatelier)原理**:假如改变平衡系统的条件之一,如浓度、压力或温度,平衡就向能减弱这个改变的方向移动。应用这个规律,可以改变反应条件,使所需的反应进行得更完全;或可以控制反应条件,抑制反应向不利的方向进行。

为什么浓度、压力、温度都统一于同一条普遍规律?这一规律的统一依据又是什么?对此,可用化学热力学原理进行分析。

根据化学反应的等温方程式 $\Delta_r G_m (T) = \Delta_r G_m^\ominus (T) + RT \ln Q$ 以及 $\Delta_r G_m^\ominus (T) = -RT \ln K^\ominus$,可得

$$\Delta_r G_m (T) = -RT \ln K^\ominus + RT \ln Q = RT \ln \frac{Q}{K^\ominus} \tag{2.22}$$

根据此式,只需比较指定条件下的反应商 Q 与标准平衡常数 $K^\ominus$ 的相对大小,就可以判断反应进行(即平衡移动)的方向,即

$$当 Q < K^{\ominus}，\Delta_r G_m < 0，反应正向自发进行，平衡正向移动$$
$$当 Q = K^{\ominus}，\Delta_r G_m = 0，反应处于平衡状态 \qquad (2.23)$$
$$当 Q > K^{\ominus}，\Delta_r G_m > 0，反应逆向自发进行，平衡逆向移动$$

　　一定温度下 $K^{\ominus}$ 是常数，在平衡时如果改变了反应物或生成物的浓度或压力，反应商 Q 发生变化，使 $Q \neq K^{\ominus}$，平衡正向或逆向移动，达到新的平衡。若移去生成物或增加反应物会导致 Q 变小，使 $Q < K^{\ominus}$，$\Delta_r G_m < 0$，平衡正向移动，直到 $Q = K^{\ominus}$，新的平衡重新建立；相反，若减少反应物或增加生成物，Q 将变大，$Q > K^{\ominus}$ 使平衡逆向移动。实际生产中，可以调节或改变反应的反应物或生成物的量来达到预期的目的。例如，合成氨生产中，用冷冻方法将生成的 NH_3 从系统中分离出去，降低 Q 值，反应能持续进行。

　　当反应处于平衡状态时，若升高或降低反应温度，这时 Q 没有变，而 $K^{\ominus}$ 发生了变化，使 $Q \neq K^{\ominus}$，平衡正向或逆向移动，达到新的平衡。根据吕·查德里原理，温度升高，平衡会向吸热方向移动，如何从理论上进行解释呢？

　　由于 $\Delta_r G_m^{\ominus}(T) = \Delta_r H_m^{\ominus}(T) - T\Delta_r S_m^{\ominus}(T)$，$\Delta_r G_m^{\ominus}(T) = -RT\ln K^{\ominus}$，则

$$-RT\ln K^{\ominus} = \Delta_r H_m^{\ominus}(T) - T\Delta_r S_m^{\ominus}(T)$$

$$\ln K^{\ominus} = -\frac{\Delta_r H_m^{\ominus}(T)}{RT} + \frac{\Delta_r S_m^{\ominus}(T)}{R} \qquad (2.24a)$$

　　对于一个给定的化学反应，在温度变化不大且没有相变时，$\Delta_r H_m^{\ominus}$ 和 $\Delta_r S_m^{\ominus}$ 随温度 T 变化不大，可视为常数。从式(2.24a)可以看出温度 T 的变化将直接导致 $K^{\ominus}$ 的变化，温度升高，$K^{\ominus}$ 增大还是减小取决于反应是吸热还是放热，若 $\Delta_r H_m^{\ominus}(T) > 0$，反应吸热，温度升高，$K^{\ominus}$ 值增大，平衡正向移动；相反 $\Delta_r H_m^{\ominus}(T) < 0$，反应放热，温度升高，$K^{\ominus}$ 值减小，平衡逆向移动。

　　设某一反应在不同温度 T_1 和 T_2 时的平衡常数分别为 $K_1^{\ominus}$ 和 $K_2^{\ominus}$，由式(2.24a)可以得到

$$\ln \frac{K_2^{\ominus}}{K_1^{\ominus}} = -\frac{\Delta_r H_m^{\ominus}(T)}{R}\left(\frac{1}{T_2} - \frac{1}{T_1}\right) = \frac{\Delta_r H_m^{\ominus}(T)}{R}\left(\frac{T_2 - T_1}{T_1 T_2}\right) \qquad (2.24b)$$

式(2.24b)称为**范特霍夫方程**。它是表达温度对平衡常数影响的十分有用的公式。若已知 $\Delta_r H_m^{\ominus}$ 及某温度 T_1 时的 $K_1^{\ominus}$，就可推算出另一温度 T_2 下的 $K_2^{\ominus}$；若已知两个不同温度下反应的 $K_1^{\ominus}$ 和 $K_2^{\ominus}$，则不但可以判断反应是吸热还是放热，而且还可以求出 $\Delta_r H_m^{\ominus}$ 的数值。

　　例 2.4　已知合成氨反应：

$$N_2(g) + 3H_2(g) == 2NH_3(g)，\quad \Delta_r H_m^{\ominus}(298.15\ K) = -92.22\ kJ \cdot mol^{-1}$$

若 298.15 K 时的 $K_1^{\ominus} = 6.0 \times 10^5$，试计算 700 K 时平衡常数 $K_2^{\ominus}$。

　　解　根据范特霍夫方程(2.24b)得

$$\ln \frac{K_2^{\ominus}}{K_1^{\ominus}} = \frac{\Delta_r H_m^{\ominus}(T)}{R}\left(\frac{T_2 - T_1}{T_1 T_2}\right) = \frac{-92.22}{8.314 \times 10^{-3}} \times \left(\frac{700 - 298.15}{700 \times 298.15}\right) = -21.4$$

则

$$\frac{K_2^{\ominus}}{K_1^{\ominus}} = 5.1 \times 10^{-10}$$

$$K_2^{\ominus} = 3.1 \times 10^{-4}$$

　　此系统从室温 298.15 K 升高到 700 K，平衡常数下降约 10^{-9} 倍。因此，可以推断，为了获得合成氨的高产率，仅从化学热力学考虑，就需要采用尽可能低的反应温度。但实际上

还要考虑反应的快慢问题。

综上所述，可知：吕·查德里原理中温度与浓度或分压是分别从 $K^\ominus$ 和 Q 这两个不同的方面来影响平衡的，但其结果都归结到系统的 $\Delta_r G_m^\ominus$ 是否小于零这一判断反应自发性的判据。化学平衡的移动或化学反应的方向考虑的是反应的自发性，取决于 $\Delta_r G_m^\ominus$ 是否小于零；化学平衡则考虑的是反应的限度，即平衡常数，它取决于 $\Delta_r G_m^\ominus$（注意不是 $\Delta_r G_m$）值的大小。在实际生产或科研中，可以通过控制或调节反应物浓度、压力和温度使平衡向有利的方向移动。比如合成氨反应可以在低温、高压和降低氨浓度的条件下进行增大反应的产率，但降低温度往往会使反应速率明显下降，甚至降至几乎觉察不出的地步。因此，在科学研究及实际工业生产中，应同时从化学热力学与化学动力学两方面来分析，才能获得最佳反应条件。

2.3 化学反应速率

前面讨论了反应的方向和限度，说明反应是否可能发生和可能达到的程度，是可能性问题。若将一个反应用于实际科研生产，除可能性外还要考虑反应的现实性问题。下面可以通过一个实例来说明。如汽车排放尾气的主要成分是 CO_2、H_2O、碳氢化合物、NO 和 CO，其中 NO 和 CO 是汽车尾气中的有毒成分，它们能不能发生反应生成无毒的 N_2 和 CO_2 呢？

$$CO(g) + NO(g) == CO_2(g) + 1/2 N_2(g)$$
$$\Delta_r G_m^\ominus(T)(298.15\ K) = -343.74\ kJ \cdot mol^{-1}$$
$$K^\ominus = 1.68 \times 10^{60}$$

通过热力学理论计算，这个反应正向进行的趋势很大，反应可以很完全。但我们都知道将 NO 和 CO 放在一起是不发生反应的，这是因为反应进行得特别慢，慢到短时间内根本就检测不到反应的发生，这就是反应的现实性问题。因此一个反应能否用于实际生产除了考虑反应的热力学因素——反应的可能性外，还要考虑反应的动力学因素，也就是反应的快慢，即化学反应速率问题。

2.3.1 化学反应速率和反应速率方程

2.3.1.1 反应速率的表示方法

反应速率通常用单位体积单位时间内反应物物质的量的减少或生成物物质的量的增加来表示。

如对于恒容反应 $A == B$

在 t_1 时刻，A、B 的物质的量分别为 n_{A1} 和 n_{B1}，在 t_2 时刻，分别为 n_{A2} 和 n_{B2}，那么在 $(t_2 - t_1)$ 时间段内的平均速率可以用反应物 A 的减少速率或者生成物 B 的增加速率来表示。

$$\bar{v}_A = \frac{-(n_{A2} - n_{A1})}{V(t_2 - t_1)} = \frac{-\Delta n_A}{V \Delta t} = \frac{-\Delta c_A}{\Delta t}$$

或

$$\bar{v}_B = \frac{n_{B2} - n_{B1}}{V(t_2 - t_1)} = \frac{\Delta c_B}{\Delta t}$$

对于这个反应，$\bar{v}_A = \bar{v}_B$，如果 $t_2 - t_1$ 足够小，时间足够短，Δt 用 dt，Δc 用 dc 表示，这样平均速率就变成了瞬间速率，即

$$v_A = -\frac{dc_A}{dt}, \quad v_B = \frac{dc_B}{dt}$$

且有 $v_A = v_B$。

下面来看一个具体的反应，如合成氨反应

$$N_2(g) + 3H_2(g) = 2NH_3(g)$$

N_2 的消耗速率 $v_{N_2} = -\dfrac{dc_{N_2}}{dt}$，氢气的消耗速率 $v_{H_2} = -\dfrac{dc_{H_2}}{dt}$，氨气的生成速率 $v_{NH_3} = \dfrac{dc_{NH_3}}{dt}$。

这三个速率都可以表示反应的快慢，它们是否相等呢？由反应式可知，每消耗 1 mol N_2 的同时消耗 3 mol H_2，生成 2 mol 的氨。这三个速率肯定是不等的，它们之间的关系式为 $\dfrac{v_{N_2}}{1} = \dfrac{v_{H_2}}{3} = \dfrac{v_{NH_3}}{2}$。为了避免用不同的物质表示的反应速率不同，国际纯粹与应用化学联合会（IUPAC）推荐用没有任何下标的速率 v 来表示，它等于各物质表示的反应速率与该物质前面系数的比值，即反应速率为单位时间单位体积内的反应进度。对于合成氨反应，有

$$v = -\frac{dc_{N_2}}{dt} = -\frac{1}{3}\frac{dc_{H_2}}{dt} = \frac{1}{2}\frac{dc_{NH_3}}{dt}$$

对于任意的恒容反应

$$aA + bB = gG + hH$$

反应速率 v 定义为

　或
$$v = -\frac{dc_A}{a\,dt} = -\frac{dc_B}{b\,dt} = \frac{dc_G}{g\,dt} = \frac{dc_H}{h\,dt} \tag{2.25}$$

这样定义的反应速率与物质 B 的选择无关，但其值与化学方程式的书写形式有关。

反应速率的表示方法确定下来了，有哪些因素会影响反应速率呢？影响反应速率的因素有很多，如反应物的浓度、反应温度和催化剂等。我们知道反应物浓度越大，反应越快，浓度和反应速率是怎样一个定量的关系呢？下面先定量讨论反应物浓度对反应速率的影响——速率方程。

2.3.1.2　浓度对反应速率的影响——速率方程

对于任意反应 $aA + bB = gG + hH$，通过实验可以确定其反应速率与反应物浓度的定量关系，即

$$v = kc_A^m c_B^n \tag{2.26}$$

式（2.26）称为该化学反应的**速率方程**。

式中，k 为反应速率常数，它是反应物的性质决定的，在同一温度、催化剂等条件下，k 是不随反应物浓度而改变的定值。速率常数可以理解为各反应物浓度均为单位浓度时的反应速率。

式中，c_A、c_B 分别为反应物 A 和 B 的浓度；m、n 为 c_A 和 c_B 的指数；$m+n$ 称为**反应总级数**，如果 $m+n=1$，反应为一级反应；$m+n=2$，为 2 级反应，以此类推。m 或 n 称为该反应对于反应物 A 或 B 的**分级数**，即反应对 A 为 m 级反应，对 B 为 n 级反应。

m 和 n 的数值为多少呢？下面分情况讨论。

(1)基元反应

基元反应即反应物一步直接生成生成物的反应。$m=a$，$n=b$，即

$$v=kc_A^a c_B^b \qquad (2.27)$$

反应速率与各反应物浓度前面系数的幂的乘积成正比，这个定量关系称为**质量作用定律**。质量作用定律只适用于基元反应，反应级数可直接从化学反应方程式得到。

(2)复杂反应

复杂反应，也称复合反应，即反应的实际过程由几个基元反应组成。

反应级数 m、n 通过实验来测定。改变反应物浓度，测定不同浓度条件下的反应速率，可以得到该反应物的反应级数。确定了反应物浓度项的指数后，可进一步计算得到反应速率常数，确定反应速率方程。

如反应 $$2NO+2H_2 \longrightarrow N_2+2H_2O$$

根据实验结果测出速率方程为

$$v=k\{c(NO)\}^2 c(H_2)$$

由此推出，$m=2$，$n=1$。

可以肯定此反应为非基元反应，其反应机理由以下两个基元反应组成：

第一步反应：$2NO+H_2 \longrightarrow N_2+H_2O_2$（慢）

第二步反应：$H_2+H_2O_2 \longrightarrow 2H_2O$（快）

在这两个步骤中，第一步反应很慢，第二步反应很快。第一步生成 H_2O_2 的速率缓慢，成为控制整个反应速率的步骤，所以总的反应速率取决于生成 H_2O_2 的速率，从而可以得出与上述实验结果一致的速率方程。此反应为三级反应（不是四级反应）。

反应级数不一定是正整数，还可以是分数或零。这是因为，当一个化学反应的所有基元反应中有不止一个步骤是慢反应时，或当有些较慢的基元反应进行的速率差别不是特别明显时，实验测出的反应速率方程式是一综合结果，某些物质的指数可能会出现分数。

2.3.1.3 一级反应

以一级反应为例讨论速率方程的具体特征。若化学反应速率与反应物浓度的一次方成正比，即为**一级反应**。某些元素的放射性衰变，一些物质的分解反应，蔗糖转化为葡萄糖和果糖的反应等均属一级反应。

一级反应的速率方程为

$$v=-\frac{dc}{dt}=kc$$

将上式进行分离变量并积分，设时间从 0 到 t，反应物浓度从 c_0 到 c，可得

$$-\int_{c_0}^{c} \frac{dc}{c}=\int_0^t k\,dt$$

$$\ln \frac{c_0}{c}=kt \qquad (2.28a)$$

即 $$\ln c=\ln c_0-kt \qquad (2.28b)$$

或 $$c=c_0 e^{-kt} \qquad (2.28c)$$

反应物消耗一半时（此时 $c=c_0/2$）所需的时间称为半衰期，符号为 $t_{1/2}$，从式（2.28）可得一级反应的半衰期

$$t_{1/2}=\frac{\ln 2}{k}=\frac{0.693}{k} \qquad (2.29)$$

由以上各式可以得出一级反应的三个特征：

① $\ln c$ 对 t 作图得一直线，斜率为 k；

② 半衰期 $t_{1/2}$ 与反应物的初始浓度无关；

③ 速率常数 k 的单位为时间的负一次方。

各级反应都有特征的浓度-时间关系。依据同样的数学推导，可得到零级反应、二级反应和三级反应的浓度-时间关系式。

$$零级反应：c = c_0 - kt$$

$$二级反应：\frac{1}{c} = \frac{1}{c_0} + kt$$

$$三级反应：\frac{1}{c^2} = \frac{1}{c_0^2} + 2kt$$

例 2.5　放射性核衰变反应都是一级反应，习惯上用半衰期表示核衰变速率的快慢。放射性 Co-60 所产生的 γ 射线广泛用于癌症治疗，其半衰期 $t_{1/2}$ 为 5.26 年，放射性物质的强度以"居里(Ci)"表示。某医院购买一个含 20 Ci 的钴源，在 10 年后还剩多少？

解　由于

$$\ln \frac{c_0}{c} = kt$$

$$\ln 2 = k \times 5.26, \quad k = 0.132 \ a^{-1}$$

$$\ln \frac{20 \ Ci}{c(Co)} = 0.132 \times 10, \quad c(Co) = 5.3 \ Ci$$

即 10 年后钴源还剩 5.3 Ci。

某些元素的放射性衰变是估算考古学发现物、化石、矿物、陨石及地球年龄的基础。钾-40 和铀-238 通常用于陨石和矿物年龄的估算，碳-14 用于确定考古学发现物和化石的年代。

不管是基元反应还是复杂反应，从反应速率方程式可以看出，反应物浓度越大，反应速率越快。清楚了浓度对反应速率的影响，那温度是如何影响反应速率呢？从速率方程可以推断温度的改变影响了反应速率常数。

2.3.2　温度对反应速率的影响

温度对反应速率影响的定量研究也是建立在实验基础上的。在 1889 年瑞典化学家阿伦尼乌斯研究蔗糖水解速率与温度的关系时，提出了反应速率常数与温度关系的方程

$$k = A e^{-E_a/RT} \tag{2.30a}$$

这方程称为 **Arrhenius(阿伦尼乌斯)公式**。

式中，A 为反应的频率因子，对确定的化学反应是一常数，与 k 同一量纲；E_a 为反应的活化能；R 为热力学常数，其值为 8.314 $J \cdot mol^{-1} \cdot K^{-1}$；$T$ 为热力学温度。

方程的对数形式为

$$\ln k = -\frac{E_a}{RT} + \ln A \tag{2.30b}$$

如果 A 与 E_a 视为常数，已知不同温度下的反应速率常数，将 $\ln k$ 对 $1/T$ 作图，从斜率可得反应活化能，也可以由两个不同温度下的 k 值求 E_a。计算式为：

$$\ln \frac{k_2}{k_1} = -\frac{E_a}{R}\left(\frac{1}{T_2} - \frac{1}{T_1}\right)$$

即
$$\ln \frac{k_2}{k_1} = \frac{E_a}{R}\left(\frac{T_2 - T_1}{T_1 T_2}\right) \tag{2.30c}$$

以上 3 个式子是阿伦尼乌斯方程的不同形式，该式表明活化能的大小反映了反应速率随温度变化的程度。活化能大的反应，温度对反应速率的影响较显著，升高温度能显著加快反应速率。

例 2.6 实验测得反应 $NO_2 + CO \Longrightarrow NO + CO_2$ 在 650 K 时速率常数为 0.22 $L \cdot mol^{-1} \cdot s^{-1}$，在 750 K 时速率常数为 6.00 $L \cdot mol^{-1} \cdot s^{-1}$，求此反应的活化能。

解 由式（2.30）得

$$E_a = R\left(\frac{T_1 T_2}{T_2 - T_1}\right)\ln\frac{k_2}{k_1} = 8.314 \times \left(\frac{650 \times 750}{750 - 650}\right) \times \ln\frac{6.00}{0.22} = 134 \times 10^3 \ J \cdot mol^{-1} = 134 \ kJ \cdot mol^{-1}$$

则此反应的活化能为 134 $kJ \cdot mol^{-1}$。

2.3.3 反应的活化能和催化剂

2.3.3.1 活化能

上面定量描述的浓度和温度对反应速率的影响都是实验事实的总结规律，如何解释这些实验现象呢？为什么浓度增大、温度升高，降低反应的活化能可以加快反应速率呢？活化能的本质和物理意义是什么？这需要用化学反应速率的两个理论——碰撞理论和过渡态理论来解释。

物质分子总是处于不断的热运动中。以气态分子为例，根据气体分子运动论，在一定温度下，运动能量较小和运动能量较大的分子相对数目是较少的，而运动能量居中的分子数目较多。

碰撞理论认为，分子必须通过碰撞才能发生反应，但并非每次碰撞都能发生反应。化学反应的发生是一个旧键断裂和新键生成的过程，只有高能分子间的相互碰撞才有可能破坏旧的化学键，进而形成新的化学键，发生化学反应。我们把能够发生化学反应的碰撞称为**有效碰撞**，把能量超过一定数值而且能发生有效碰撞的分子称为**活化分子**。热力学规定，**活化能**为发生有效碰撞的反应物分子的平均能量与体系中所有分子的平均能量之差。实际上，发生化学反应除了满足断裂化学键的能量因素外，还必须在一定的空间方向才能发生有效碰撞。

根据碰撞理论，反应物分子必须有足够的最低能量，并以适宜的方位相互碰撞，才能导致有效碰撞的发生。通常情况下，一定温度时，反应物浓度越大，单位体积内活化分子越多，能发生反应的碰撞就越多，反应速率就越快。

过渡态理论认为，当具有足够高能量的分子以一定的空间取向相互靠近时，会引起分子内部结构的连续变化，原来以化学键结合的原子间距离变长，而没有结合的原子间距离变短，形成了过渡态的构型，称为活化络合物。例如，对于下列反应：

$$CO + NO_2 \Longrightarrow CO_2 + NO$$

设想反应过程可能为

O—C + O—N $\rightleftharpoons$ O—C⋯O⋯N $\longrightarrow$ O—C—O + N—O
    | |
    O   O

  反应物   活化络合物（过渡态）   生成物

其中短线"—"只代表以化学键相结合。

活化络合物能量比反应物和生成物都高，很不稳定，快速转化为生成物。活化络合物和反应物分子的平均能量差称为正反应活化能，活化络合物和生成物分子的平均能量差称为逆反应活化能。图 2.1 简单表示了反应中的活化能。E_I 表示反应物分子的平均能量；E_{II} 表示生成物分子的平均能量；$E^{\neq}$ 表示活化络合物的平均能量。则正反应的活化能 $E_a(正)=E^{\neq}-E_I$，逆反应的活化能 $E_a(逆)=E^{\neq}-E_{II}$。

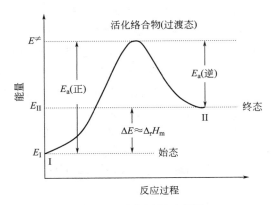

图 2.1　反应历程示意图

反应能量变化只取决于系统的终态能量 E_{II} 和始态能量 E_I，而与反应过程的具体途径无关，即 $\Delta E=E_{II}-E_I=E_a(正)-E_a(逆)$。

在阿伦尼乌斯方程中，反应的活化能以负指数的形式出现，这说明活化能大小对反应速率影响很大。实验表明大多数反应的活化能为 $63\sim250$ kJ·mol^{-1}。正是由于各反应的活化能不同，同一温度下各反应的速率相差很大。在一定温度下，反应的活化能越大，反应越慢；反应的活化能越小，反应越快。例如，电解质溶液中正、负离子相互作用的许多离子反应的活化能很小（小于 40 kJ·mol^{-1}），在室温下这些反应的速率很大，往往是瞬间或很短时间内完成的。相反，合成氨反应的活化能相当大，反应速率相当慢，以致在常温常压下觉察不到它的进行。

2.3.3.2　催化剂

催化剂（又称触媒）是能显著增加化学反应速率，而在反应前后本身的组成、质量和化学性质保持不变的物质。为什么加入催化剂能显著增加化学反应速率呢？这主要是因为催化剂能与反应物生成不稳定的中间络合物，改变了原来的反应历程，为反应提供一条能垒较低的反应途径，从而降低了反应的活化能。例如，合成氨生产中加入铁催化剂后，如图 2.2 所示，改变了反应历程，使反应分几步进行，而每一步反应的活化能都大大低于原总反应的活化能，因而每一步反应的活化分子分数大大增加，使每步反应的速率都加快，导致总反应速率加快。

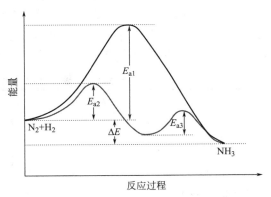

图 2.2　合成氨反应中铁催化剂改变反应历程、降低活化能示意图

催化剂的主要特性如下：

① 改变反应历程，降低反应活化能，使反应速率显著增大。催化剂参与反应后能在生成最终产物的过程中解脱出来，恢复原态，但物理性质如颗粒度、密度、光泽等可能改变。

② 加速达到平衡而不改变平衡的状态。即同等地加速正向和逆向反应，而不改变平衡常数。

③ 有一定的选择性。一种催化剂只加速一类或少数几类反应，有的甚至只能催化某一个反应。有的反应使用不同的催化剂可以得到不同的产物。例如，工业上用水煤气为原料，

使用不同的催化剂可得到不同的产物。

2.3.3.3 加快反应速率的方法

下面我们通过反应速率方程总结一下可以加快反应速率的方法。

对于反应 $aA+bB \Longrightarrow gG+hH$，速率方程为 $v=kc_A^m c_B^n$，由速率方程可知，反应速率与反应物浓度、反应速率常数有关。增大反应物浓度 c_A、c_B，单位体积内活化分子总数增加，反应速率加快；升高温度 T，反应速率常数 k 增大，反应速率加快；加催化剂，降低反应的活化能，反应速率常数 k 增大，反应速率加快。

2.4 环境化学和绿色化学

2.4.1 大气污染与环境化学

环境化学是从化学的角度出发，应用化学的基本原理和方法，研究大气、水、土壤等环境介质中化学物质的特性、存在状态、化学转化过程及其变化规律、化学行为与化学效应的科学。环境化学是环境科学中的重要分支学科之一。造成环境污染的因素可分为物理因素、化学因素及生物学因素三方面，而其中化学物质引起的污染占 80%～90%。环境化学的主要研究内容：环境污染物的检测方法和原理；环境污染和治理技术中的化学、化工原理和化学过程；在原子及分子水平上，用物理化学等方法研究环境中化学污染物的发生起源、迁移分布、相互反应、转化机制、状态结构的变化、污染效应和最终归宿等。

干燥清洁空气的组成在地球表面的各处几乎是一致的，可以看作是大气中自然不变的组成，或称为大气的本底值，见表 2.2。近半个世纪以来，随着工业和交通运输的迅速发展，向大气中大量排放烟尘、有害气体、金属氧化物等，导致某些物质的浓度超过它们的**本底值**并对人及动植物产生的有害效应，就是**大气污染**。

表 2.2 干燥清洁空气的气体的组成(体积分数)

气体类别	体积分数/%	气体类别	体积分数/%
氮气(N_2)	78.09	氦(He)	5.24×10^{-4}
氧气(O_2)	20.95	氪(Kr)	1.0×10^{-4}
氩(Ar)	0.93	氢(H_2)	0.5×10^{-4}
二氧化碳(CO_2)	0.03	氙(Xe)	0.08×10^{-4}
氖(Ne)	18×10^{-4}	臭氧(O_3)	0.01×10^{-4}

AQI(air quality index，空气质量指数)是报告每日空气质量的参数。描述了空气清洁或者污染的程度，以及对健康的影响。空气质量指数的重点是评估呼吸几小时或者几天污染空气对健康的影响。AQI 是 2012 年 3 月国家发布的新空气质量评价标准，污染物监测指标为二氧化硫、二氧化氮、PM10、PM2.5、一氧化碳和臭氧 6 项，数据每小时更新一次。

大气污染的主要来源为：①生产性污染，这是大气污染的主要来源，包括燃料的燃烧，主要是煤和石油燃烧过程中排放的大量有害物质；②由生活炉灶和采暖锅炉耗用煤炭产生的烟尘、二氧化硫等有害气体；③交通运输性污染，汽车、火车、轮船和飞机等排出的尾气，其中汽车排出有害尾气距呼吸带最近，而能被人直接吸入，其污染物主要是氮氧化物、碳氢化合物、一氧化碳和铅尘等。

限制污染的具体技术的选择要根据污染物的种类、污染物生成的过程及所要求的洁净程度而定。比如，可以通过烟气脱硫、燃料预先脱硫和燃烧中脱硫等方式实现对 SO_2 的控制。再如，控制汽车尾气有害物排放的方法，可以用机内净化(改进发动机使污染物产生量减少)，也可以用机外净化(在发动机外对排出的废气进行净化治理)。机内净化是解决问题的根本途径，是重点研究的方向。机外净化的主要方法，从化学上就是催化净化法，其关键是寻找耐高温的高效催化剂，目前最理想的方法是利用三效催化尾气转化器，同时完成 CO、碳氢化物的氧化和 NO_x 的还原反应。主要反应可表示如下(碳氢化合物以辛烷为例)：

$$CO + NO \Longrightarrow 1/2N_2 + CO_2$$
$$CO + C_8H_{18} + 13O_2 \Longrightarrow 9CO_2 + 9H_2O$$

当前 Pt、Pd、Ru 催化剂(CeO_2 为助催化剂，耐高温陶瓷为载体)可使尾气中有害物质转化率超过 90%。

2.4.2　绿色化学

绿色化学涉及有机合成、催化、生物化学、分析化学等学科，内容广泛。绿色化学主要从原料的安全性、工艺过程的节能性、原子经济性和产物环境友好性等方面进行评价。

绿色化学倡导用化学的技术和方法减少或停止那些对人类健康、社区安全、生态环境有害的原料、催化剂、溶剂和试剂、产物、副产物等的使用与产生。绿色化学的定义是在不断发展和变化的。刚出现时，它更多的是代表一种理念、一种愿望。但随着学科发展，它本身在不断的发展变化中逐步趋于实际应用，且其发展与化学密切相关。绿色化学与污染控制化学不同。污染控制化学研究的对象是对已被污染的环境进行治理的化学技术与原理，使之恢复到被污染前的状态。绿色化学的理念是使污染消除在产生的源头，使整个合成过程和生产过程对环境友好，不再使用有毒、有害的物质，不再产生废物，不再处理废物，这是从根本上消除污染的对策。由于在始端就采用预防污染的科学手段，过程和终端均为零排放或零污染。世界上很多国家已把"化学的绿色化"作为新世纪化学进展的主要方向之一。

纵观近几十年的诺贝尔化学奖，可以发现很多奖都促进了绿色化学的发展。如 2005 年诺贝尔化学奖颁给法国石油研究所的伊夫·肖万、美国加州理工学院的罗伯特·格拉布和麻省理工学院的理查德·施罗克，因为他们在有机化学的烯烃复分解反应研究方面作出了贡献。他们的发现有助于清洁、廉价的化学合成，这是通往绿色化学的重要一步，即通过更先进的生产技术减少潜在的危险废弃物。烯烃复分解是基础科学对人类、社会和环境作出重要贡献的例子。再如德国科学家本亚明·利斯特(Benjamin List)和美国科学家戴维·麦克米伦(David MacMillan)，因开发了有机催化这种全新而巧妙的分子构建工具荣获 2021 年诺贝尔化学奖，这一工具不仅可以被用来研发新药，还能让化学更环保。化学家构建分子能力的高低，往往决定了许多研究领域和行业的发展。将人类构建分子的工作提升到了一个全新的水平。它不仅使化学更加环保，而且使合成不对称分子变得更加容易。在构建化合物的过程中，我们经常会得到两个结构互为镜像的分子，就像我们的双手一样。化学家通常只想要其中的一个，尤其是在生产药物时，但他们很难找到有效的方法。构建分子必不可少的是催化剂，它可以控制和加速化学反应。获得诺贝尔化学奖的不对称有机催化，虽然目前还未在工业生产中广泛应用，但它指明了这样一个发展方向：简单、廉价，环保且高效。

选读材料

1. 科学家故事

美国著名物理化学家、数学物理学家吉布斯

约西亚·威拉德·吉布斯（Josiah Willard Gibbs，1839 年 2 月 11 日—1903 年 4 月 28 日），美国著名物理化学家、数学物理学家。他奠定了化学热力学的基础，提出了吉布斯自由能与吉布斯相律；创立了向量分析并将其引入数学物理之中。

吉布斯出生于康涅狄格州的纽黑文，父亲是耶鲁大学古典文学系的教授，母亲来自著名的学者世家。1854—1858 年在耶鲁学院学习。学习期间，因拉丁语和数学成绩优异曾数度获奖。1863 年，他以《几何学研究设计火车齿轮》获得耶鲁学院哲学博士学位，是美国历史上的第一位博士。毕业后留校任助教。吉布斯在耶鲁大学任教三年，觉得周围环境无法帮助他解决问题，就离开耶鲁。1866—1868 年在法、德两国听了不少著名学者的演讲。1869 年回国后任耶鲁学院的数学物理教授。吉布斯在 1873—1878 年发表的三篇论文中，以严密的数学形式和严谨的逻辑推理，导出了数百个公式，特别是引进热力学势处理热力学问题，在此基础上建立了关于物相变化的相律，为化学热力学的发展做出了卓越贡献。1902 年，他把玻耳兹曼和麦克斯韦所创立的统计理论推广和发展成为系统理论，从而创立了近代物理学的统计理论及其研究方法。吉布斯还发表了许多有关矢量分析的论文和著作，奠定了这个数学分支的基础。此外，他在天文学、光的电磁理论、傅里叶级数等方面也有一些著述。主要著作有：《图解方法在流体热力学中的应用》《论多相物质的平衡》《统计力学的基本原理》等。

吉布斯从不低估自己工作的重要性，但从不炫耀自己的工作。他的心灵宁静而恬淡，从不烦躁和恼怒，是笃志于事业而不乞求同时代人承认的罕见伟人。他的成就毫无疑问可以获得诺贝尔奖，但他在世时从未被提名。直到他逝世 47 年后，才被选入纽约大学的美国名人馆，并立半身像。

荷兰化学家范特霍夫

雅可比·亨利克·范特霍夫（Jacobus Hendricus Van't Hoff），荷兰化学家，1852 年 8 月 30 日生于荷兰鹿特丹市，父亲是当地一位有名的医生。因为在化学动力学和化学热力学研究上的贡献，获得 1901 年的诺贝尔化学奖，成为第一位获得诺贝尔化学奖的科学家。

范特霍夫在上中学时就对化学实验充满好奇，总想知道其中的奥秘，有一次偷偷溜进学校实验室做实验，被老师发现。这位老师念及范特霍夫平时是一个勤奋好学又尊重老师的学生，也就没有向校长报告。范特霍夫的父亲从这件事中得知儿子很喜欢化学，就从家里让出一间房子作为工作室，专门供儿子做化学实验。从此，范特霍夫把父母给的零用钱和从其他亲友那里得到的"赞助"积累起来购买了各种实验器具和药品，课余时间从事自己的化学实验。

1869 年，范特霍夫从鹿特丹五年制中学毕业了。那时化学不是一种职业，从事化学的人，还要兼做其他工作才能够维持自己的生活。父母想让他成为一名工程师。范特霍夫进入台夫特工业专科学校学习。这个学校虽然是专门学习工艺技术的，但讲授化学课的奥德曼却是一个很有水平的教授。范特霍夫在奥德曼教授的指导下进步很快。由于范特霍夫的努力，仅用 2 年时间就学完了 3 年的课程。1871 年，范特霍夫毕业了，他终于说服了父母，可以全力进行化学研究了。

范特霍夫只身来到德国的波恩，拜当时世界著名的有机化学家佛莱德·凯库勒为师。在波恩期间，范特霍夫在有机化学方面受到了良好的训练。随后，他又前往法国巴黎向医学化学家武兹请教。1874 年，回到荷兰，在乌特勒支大学获得博士学位。从此他开始了更深入的研究工作。范特霍夫首先提出了碳的四面体结构学说。过去的有机结构理论认为有机分子中的原子都处在一个平面内，这与很多现象是矛盾的。范特霍夫的理论纠正了过去的错误。

1901 年，瑞典皇家科学院收到的 20 份诺贝尔化学奖候选人提案中，有 11 份提名范特霍夫。这一年的诺贝尔化学奖颁发给范特霍夫，他当之无愧。

1901 年 12 月 10 日，对于范特霍夫来说是一个值得纪念的日子，对于人类也是一个值得纪念的日子，这一天，首次颁发诺贝尔奖，范特霍夫是第一位诺贝尔化学奖的获奖者。非常有趣的是，范特霍夫创立的碳的四面体结构学说并不是获奖原因，而是他的另外两篇著名论文《化学动力学研究》和《气体体系或稀溶液中的化学平衡》。

1911 年 3 月 1 日，范特霍夫在柏林附近的斯特格利茨逝世，终年 59 岁。

2. 科技进展论坛

奇妙的催化

催化剂是在化学反应中能改变反应物化学反应速率（提高或降低）而不改变化学平衡，且本身的质量和性质不发生改变的物质。催化剂最早由瑞典化学家贝采里乌斯发现。1836 年，他首次提出化学反应中使用的"催化"与"催化剂"概念。催化剂从被发现甫始就引起了科学家们的极大兴趣。它可以改变化学反应速率，这让很多化工产品有了量产的可能。催化剂在现代化学工业中占有极其重要的地位，例如，合成氨生产采用铁催化剂，硫酸生产采用钒催化剂，乙烯的聚合以及用丁二烯制橡胶等三大合成材料的生产中，都采用不同的催化剂。目前工业生产中 85% 以上的化学反应都是催化反应。

人类也一直在探索催化反应中起关键性作用的活性中心的构建原理及其催化机理。长久以来，催化过程被视为"黑匣子"，揭示这个"黑匣子"将会大大促进资源优化利用和高效、低排放催化剂的创制。近来中国科学院大连化学物理研究所包信和院士团队，经过 20 多年的潜心研究和实践提出了"纳米限域催化"理论。简单来说，就是在纳米尺度给催化反应体系提供一个有约束的环境，从而实现催化性能的精准调控，让催化作用"又快又好"。纳米限域催化的意义是发现或提供了一种方法来调变催化剂，调控微观的世界，可使原来不发生催化反应或选择性低的催化反应变成可行。这一催化领域的重大理论突破，可以说对未来的化学工业带来巨大变化。我国是贫油富煤的国家，在纳米限域催化原理的指导下，我国自主研发的煤经合成气制烯烃技术取得了重大突破，打破了国际上沿用了 90 多年的费-托合成技术，创造性地采用一种复合催化剂将煤气化产生的合成气直接转化，高选择性地一步反应获得低碳烯烃，缩短了工艺流程。可显著降低工艺水耗和过程耗能，开创了一条从煤制烯烃的新捷径。

催化剂在全球各行各业广泛使用，未来无论在催化剂的科学理论研究、清洁能源的开发与利用，环境保护与提高经济效益以及人类的生存环境的治理与保护都有极大的发展前景。简言之，人类的生存发展、吃穿住行离不开催化剂及其发展。

习题

1. 下列说法是否正确，若不正确请说明原因。

(1) 单质的 $\Delta_f H_m^\ominus (298.15\ \text{K})$、$\Delta_f G_m^\ominus (298.15\ \text{K})$ 和 $S_m^\ominus (298.15\ \text{K})$ 皆为零。

(2)反应过程中生成物的分子总数比反应物的分子总数增多，该反应的 ΔS 必为正值。

(3) $\Delta_r G_m^{\ominus}(T)$ 为负值的反应均是自发反应。

(4)某反应的 ΔH 和 ΔS 皆为正值，当温度升高时 ΔG 会变小。

(5)某一给定反应达到平衡后，若平衡条件不变，分离除去某生成物，待达到新的平衡后，则各反应物和生成物的分压或浓度分别保持原有定值。

(6)反应达到平衡后，反应停止，各反应物和生成物的浓度保持不变。

(7)反应的总级数取决于化学反应方程式中反应物的化学计量数（绝对值）。

(8)对反应系统 $C(s)+H_2O(g)\rightleftharpoons CO(g)+H_2(g)$，$\Delta_r H_m^{\ominus}(298.15\ K)=131.3\ kJ\cdot mol^{-1}$。由于化学反应方程式两边物质的化学计量数（绝对值）的总和相等，所以增加总压力对平衡无影响。

(9)上述反应(8)达到平衡后，若升高温度，则正反应速率增加，逆反应速率减小，结果平衡向右移动。

2. 选择题

(1)下列反应中，$\Delta_r S_m^{\ominus}$ 绝对值最大的是（　　）。

A. $C(s)+O_2(g)\rightleftharpoons CO_2(g)$

B. $2SO_2(g)+O_2(g)\rightleftharpoons 2SO_3(g)$

C. $CaSO_4(s)+2H_2O(l)\rightleftharpoons CaSO_4\cdot 2H_2O(s)$

D. $N_2(g)+3H_2(g)\rightleftharpoons 2NH_3(g)$

(2)某反应低温为非自发反应，高温变成自发反应，说明该反应（　　）。

A. $\Delta H<0$，$\Delta S<0$　　　　　　　　　　B. $\Delta H>0$，$\Delta S>0$

C. $\Delta H<0$，$\Delta S>0$　　　　　　　　　　D. $\Delta H>0$，$\Delta S<0$

(3)已知 $2NH_3(g)\rightleftharpoons N_2(g)+3H_2(g)$ 的 $\Delta_r G_m^{\ominus}=32.86\ kJ\cdot mol^{-1}$，则 $NH_3(g)$ 的 $\Delta_f G_m^{\ominus}$ 为（　　）。

A. $32.86\ kJ\cdot mol^{-1}$　　　　　　　　　　B. $-32.86\ kJ\cdot mol^{-1}$

C. $-16.43\ kJ\cdot mol^{-1}$　　　　　　　　　　D. $16.43\ kJ\cdot mol^{-1}$

(4)已知 823 K 时，下列反应的标准平衡常数（　　）。

$$CO_2(g)+H_2(g)\rightleftharpoons CO(g)+H_2O(g)\ (K_1^{\ominus})$$
$$CoO(s)+H_2(g)\rightleftharpoons Co(s)+H_2O(g)\ (K_2^{\ominus})$$

则同温度下，反应 $CoO(s)+CO(g)\rightleftharpoons Co(s)+CO_2(g)$ 平衡常数 $K_3^{\ominus}$ 等于

A. $K_1^{\ominus}K_2^{\ominus}$　　　　　　　　　　　　B. $K_2^{\ominus}/K_1^{\ominus}$

C. $K_2^{\ominus}-K_1^{\ominus}$　　　　　　　　　　　D. $K_2^{\ominus}+K_1^{\ominus}$

(5)关于化学平衡，下列说法正确的是（　　）。

A. 化学平衡时反应停止，不再进行

B. 反应物与生成物浓度相等

C. 各物质的浓度（或分压）不随时间变化而改变

D. 平衡一旦达到就不能改变

(6)反应平衡常数与温度关系密切，它们的关系是（　　）。

A. 平衡常数变化趋势取决于反应的热效应　　B. 随温度的上升，K 减小

C. 随温度的上升，K 增大　　　　　　　　D. K 与 T 呈直线关系

(7)对可逆反应，加入催化剂的目的是（　　）。

A. 提高平衡时生成物的浓度　　　　　　　　B. 加快正反应速率而减慢逆反应速率

C. 缩短达到平衡的时间　　　　　　　　　　D. 使平衡向右进行

(8)已知某反应是吸热反应，反应达到平衡状态，此时升高反应温度，下列说法错误的（　　）。

A. 反应正向进行　　　　　　　　　　　　　B. 反应商 $Q<K^{\ominus}$

C. 反应标准平衡常数增大　　　　　　　　　D. 生成物浓度降低

3. 填空

(1)对于反应：$N_2(g)+3H_2(g)\rightleftharpoons 2NH_3(g)$；$\Delta_r H_m^{\ominus}(298.15\ K)=-92.2\ kJ\cdot mol^{-1}$，升高温度（如升高 100 K），下列各项将如何变化（填写：不变；基本不变；增大或减小）：

$\Delta_r H_m^{\ominus}$ _____，$\Delta_r S_m^{\ominus}$ _____，$\Delta_r G_m^{\ominus}$ _____，
$K^{\ominus}$ _____，v(正)_____，v(逆)_____。

(2)对于反应：$C(s)+CO_2(g)\rightleftharpoons 2CO(g)$；$\Delta_r H_m^{\ominus}(298.15\ K)=172.5\ kJ\cdot mol^{-1}$。若增加总压力、升高温度或加入催化剂，则反应速率常数 k(正)和 k(逆)、反应速率 v(正)和 v(逆)及标准平衡常数、平衡移动的方向等将如何变化？分别填入下表中。

项目	k(正)	k(逆)	v(正)	v(逆)	$K^{\ominus}$	平衡移动的方向
增加总压力						
升高温度						
加入催化剂						

4. 不用查表，将下列物质按其标准摩尔熵 $S_m^{\ominus}(298.15\ K)$ 值由大到小的顺序排列，并简单说明理由。

(1)$K(s)$　(2)$Na(s)$　(3)$Br_2(l)$　(4)$Br_2(g)$　(5)$KCl(s)$

5. 定性判断下列反应或过程中熵变的数值是正值还是负值。

(1)溶解少量食盐于水中；

(2)活性炭表面吸附氧气；

(3)碳与氧气反应生成一氧化碳。

6. 根据下列两个反应及其 $\Delta_r G_m^{\ominus}(298.15\ K)$ 值，计算 $Fe_3O_4(s)$ 在 $298.15\ K$ 时的标准摩尔生成吉布斯函数。

$2Fe(s)+3/2O_2(g)\rightleftharpoons Fe_2O_3(s)$；$\Delta_r G_m^{\ominus}(298.15\ K)=-742.2\ kJ\cdot mol^{-1}$

$4Fe_2O_3(s)+Fe(s)\rightleftharpoons 3Fe_3O_4(s)$；$\Delta_r G_m^{\ominus}(298.15\ K)=-77.7\ kJ\cdot mol^{-1}$

7. 试用书末附录 2 中标准热力学数据，计算下列反应的 $\Delta_r S_m^{\ominus}(298.15\ K)$ 和 $\Delta_r G_m^{\ominus}(298.15\ K)$。

(1)$Cu(s)+Cl_2(g)\rightleftharpoons CuCl_2(s)$

(2)$Mg(s)+2H^+(aq)\rightleftharpoons Mg^{2+}(aq)+H_2(g)$

(3)$CaO(s)+H_2O(l)\rightleftharpoons Ca^{2+}(aq)+2OH^-(aq)$

(4)$4NH_3(g)+3O_2(g)\rightleftharpoons 2N_2(g)+6H_2O(l)$

8. 写出下列反应的标准平衡常数的表达式。

(1)$SnO_2(s)+2CO(g)\rightleftharpoons Sn(s)+2CO_2(g)$

(2)$N_2(g)+3H_2(g)\rightleftharpoons 2NH_3(g)$

(3)$CH_4(g)+2O_2(g)\rightleftharpoons CO_2(g)+2H_2O(l)$

(4)$HF(aq)\rightleftharpoons H^+(aq)+F^-(aq)$

(5)$BaSO_4(s)\rightleftharpoons Ba^{2+}(aq)+SO_4^{2-}(aq)$

(6)$CaCO_3(s)\rightleftharpoons CaO(s)+CO_2(g)$

9. 已知 $298.15\ K$ 时，下列反应的标准平衡常数：

$$FeO(s)\rightleftharpoons Fe(s)+1/2O_2(g)，\quad K_1^{\ominus}=1.5\times10^{-43}$$

$$CO_2(g)\rightleftharpoons CO(g)+1/2O_2(g)，\quad K_2^{\ominus}=1.5\times10^{-46}$$

试计算 $Fe(s)+CO_2(g)\rightleftharpoons CO(g)+FeO(s)$ 在相同温度下反应的标准平衡常数。

10. 采用标准热力学函数估算：

$$CO_2(g)+H_2(g)\rightleftharpoons CO(g)+H_2O(g)$$

在 $873\ K$ 时的标准摩尔吉布斯函数变和标准平衡函数。若此时系统中各组分气体的分压为 $p_{CO_2}=p_{H_2}=127\ kPa$，$p_{CO}=p_{H_2O}=76\ kPa$，计算该条件下的摩尔吉布斯函数变，并判断反应进行的方向。

11. 氮化硼 BN 是优良的耐高温绝缘材料，可用反应 $B_2O_3(s)+2NH_3(g)\rightleftharpoons 2BN(s)+3H_2O(g)$ 制取。使用化学热力学数据，计算回答：

(1)反应的 $\Delta_r H_m^{\ominus}(298.15\ K)$、$\Delta_r S_m^{\ominus}(298.15\ K)$ 是多少？

(2)标准状态下，298.15 K时反应能否自发进行？如不能，反应自发进行的温度如何？

12. 已知反应：$H_2(g)+Cl_2(g)\Longrightarrow 2HCl(g)$在298.15 K时的$K_1^{\ominus}=9.8\times10^{32}$，$\Delta_r H_m^{\ominus}(298.15\ K)=-184.62\ kJ\cdot mol^{-1}$，求在600 K时的$K_2^{\ominus}$。

13. 下列反应在一定温度范围内为基元反应：

$$2NO(g)+Cl_2(g)\Longrightarrow 2NOCl(g)$$

(1)写出该反应的速率方程。

(2)该反应的总级数是多少？

(3)其他条件不变，将容器的体积增加到原来的3倍，反应速率将如何变化？

(4)容器体积不变，将NO的浓度增加到原来的2倍，反应速率又将怎样变化？

14. 某温度时8.0 mol SO_2和4.0 mol O_2在密闭容器中进行反应生成SO_3气体，测得起始和平衡时（温度不变）系统的总压力分别为300 kPa和220 kPa。试计算该温度时反应$2SO_2(g)+O_2(g)\Longrightarrow 2SO_3(g)$的标准平衡常数和$SO_2$的转化率。

15. 已知下列反应：

$$Ag_2S(s)+H_2(g)\Longrightarrow 2Ag(s)+H_2S(g)$$

在740 K时的$K^{\ominus}=0.36$。若在该温度下，在密闭容器中将1.0 mol Ag_2S还原为Ag，试计算最少需用H_2的物质的量。

16. 已知下列反应：

$$Fe(s)+CO_2(g)\Longrightarrow FeO(s)+CO(g)；标准平衡常数为K_1^{\ominus}$$
$$Fe(s)+H_2O(g)\Longrightarrow FeO(s)+H_2(g)；标准平衡常数为K_2^{\ominus}$$

在不同温度时反应的标准平衡常数值如下：

T/K	$K_1^{\ominus}$	$K_2^{\ominus}$
973	1.47	2.38
1073	1.81	2.00
1173	2.15	1.67
1273	2.48	1.49

(1)试计算在上述各温度时反应：$CO_2(g)+H_2(g)\Longrightarrow CO(g)+H_2O(g)$的标准平衡常数$K^{\ominus}$；

(2)说明此反应是吸热还是放热反应？

(3)试根据973 K和1173 K的标准平衡常数计算此反应的热效应$\Delta_r H_m^{\ominus}$。

17. 对于制取水煤气的下列平衡系统：$C(s)+H_2O(g)\Longrightarrow CO(g)+H_2(g)$，$\Delta_r H_m^{\ominus}>0$。问：

(1)欲使平衡向右移动，可采取哪些措施？

(2)欲使正反应进行得较快且较完全（平衡向右移动）的适宜条件如何？这些措施对$K^{\ominus}$、k(正)和k(逆)的影响各如何？

18. 汽车尾气的主要成分是CO_2、H_2O、碳氢化合物、NO和CO。其中NO和CO是汽车尾气中的有毒成分，试根据热力学数据计算该反应$CO(g)+NO(g)\Longrightarrow CO_2(g)+1/2N_2(g)$在常温下的$K^{\ominus}$，并联系实际说明加快该反应速率的方法。

第3章

水溶液化学

内容提要

本章将对不同类型的化学平衡反应作进一步的讨论，是化学平衡原理的延伸。许多重要的化学反应如工业过程中的酸洗、除锈、电镀等是在水中进行的，因此本章着重讨论在水溶液中发生的酸碱平衡、难溶电解质的多相离子平衡与配位平衡反应，并简述溶液的通性及其应用，初步介绍表面活性剂溶液及其应用。

学习要求

(1)理解溶液的通性及其应用。

(2)掌握酸碱理论，理解酸碱解离平衡和缓冲溶液的 pH 控制，能进行同离子效应及溶液 pH 的有关计算。

(3)掌握溶度积和溶解度的计算，理解溶度积规则及其应用。

(4)初步掌握配合物的组成、命名，理解配合物稳定常数的概念，了解配合物的应用。

(5)了解表面活性剂溶液的性质和应用、水的净化与废水处理方法。

3.1 溶液的通性

溶质以分子或离子的形态均匀地分布在溶剂中得到的稳定分散系统称为溶液。通常所说的溶液是指液态溶液，最常用的是水溶液。虽然各种溶液皆有其特性，但所有的溶液都具有一些共同的性质(通性)，这些性质与浓度有关，而与溶质的本性无关。下面按溶质的不同，分为非电解质溶液和电解质溶液进行讨论。

3.1.1 非电解质溶液的通性

实验表明：难挥发非电解质所形成的溶液具有一些共同的性质，包括溶液的蒸气压下降、沸点升高、凝固点降低和产生渗透压；当难挥发非电解质溶液为**稀溶液**时，这类性质与一定量溶剂中所溶解溶质的量(物质的量)成正比，而与溶质的本性无关。物理化学家 Ostwald 把这类性质命名为**依数性**。

3.1.1.1 溶液的蒸气压下降

(1)蒸气压

将纯液体置于密闭容器中，在一定温度下，存在着液体的蒸发和蒸气的凝聚两个过程。

蒸发刚开始时，蒸气分子不多，凝聚速率远小于蒸发速率。随着蒸发的进行，蒸气浓度逐渐增大，凝聚速率也就随之增大。当凝聚速率和蒸发速率相等时，液体和它的蒸气就处于平衡状态。此时，蒸气所具有的压力称为该温度下液体的饱和蒸气压，简称**蒸气压**。例如 100 ℃时，水的蒸气压为 101.325 kPa，是水与水蒸气在该温度达到相平衡时的压力。

固体表面的分子也能蒸发(升华)，也具有蒸气压。大多数固体的蒸气压很小，冰、萘、碘、樟脑等有较大的蒸气压。

蒸气压是物质的本性，它与温度一一对应，且随温度升高而增大。表 3.1 中列出了一些不同温度下水和冰的蒸气压值。

表 3.1　不同温度下水和冰的蒸气压值

温度/℃	−20	−15	−10	−6	−5	−4	−3	−2	−1	0
冰的蒸气压/kPa	0.103	0.165	0.260	0.369	0.402	0.437	0.476	0.518	0.563	0.611
水的蒸气压/kPa				0.391	0.422	0.455	0.490	0.527	0.568	0.611

温度/℃	5	10	20	30	40	60	80	100	150	200
水的蒸气压/kPa	0.873	1.228	2.339	4.246	7.381	19.932	47.373	101.325	475.720	1553.600

(2)蒸气压下降

将半杯纯水和半杯蔗糖水置于同一密闭容器中，如图 3.1 所示，一段时间后发现蔗糖水的液面升高，纯水的液面下降，这种现象是如何产生的呢？

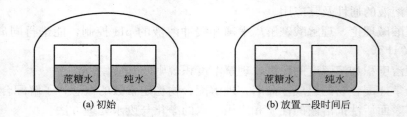

(a) 初始　　　　　　　　　　(b) 放置一段时间后

图 3.1　水分子迁移实验

这一现象的产生是由于同温度下蔗糖水溶液的蒸气压低于纯水的蒸气压，使得蔗糖溶液和纯水上方的水蒸气压力不等，导致水分子的迁移。实验证明，往溶剂(如水)中加入难挥发的溶质时，所形成溶液的蒸气压总是低于纯溶剂的蒸气压。同一温度下，纯溶剂蒸气压与溶液蒸气压之差叫作**溶液的蒸气压下降**。

溶液蒸气压下降的原因可以理解为：由于溶剂中溶解了难挥发的溶质后，溶剂的一部分表面被溶质微粒所占据，使得单位面积内从溶液中蒸发出的溶剂分子数比原来从纯溶剂中蒸发出的分子数少，这样蒸气中含较少的溶剂分子就能和溶液处于平衡状态，所以溶液的蒸气压低于纯溶剂的蒸气压。显然，溶质在溶液中的浓度越大，溶液的蒸气压下降就越多。

1887 年，法国物理学家拉乌尔(F. M. Raoult)通过实验研究提出适用于**难挥发非电解质稀溶液**的经验公式：

$$p_A^* - p_A = \Delta p = \frac{n_B}{n} \times p_A^* = x_B p_A^* \tag{3.1}$$

式中，n_B 表示溶质 B 的物质的量；n 为溶剂 A 与溶质 B 的物质的量之和，$n_B/n = x_B$，表示溶质 B 的摩尔分数；p_A^* 表示纯溶剂 A 的蒸气压；p_A 表示溶液中溶剂 A 的蒸气压。即在一定温度时，难挥发的非电解质稀溶液的蒸气压下降值(Δp)与溶质的摩尔分数成正比。

3.1.1.2　溶液的沸点升高和凝固点降低

当某一液体的蒸气压等于外界压力时，液体就会沸腾，此时的温度称为该液体的沸点。液体的沸点与外界压力有关，外界压力为 101.325 kPa 时的沸点称为正常沸点。物质的液相蒸气压和固相蒸气压相等时的温度为该物质的凝固点（即熔点）。

如果在溶剂中加入难挥发的溶质，所组成溶液的蒸气压会下降，从而导致溶液的凝固点降低、沸点升高。现以水溶液的例子来说明。图 3.2 示出了水、冰的蒸气压曲线，以及溶解了难挥发溶质的水溶液的蒸气压曲线。因为溶液的蒸气压下降，溶液的蒸气压曲线总位于纯水的蒸气压曲线下方。当水溶液的温度达到水的正常沸点（373.15 K）时，溶液的蒸气压是低于 101.325 kPa 的。要使溶液的蒸气压与外界压力相等，以达到其沸点，就必须将溶液温度升高到 373.15 K 以上。显然溶液的沸点（以 T_{bp} 表示）高于水的沸点。

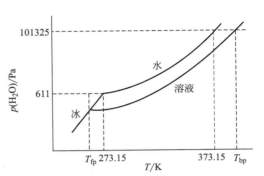

图 3.2　水溶液的沸点升高和
凝固点下降示意图

273.15 K 是水的凝固点，即此时冰的蒸气压和水的蒸气压相等。而溶液的蒸气压低于冰的蒸气压，此温度下冰与溶液不能共存，冰要转化为水。在 273.15 K 以下某一温度时，冰的蒸气压曲线与溶液的蒸气压曲线可以相交于一点，此温度就是溶液的凝固点（以 T_{fp} 表示）。这里需注意，溶质溶于水而不溶于冰中，因此只影响水（液相）的蒸气压，对冰（固相）的蒸气压没有影响。

溶液的蒸气压下降程度与溶液浓度有关，而溶液的蒸气压下降又是溶液沸点升高和凝固点降低的直接原因。因此，溶液的沸点升高和凝固点降低也必然与溶液的浓度有关。**难挥发非电解质的稀溶液**的沸点升高 ΔT_{bp}（$\Delta T_{bp} = T_{bp} - T_{bp}^*$，$T_{bp}^*$ 为溶剂的沸点）和凝固点降低 ΔT_{fp}（$\Delta T_{fp} = T_{fp}^* - T_{fp}$，$T_{fp}^*$ 为溶剂的凝固点）与溶液的质量摩尔浓度 m（即在 1 kg 溶剂中所含溶质的物质的量）成正比：

$$\Delta T_{bp} = k_{bp} m \tag{3.2}$$

$$\Delta T_{fp} = k_{fp} m \tag{3.3}$$

式中，k_{bp} 与 k_{fp} 分别称为溶剂的摩尔沸点升高常数和摩尔凝固点降低常数（SI 单位为 $K \cdot kg \cdot mol^{-1}$）。表 3.2 中列出了几种溶剂的沸点、凝固点、$k_{bp}$ 与 k_{fp} 的数值。显然，溶质在溶液中的浓度越大，溶液的沸点升高就越多，凝固点降低就越多。

表 3.2　一些溶剂的摩尔沸点升高常数和摩尔凝固点降低常数

溶剂	沸点/℃	$k_{bp}/K \cdot kg \cdot mol^{-1}$	凝固点/℃	$k_{fp}/K \cdot kg \cdot mol^{-1}$
水	100.0	0.515	0.0	1.853
乙醇	78.4	1.22	−117.3	1.99
苯	80.10	2.53	5.533	5.12
氯仿	61.15	3.62		

3.1.1.3　渗透压

如图 3.3 所示，一 U 形连通容器中间用半透膜分隔开，半透膜左边加入蔗糖水，右边

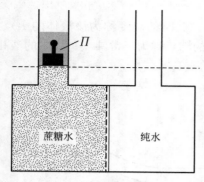

图 3.3 渗透压装置示意图

加入纯水。放置一段时间后，会发现蔗糖溶液的液面升高，纯水的液面降低，这就是**渗透现象**。渗透现象产生是因为半透膜上的微孔只允许溶剂分子通过，而不允许溶质分子通过，在单位时间内溶剂分子进入溶液内的数目，要比溶液内的溶剂分子在同一时间内进入纯溶剂的数目多，结果使得溶液的体积逐渐增大。只要被半透膜隔开的两边溶液的浓度不等，则可发生渗透现象（单向扩散）。欲阻止渗透现象发生，使上述膜两边的液面相平，必须在溶液液面上增加一定压力，所增加的压力称为溶液的**渗透压**。

如果外加在溶液上的压力超过了渗透压，反而会使溶液中的溶剂向纯溶剂方向渗透，使纯溶剂的量增加，这个过程叫作**反渗透**。反渗透的原理可应用于海水淡化、工业废水或污水处理和溶液的浓缩等方面。

对于**难挥发非电解质的稀溶液**的渗透压，有如下关系式：

$$\Pi = c_B RT \tag{3.4a}$$

$$或\ \Pi V = n_B RT \tag{3.4b}$$

式中，Π 为渗透压；c_B 表示溶液中溶质的浓度；n_B 表示溶质 B 的物质的量；V 表示溶液的体积；T 表示热力学温度。这一方程的形式与理想气体状态方程相似，但气体的压力和溶液的渗透压产生的原因不同。气体由于它的分子运动碰撞容器壁而产生压力，但溶液的渗透压是溶剂分子渗透的结果。依据此关系式，采用渗透压法可以测定高分子的分子量。

渗透压在生物学中具有重要意义。生物细胞膜大多具有半透膜的性质，所以临床注射或静脉输液时浓度必须仔细调节，应使其与人体血液的渗透压相等（约为 780 kPa），称为等渗溶液。比如质量分数 5.0%（0.28 mol·dm^{-3}）的葡萄糖溶液或含 0.9% NaCl 的生理盐水。若输入了渗透压较大（与正常血液的相比）的溶液，红细胞中的水就会通过细胞膜渗透出来，红细胞皱缩甚至相互聚集成团，在血管内产生栓塞；若输入渗透压较小的低渗溶液，溶液中的水就会通过红细胞膜流入细胞中，使细胞膨胀，甚至能使细胞破裂。人体内的肾是一个特殊的渗透器，能让代谢产生的废物经渗透随尿液排出体外，而将有用的蛋白保留在肾小球内，所以尿液中出现蛋白质是肾功能受损的表征。

渗透压是引起水在生物体中运动的重要推动力。一般植物细胞的渗透压约可达 2000 kPa，所以植物的根部靠渗透作用可将水运送到数十米高的顶端。

3.1.2 电解质溶液的通性

电解质（如 $BaCl_2$、NaCl、KNO_3 等）溶液与非电解质稀溶液一样具有溶液蒸气压下降、沸点升高、凝固点降低和渗透压等性质，但其 Δp、ΔT_{bp}、ΔT_{fp} 以及 Π 的实验值与根据难挥发非电解质稀溶液计算公式[如式(3.2)~式(3.4)]获得的计算值差别很大。

例如 0.100 mol·kg^{-1} 葡萄糖水溶液的凝固点下降值为 0.186 K，但同浓度的 NaCl 水溶液的凝固点下降值为 0.347 K。因此定义了一个修正因子 i，

$$i = \frac{\Delta T_{fp}(实验值)}{\Delta T'_{fp}(计算值)}$$

$$则\quad \Delta T_{fp} = i k_{fp} m$$

对于 0.100 mol·kg^{-1} NaCl 水溶液，$i = 1.86$。这是因为 NaCl 是强电解质（AB 型），

1 mol NaCl 溶于水中会电离生成 2 mol 的离子，因此凝固点下降值应该是同浓度非电解质溶液的两倍(实际 i 接近于 2)。如果 $K_2SO_4(A_2B$ 型)溶于水，则凝固点下降值应是同浓度非电解质溶液的 3 倍，即 $i=3$(实际 i 为 2～3)。对于弱电解质如醋酸 CH_3COOH，因其在水中只有少量电离，其凝固点下降值比同浓度非电解质溶液的凝固点下降值略大一些，即 i 略大于 1。

　　这些电解质溶液的蒸气压下降、沸点升高和渗透压的数值都存在与凝固点降低类似的情况。可以看出，对同浓度的溶液来说，其**沸点高低或渗透压大小的顺序为**：A_2B 或 AB_2 型**强电解质溶液＞AB 型强电解质溶液＞弱电解质＞非电解质溶液**，而**蒸气压或凝固点的顺序相反**。

　　瑞典化学家阿伦尼乌斯根据电解质稀溶液的依数性的反常行为及这类溶液具有的导电性，于 1887 年提出了电离理论。认为电解质在水中有一部分自发地解离成带电的粒子，这种解离的过程叫作电离，强电解质在稀溶液中是全部电离，所以近似认为单位体积内的粒子数是同浓度的非电解质粒子数的整数倍。但实际上并非整数倍，而是比相应的整数略小一些。为什么会小一些，他的电离理论不能解释。究其原因，主要是他假设溶液处在理想状态，即溶液中的离子或分子都是孤立存在的，没有考虑它们之间的相互作用。而实际上溶液中离子间具有相互作用，离子在溶液中的运动受到周围离子的牵制而不能完全自由活动，因此离子的有效浓度小于理论浓度。修正因子 i 会随着溶液质量摩尔浓度的变化而发生变化，无限稀释时 i 为整数倍。

3.1.3　溶液通性的应用

　　盐的潮解：物质表面具有吸附空气中水分子的能力，并在表面形成局部饱和溶液。它的水蒸气压若低于大气中的水蒸气压，水则向物质表面移动，发生潮解现象。如在 25 ℃ $MgCl_2$ 饱和溶液的蒸气压为 1.05 kPa，当空气中的水分压大于 1.05 kPa，$MgCl_2 \cdot 6H_2O$ 就会潮解。反之，有些水合物的水蒸气压大于空气水蒸气压，就会失去水分；水合物在大气中失去水称为风化。

　　工业上或实验室中常采用某些易潮解的固态物质，如氯化钙、五氧化二磷等作为干燥剂，就是因为这些物质能使其表面所形成的溶液的蒸气压显著下降，当它低于空气中水蒸气的分压时，空气中水蒸气可不断凝聚而进入溶液，即这些物质能不断地吸收水蒸气。若在密闭容器内，则可进行到空气中水蒸气的分压等于这些干燥剂物质(饱)溶液的蒸气压为止。

　　利用溶液凝固点降低这一性质，盐和冰的混合物可以作为冷冻剂。冰的表面上有少量水，当盐与冰混合时，盐溶解在这些水中成为溶液。此时，由于所生成的溶液中水的蒸气压低于冰的蒸气压，冰就会融化。冰融化时要吸热，使周围物质的温度降低。例如，采用氯化钠和冰的混合物，温度可以降低到 −22℃；用氯化钙和冰的混合物，可以降低到 −55℃。在寒冷的冬季，通常往汽车散热器(水箱)的用水中加入乙二醇，使溶液的凝固点降低，以防止结冰。利用固态溶液凝固点降低原理，可制备许多有较高价值的合金。如 33％Pb(熔点 327.5 ℃)与 67％Sn(熔点 232 ℃)组成的焊锡，熔点为 180 ℃。在实验室，还可用凝固点降低和沸点升高法来计算化合物的分子量。

　　在金属表面处理中，利用溶液沸点升高的原理，使工件在高于 100 ℃ 的水溶液中进行处理。例如，使用含 NaOH 和 $NaNO_2$ 的水溶液能将工件加热到 140 ℃ 以上。在金属热处理工艺中，将钢铁工件在空气中加热到高温时会发生氧化和脱碳现象。因此，加热常在盐浴中进行。盐浴往往用几种盐的混合物(熔融盐)，使熔点降低并可调节所需温度范围。例如，

BaCl$_2$ 的熔点为 963 ℃，NaCl 的熔点为 801 ℃，而组成（质量分数）为 BaCl$_2$ 77.5％和 NaCl 22.5％的混合盐的熔点则降低到 630 ℃左右。

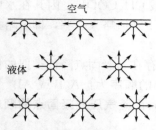

图 3.4 分子在液体表面和内部所受的吸引力的图示

3.1.4 表面活性剂溶液

两相的接触面称为界面，与气相接触的界面又称为表面。固体和液体表面层中的分子和内部的分子受力情况不同。内部分子受力对称，表面分子有一合力指向物质内部。结果导致表面分子总是尽力向物质内部挤压，有自动收缩表面积的倾向，从而产生表面张力，如图 3.4 所示。表面张力取决于物质的本性，受温度、压力、添加物等的影响。

3.1.4.1 表面活性剂

表面活性剂是一类由亲水基团（如羟基、羧基、磺酸基、氨基等）和疏水基团（又称亲油基团，如烷基等）两部分组成的双亲分子。表面活性剂能大大降低溶剂的表面张力或液/液、液/固界面张力，而且在体系中能形成多种分子有序聚集体，从而具有润湿、洗涤、乳化、增溶、起泡、分散等性能。表面活性剂作为功能最多的化工产品之一，广泛用于洗涤、纺织、制药、化妆品、食品、土建、采矿等领域。过去的几十年，表面活性剂的应用已拓展到如电子印刷、磁记录、生物技术、微电子及病毒性研究等高科技领域。

表面活性剂有很多种，可以根据在溶液中的离子类型、结构、功能等方法来分类；其中最常见的分类方法是根据亲水基团在溶液中的离子类型来划分，可分为离子型、非离子型；离子型又分为阳离子型、阴离子型和两性离子型。常见的几类表面活性剂列于表 3.3 中。

表 3.3 常见的几类表面活性剂

类型	化合物类别	实例[①]
阳离子型	伯胺盐	$[RNH_3]^+Cl^-$
	仲胺盐	$[R-NH_2(CH_3)]^+Cl^-$
	叔胺盐	$[R-NH(CH_3)_2]^+Cl^-$
	季铵盐	$[R-N(CH_3)_3]^+Cl^-$
阴离子型	羧酸盐	$R-COONa$
	硫酸酯盐	$R-O-SO_3Na$
	磺酸盐	$R-SO_3Na$
	磷酸酯盐	$R-O-PO_3Na_2$
两性	氨基酸盐	$R-NH-CH_2CH_2-COOH$
	内胺盐类	$R-N^+(CH_3)_2-CH_2-COO^-$
非离子型	聚氧乙烯醚类	$R-O-(CH_2-CH_2-O)_nH$
	多元醇类	$R-COOCH_2C(CH_2OH)_3$

① R 代表烃基（包括脂肪烃和芳香烃）。

在水溶液中，表面活性剂的亲水基团受到极性很强的水分子的吸引而有进入水中的趋势，疏水基团则倾向于翘出水面，从而使表面活性剂分子定向排列在表面层中。这时溶液的表面张力急剧下降。当表面活性剂的浓度增大到超过其临界胶束浓度（CMC）时，液面上挤满一层定向排列的表面活性剂分子，形成单分子膜，而溶液本体相中的表面活性剂分子排列成疏水基团向内、亲水基团向外的分子聚集体，称为胶束，如图 3.5 所示。胶束有多种形状，如球状、棒状、层状、蠕虫状等，都有重要的应用价值。表面活性剂如果是在油相中溶解，则会形成反向胶束。

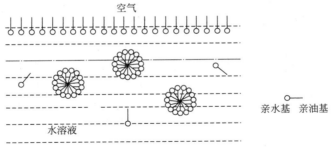

图 3.5　表面活性剂在溶液表面的定向吸附和在溶液中的胶束

3.1.4.2　表面活性剂的应用

表面活性剂具有润湿、洗涤、乳化、增溶、起泡、分散等性能，具体用作何种用途可根据表面活性剂的亲水亲油平衡值(HLB)进行初步选择。HLB 值是表面活性剂的一种实用性量度，它与分子结构有关，用于表示表面活性剂的亲水性。一般来说 HLB 值低，表示亲水性差，亲油性强，可溶于油中；反之，HLB 值高说明亲水性强，可溶于水中。表面活性剂的 HLB 值的范围为 1～40，由小到大亲水性增强。表 3.4 列出了各种用途所需要的 HLB 值范围。

表 3.4　HLB 值的范围及其应用

HLB 值	用途
1～3	消泡剂
3～6	W/O 乳化剂
7～9	润湿剂
8～18	O/W 乳化剂
13～15	洗涤剂
15～18	增溶剂

（1）润湿作用

聚乙烯、聚丙烯等有机材料呈非极性固体表面，属低能表面。而水不能在低能固体表面上铺展。在生产实践中经常采用加表面活性剂降低液体的表面能，提高其在固体表面的润湿性。表面活性剂可以吸附在各种界面上通过改变界面张力来影响固体的润湿性。这种表面活性剂也称为润湿剂。

（2）乳化作用

两种互不相溶的液体，若将其中一种以极细的液滴均匀地分散在另一液体中，便形成乳状液。例如，在水中加入一些油，通过搅拌使油成为细小的油珠，均匀地分散于水中，于是油和水形成了乳状液。在没有表面活性剂时，乳状液是很不稳定的，稍置片刻便可使油水分层。要获得稳定的乳状液，必须加入表面活性剂(乳化剂)。乳化剂的亲水基团朝向水，而弱极性的亲油基团则朝向油，可在油滴或水滴周围形成一层有一定机械强度的保护膜，阻碍了分散的油滴或水滴的相互结合和凝聚而使乳状液变得较稳定。这种油分散在水中的乳状液，称为水包油型乳状液，以符号 O/W 表示。例如，牛奶就是奶油分散在水中形成的 O/W 型乳状液。若水分散在油中，则称为油包水型乳状液，以符号 W/O 表示。例如，新开采出来的含水原油就是细小水珠分散在石油中形成的 W/O 型乳状液。以上两种情况如图 3.6 所

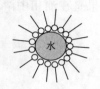

(a) W/O型   (b) O/W型

图 3.6　W/O 型乳状液和 O/W 型
乳状液结构示意图

示。这种由于加入表面活性剂而形成稳定的乳状液的作用叫作乳化作用。

乳状液的应用很广，例如，农业杀虫剂一般配制成 O/W 型乳状液便于喷雾，可使少量农药均匀地分散在大面积的农作物上，同时由于表面活性剂对虫体的润湿和渗透作用，也提高了杀虫效果。人体对油脂的消化作用就是因为胆汁(胆酸盐)可以使油形成 O/W 型乳状液而加速消化。内燃机中所用的汽油和柴油若制成含水(质量分数)约 10% 的 W/O 型乳状液，则可以提高燃烧效率，节省燃料。

（3）洗涤作用

常用肥皂的主要成分是表面活性剂硬脂酸钠；合成洗涤剂的主要成分是十二烷基苯磺酸钠、十二烷基磺酸钠等阴离子表面活性剂。当用洗涤剂洗涤衣服或织物上的油污时，油污进入表面活性剂形成的胶束中，经搓洗使得胶束进入水中，便可除去织物上的油污。

（4）分散作用

若一相以微粒状固体均匀地分布于另一相中，所形成的分散体系称为悬浮液，被分散的物质(相)称为分散质，而连续的物质(相)则称为分散介质。颜料、陶土在水中的分散都属悬浮液。颜料微粒分散于水中，颜料是分散质，水则为分散介质。在没有表面活性剂存在下分散很难进行，若加入表面活性剂(分散剂)，它会在固体颗粒表面形成疏水基向内、极性基向外的吸附层，从而使分散体系稳定。

在化学纤维工业中，分散剂用于分散染料的高温高压染色助剂，可大大提高其溶解度。它不仅可以阻止染料粒子的结晶生长，保证染料的分散性，而且能帮助染料向纤维内扩散，防止染料焦化。分散剂也广泛用于非水溶性染料的研磨、加工，以及涂料中染料等的加工中。

（5）起泡作用

泡沫是不溶性气体分散于液体或熔融固体中所形成的分散系统。例如，肥皂泡沫、啤酒泡沫等是气体分散在液体中的泡沫；泡沫塑料、泡沫玻璃等是气体分散在固体中的泡沫。

溶有表面活性剂的水溶液经搅拌能获得稳定较长时间的泡沫。这种能稳定泡沫作用的表面活性剂叫作起泡剂。肥皂、十二烷基苯磺酸钠等都具有良好的起泡性能。

起泡剂也用于泡沫浮选法以提高矿石的品位。将矿石粉碎成粉末，加水搅拌并吹入空气和加入起泡剂及捕集剂(使矿物呈疏水性)等，使产生气泡。由于矿石表面的疏水性，黏附在气泡上而浮起，这样便可收集，舍去沉在底部不需要的较粗大的矿石碎块。起泡剂也可用来分离固体物质乃至分离溶液中的溶质等。此外，啤酒、汽水、洗发和护发用品等都需用起泡剂，使产生大量的泡沫。灭火器中也有应用。

在某些工程环节中，大量的泡沫会带来不利影响。例如洗涤、蒸馏、萃取等过程中泡沫会降低洗涤效率或分离效率，这些情况下需加消泡剂消除泡沫。消泡剂一般是一些短碳链(如 $C_5 \sim C_8$)的醇或醚，它们能将泡沫中的起泡剂分子替代出来；又由于本身碳链短，不能在气泡外围形成牢固的保护膜，从而降低气泡的强度而消除泡沫。

3.2　酸碱解离平衡

3.2.1　酸碱的概念

人们对酸碱的认识经历了一个由浅入深、由感性到理性的过程。最初认为具有酸味，能使蓝色石蕊变为红色的物质是酸；具有涩味，有滑腻感，使红色石蕊变为蓝色的物质是碱。随着化学研究的不断深入，人们对酸碱的定义、酸碱反应的实质的认识也不断深入。

(1)酸碱电离理论

1887 年，阿伦尼乌斯(S. A. Arrhenius)提出了电离理论，该理论认为：在水溶液中解离时所生成的正离子全部是 H^+ 的化合物称作酸；电离出的负离子全部是 OH^- 的化合物称作碱。电离理论把酸、碱的定义局限在以水为溶剂的系统，并把碱限制为氢氧化物。这样，人们无法解释熟知的氨水为何是碱(因为氨水不是氢氧化物)，更不能解释气态氨也是碱(它能与 HCl 气体发生中和反应，生成 NH_4Cl)；也不能解释金属钠溶解于 100%乙醇中显很强的碱性，但钠并非氢氧化物。

(2)酸碱质子理论

1923 年，丹麦化学家布朗斯特(J. N. Brönsted)和英国化学家劳莱(T. M. Lowry)分别提出了酸碱质子理论，该理论认为凡能给出质子(H^+)的物质都是**酸**；凡能接受质子的物质都是**碱**。简单地说，酸是质子的给体，碱是质子的受体。酸碱质子理论对酸碱的区分只以质子为判据。

例如，在水溶液中：

$$HAc(aq) \Longrightarrow Ac^-(aq) + H^+(aq)$$
$$NH_4^+(aq) \Longrightarrow NH_3(aq) + H^+(aq)$$
$$HCO_3^-(aq) \Longrightarrow CO_3^{2-}(aq) + H^+(aq)$$

HAc(醋酸，CH_3COOH)、NH_4^+、HCO_3^- 都能给出质子，所以它们都是酸。酸给出质子后，余下的部分 Ac^-、NH_3、CO_3^{2-} 都能接受质子，它们都是碱。酸和碱可以是分子，也可以是离子。有些物质如 H_2O、HCO_3^- 等既可以给出质子，也可以接受质子，这类物质称为**两性物质**。

按照酸碱质子理论，酸给出质子变成相应的碱，碱接受质子后变成相应的酸。它们之间的关系用下式表示：

$$酸 \Longrightarrow 质子 + 碱$$

这种相互依存、相互转化的关系称作酸碱的共轭关系。酸失去质子后形成的碱称作该酸的**共轭碱**，例如，NH_3 是 NH_4^+ 的共轭碱。碱结合质子后形成的酸称作该碱的**共轭酸**，例如，NH_4^+ 是 NH_3 的共轭酸。酸与它的共轭碱(或碱与它的共轭酸)一起称作**共轭酸碱对**。

在酸碱质子理论中，酸碱反应中至少存在两对共轭酸碱对，反应的实质就是质子的转移。例如：

$$HAc + NH_3 \longrightarrow NH_4^+ + Ac^-$$
$$酸1 \quad 碱2 \quad\quad 酸2 \quad 碱1$$

酸碱质子理论扩大了酸碱的范围，不仅适用于水溶液，还适用于含质子的非水系统。它可把许多平衡归结为酸碱反应，所以有更广的适用范围和更强的概括能力。例如，对于 NH_3、CN^-、CO_3^{2-} 等碱溶液，pH 值的计算均可使用同一公式，故本书有关 pH 值计算均以质子理论为依据。

(3)酸碱电子理论

路易斯(G. N. Lewis)提出的酸碱电子理论(1923 年)则以电子对的授受来判断酸碱的属性。即凡能接受电子对的物质称为酸(又称为 Lewis 酸)；凡能给出电子对的物质称为碱(又称为 Lewis 碱)。它摆脱了物质必须含有质子的限制，所包括的范围更为广泛。在处理有机化学和配位化学中的问题时，常使用 Lewis 酸碱的概念。

3.2.2 弱酸弱碱的解离平衡

大多数酸和碱是弱电解质，在水溶液中部分解离，存在着解离平衡，其标准平衡常数称作**解离常数**。一般分别用 $K_a^\ominus$ 和 $K_b^\ominus$ 表示酸和碱的解离常数。解离常数可通过热力学数据计算，也可由实验测定。$K_a^\ominus$ 和 $K_b^\ominus$ 的数值只与酸碱的本性以及温度有关，与酸碱的浓度变化无关。一般来说，温度对解离常数的影响不大，在实际工作中，常用室温下的值，附录 3 中可查一些常见酸碱的 $K_a^\ominus$ 和 $K_b^\ominus$ 数据。

（1）应用热力学数据计算解离常数

以醋酸 HAc 为例来说明。先写出醋酸水溶液中的解离平衡，并从附录 2 中查得各物质的 $\Delta_f G_m^\ominus(298.15\ \text{K})$ 值，

$$\text{HAc(aq)} + \text{H}_2\text{O(l)} \Longrightarrow \text{H}_3\text{O}^+\text{(aq)} + \text{Ac}^-\text{(aq)}$$

$\Delta_f G_m^\ominus(298.15\ \text{K})/\text{kJ·mol}^{-1}$ -396.46 -237.129 -237.129 -369.31

$$\Delta_r G_m^\ominus(298.15\ \text{K}) = 27.15\ \text{kJ·mol}^{-1}$$

$$\ln K^\ominus = -\frac{\Delta_r G_m^\ominus}{RT} = \frac{-27.15 \times 1000\ \text{J·mol}^{-1}}{8.314\ \text{J·mol}^{-1}\text{·K}^{-1} \times 298.15\ \text{K}} = -10.95$$

$$K_a^\ominus = 1.76 \times 10^{-5}$$

弱酸和弱碱的解离常数可以用来衡量弱酸和弱碱的相对强弱，一般 $K_a^\ominus \leqslant 10^{-4}$ 时认为是弱酸，$K_a^\ominus$ 值在 $10^{-3} \sim 10^{-2}$ 范围内为中等强度的酸。

（2）一元弱酸的解离平衡及 pH 值计算

如果已知弱酸的浓度和解离平衡常数，就可以方便地计算出溶液中的 H^+ 浓度及 pH 值。

例如，一元弱酸在溶液中存在下列解离平衡：

$$\text{HA(aq)} + \text{H}_2\text{O(l)} \Longrightarrow \text{H}_3\text{O}^+\text{(aq)} + \text{A}^-\text{(aq)}$$

常简写为：

$$\text{HA(aq)} \Longrightarrow \text{H}^+\text{(aq)} + \text{A}^-\text{(aq)}$$

标准平衡常数表达式为

$$K_a^\ominus = \frac{[c^{\text{eq}}(\text{H}^+)/c^\ominus][c^{\text{eq}}(\text{A}^-)/c^\ominus]}{c^{\text{eq}}(\text{HA})/c^\ominus}$$

由于 $c^\ominus = 1\ \text{mol·dm}^{-3}$，一般反应式中各物质的浓度单位为 mol·dm^{-3}，上式可简化为：

$$K_a^\ominus = \frac{c^{\text{eq}}(\text{H}^+)c^{\text{eq}}(\text{A}^-)}{c^{\text{eq}}(\text{HA})} \tag{3.5}$$

假设一元弱酸的初始浓度为 c，**解离度**为 α（弱电解质在水中解离达到平衡时，已解离的弱电解质分子的百分数）表示为，

$$\alpha = \frac{\text{已解离的 HA 浓度}}{\text{HA 分子的初始浓度}} \times 100\%$$

则平衡常数为

$$K_a^\ominus = \frac{c\alpha \cdot c\alpha}{c(1-\alpha)}$$

对于弱酸，其解离度 α 一般很小，$1-\alpha \approx 1$，则

$$K_a^{\ominus} \approx c\alpha^2 \qquad (3.6)$$

$$\alpha \approx \sqrt{K_a^{\ominus}/c} \qquad (3.7)$$

$$c^{\,eq}(H^+) = c\alpha \approx \sqrt{K_a^{\ominus}c} \qquad (3.8)$$

式(3.8)是计算一元弱酸溶液中 H^+ 浓度的近似计算公式。一般来说，$c_{酸}/K_a^{\ominus} \geqslant 400$ 时，就可用式(3.8)计算一元弱酸溶液的 H^+ 浓度。

一元弱酸的解离度近似与其浓度平方根成反比。即浓度越稀，解离度越大。可见 α 和平衡常数都可用来表示酸的强弱，但 α 随 c 而变；在一定温度时，$K_a^{\ominus}$ 是一个常数，它不随 c 而变。

水溶液中氢离子的浓度定义为**酸度**。当酸碱溶液的浓度较低时，一般用 pH 表示溶液的酸碱性。IUPAC(国际纯粹与应用化学联合会)对 pH 的定义为

$$pH = -lg[c(H^+)/c^{\ominus}] \qquad (3.9)$$

通常 H^+ 浓度的单位为 $mol \cdot dm^{-3}$，因此可简化为

$$pH = -lg c(H^+) \qquad (3.10)$$

同样，也可以用 pOH 表示 $c(OH^-)$ 的负对数：

$$pOH = -lg c(OH^-) \qquad (3.11)$$

例 3.1　计算 $0.100\ mol \cdot dm^{-3}$ 的 HAc 溶液中的 H^+ 浓度、溶液的 pH 及 HAc 的解离度。

解　从附录 3 查得 HAc 的 $K_a^{\ominus} = 1.76 \times 10^{-5}$，设 $0.100\ mol \cdot dm^{-3}$ 的 HAc 溶液中的 H^+ 平衡浓度为 $x\ mol \cdot dm^{-3}$，则

$$HAc(aq) \Longleftrightarrow H^+(aq) + Ac^-(aq)$$

平衡浓度为 $/mol \cdot dm^{-3}$ 　　　 $0.100 - x$ 　　　 x 　　　 x

由于 $K_a^{\ominus}$ 很小，所以 $0.100 - x \approx 0.100$，则

$$K_a^{\ominus} = \frac{c^{\,eq}(H^+)c^{\,eq}(Ac^-)}{c^{\,eq}(HAc)} = \frac{x^2}{0.100} = 1.76 \times 10^{-5}$$

$$x \approx 1.33 \times 10^{-3}$$

即 $c^{\,eq}(H^+) \approx 1.33 \times 10^{-3}\ mol \cdot dm^{-3}$

或直接代入式(3.8)，$c^{\,eq}(H^+) \approx \sqrt{K_a^{\ominus}c} = \sqrt{1.76 \times 10^{-5} \times 0.100}$

$$\approx 1.33 \times 10^{-3}\ mol \cdot dm^{-3}$$

$$pH \approx -lg(1.33 \times 10^{-3}) = 2.88$$

HAc 的解离度为 　　　 $\alpha = \dfrac{1.33 \times 10^{-3}}{0.100} \times 100\% = 1.33\%$

可以用类似方法计算 $0.100\ mol \cdot dm^{-3} NH_4Cl$ 溶液中的 H^+ 浓度及其 pH。NH_4Cl 是强电解质，在溶液中解离以 $NH_4^+(aq)$ 和 $Cl^-(aq)$ 存在。$Cl^-(aq)$ 是中性的，而 $NH_4^+(aq)$ 则是一元弱酸，在水中存在解离平衡：$NH_4^+(aq) + H_2O(l) \Longleftrightarrow NH_3(aq) + H_3O^+(aq)$，简写为

$$NH_4^+(aq) \Longleftrightarrow NH_3(aq) + H^+(aq)$$

已知 $NH_4^+(aq)$ 的 $K_a^{\ominus} = 5.65 \times 10^{-10}$，所以

$$c^{\,eq}(H^+) \approx \sqrt{K_a^{\ominus}c} = \sqrt{5.65 \times 10^{-10} \times 0.100}$$

$$\approx 7.52 \times 10^{-6}\ mol \cdot dm^{-3}$$

$$pH \approx - \lg(7.52 \times 10^{-6}) = 5.12$$

（3）一元弱碱的解离平衡及 pH 值计算

以弱碱 NH_3 为例：$NH_3(aq) + H_2O(l) \Longleftrightarrow NH_4^+(aq) + OH^-(aq)$

$$K_b^\ominus = \frac{c^{eq}(NH_4^+) c^{eq}(OH^-)}{c^{eq}(NH_3)}$$

与一元弱酸同理，一元弱碱的计算公式可简化为

$$c^{eq}(OH^-) = c\alpha \approx \sqrt{K_b^\ominus c} \tag{3.12}$$

式中，c 表示一元弱碱的初始浓度。

在纯水和水溶液中，存在下列自偶解离平衡反应：

$$H_2O + H_2O \Longleftrightarrow H_3O^+ + OH^-$$

简写为

$$H_2O \Longleftrightarrow H^+ + OH^-$$

反应的平衡常数为

$$K_w^\ominus = [c^{eq}(H^+)/c^\ominus][c^{eq}(OH^-)/c^\ominus] \tag{3.13}$$

反应式中各物质的浓度单位为 $mol \cdot dm^{-3}$，上式可简化为

$$K_w^\ominus = c^{eq}(H^+) c^{eq}(OH^-) \tag{3.14}$$

则有

$$pK_w^\ominus = pH + pOH \tag{3.15}$$

式中，$K_w^\ominus$ 叫作水的 **离子积常数**，在常温下，水离子积常数 $K_w^\ominus = 1.00 \times 10^{-14}$。式（3.15）中 $pK_w^\ominus = -\lg K_w^\ominus$。已知一元弱碱溶液中的 OH^- 浓度，可计算得到 H^+ 浓度及 pH。

纯水中 H^+ 和 OH^- 的唯一来源是水分子，所以纯水中 $c(H^+) = c(OH^-) = 1.0 \times 10^{-7} mol \cdot dm^{-3}$。凡在水溶液中，不论是酸性、碱性还是中性，都同时存在 H^+ 和 OH^-，只不过它们的相对浓度不同，且始终满足关系式（3.14）。

对于强碱弱酸盐如 NaAc，在水中完全解离为 $Na^+(aq)$ 和 $Ac^-(aq)$。$Ac^-(aq)$ 是一元弱碱会发生解离（水解），因此可以用类似方法计算 NaAc 溶液中的 OH^- 浓度及其 pH。

（4）多元酸碱的解离平衡

多元酸如 H_2S、H_2CO_3 解离是分级进行的，每一级都有一个解离常数，以 H_2CO_3 为例，其解离过程按以下两步进行。

一级解离 $H_2CO_3(aq) \Longleftrightarrow H^+(aq) + HCO_3^-(aq)$ $K_{a1}^\ominus = 4.30 \times 10^{-7}$

二级解离 $HCO_3^-(aq) \Longleftrightarrow CO_3^{2-}(aq) + H^+(aq)$ $K_{a2}^\ominus = 5.61 \times 10^{-11}$

可以看出分级解离常数逐级减小。一般情况下，二元酸的 $K_{a2}^\ominus \ll K_{a1}^\ominus$，溶液中 H^+ 浓度主要来自一级解离。因此计算多元酸的 H^+ 浓度时，可忽略二级解离，把多元酸作为一元酸来处理，即应用式（3.8）作近似计算，但要将式中的 $K_a^\ominus$ 改为 $K_{a1}^\ominus$。

例 3.2   计算 $0.20\ mol \cdot dm^{-3}\ H_2CO_3$ 溶液中 H^+ 的浓度和 pH。

解   根据式（3.8）

$$c^{eq}(H^+) \approx \sqrt{K_{a1}^\ominus c} = \sqrt{4.30 \times 10^{-7} \times 0.20}\ mol \cdot dm^{-3}$$

$$= 2.93 \times 10^{-4}\ mol \cdot dm^{-3}$$

$$pH \approx -\lg(2.93 \times 10^{-4}) = 3.53$$

中强酸（如 H_3PO_4）由于 $K_{a1}^\ominus$ 较大，在按照一级解离平衡计算 H^+ 浓度时，不能应用式（3.8）进行计算。

对于 $CO_3^{2-}(aq)$、$S^{2-}(aq)$ 可看作二元弱碱，也可近似地以一级解离常数 $K_{b1}^\ominus$ 用式

(3.12)进行计算。

（5）共轭酸碱对的关系

一般化学手册中不列出离子酸、离子碱的解离常数，但根据已知分子酸的 $K_a^\ominus$ 或分子碱的 $K_b^\ominus$ 可以方便地计算其共轭离子碱的 $K_b^\ominus$ 或共轭离子酸的 $K_a^\ominus$。

下面以 HAc/Ac$^-$ 为例来说明共轭酸碱对解离常数之间的关系：

$$HAc(aq) \rightleftharpoons H^+(aq) + Ac^-(aq)$$

$$K_a^\ominus = \frac{c^{eq}(H^+)c^{eq}(Ac^-)}{c^{eq}(HAc)}$$

$$Ac^-(aq) + H_2O(l) \rightleftharpoons HAc(aq) + OH^-(aq)$$

$$K_b^\ominus = \frac{c^{eq}(HAc)c^{eq}(OH^-)}{c^{eq}(Ac^-)}$$

$$K_a^\ominus K_b^\ominus = \frac{c^{eq}(H^+)c^{eq}(Ac^-)}{c^{eq}(HAc)} \times \frac{c^{eq}(HAc)c^{eq}(OH^-)}{c^{eq}(Ac^-)}$$

$$= c^{eq}(H^+)c^{eq}(OH^-)$$

即 $$K_a^\ominus K_b^\ominus = K_w^\ominus \qquad (3.16)$$

可以看出共轭酸碱的 $K_a^\ominus$ 和 $K_b^\ominus$ 互成反比，这充分体现了共轭酸碱强度对立统一的辩证关系，酸越强，其共轭碱就越弱。强酸的共轭碱碱性极弱，可认为是中性的。

一些常见的液体（溶液）的 pH 范围如表 3.5 所示。实验室常用 pH 试纸粗略测定 pH，用酸度计较精确地测定 pH。

表 3.5　一些常见液体的 pH

液体	pH	液体	pH
柠檬汁	2.2～2.4	牛奶	6.3～6.5
酒	2.8～3.8	人的唾液	6.5～7.5
醋	约 3.0	饮用水	6.5～8.0
番茄汁	约 3.5	人体血液	7.35～7.45
人尿	4.8～8.4	海水	约 8.3

3.2.3　缓冲溶液和 pH 控制

许多化学反应和生产过程都要在一定的 pH 值范围内才能进行，溶液的 pH 值如何控制、如何保持稳定？要解决这些问题，就需要掌握缓冲溶液及其缓冲作用原理。

（1）同离子效应

在弱酸、弱碱溶液中加入具有相同离子的强电解质，改变某一离子的浓度，可引起弱电解质解离平衡的移动。例如，往 HAc 溶液中加入 NaAc，由于 Ac$^-$ 浓度增大，使平衡向生成 HAc 的一方移动，结果降低了 HAc 的解离度。又如，往氨水中加入 NH$_4$Cl(NH$_4^+$ 浓度增大)，也会降低 NH$_3$ 在水中的解离度。这种在弱电解质溶液中，加入与弱电解质具有相同离子的强电解质，使弱电解质的解离度降低的现象称作**同离子效应**。

（2）缓冲溶液

弱酸（或弱碱）与其共轭碱（或共轭酸）组成的溶液具有一种性质，即其 pH 能在一定范围内不因稀释或添加少量酸或碱而发生显著变化，这种溶液称为**缓冲溶液**。缓冲溶液一般是由浓度比较大的弱共轭酸碱对组成的混合溶液，习惯上把组成缓冲溶液的共轭酸碱对称为缓冲对。常见的缓冲对有 $HAc\text{-}Ac^-$、$H_2PO_4^-\text{-}HPO_4^{2-}$、$H_2CO_3\text{-}HCO_3^-$ 和 $NH_4^+\text{-}NH_3$ 等。

缓冲溶液为什么具有保持 pH 值基本不变的能力呢？下面以 HAc 和 NaAc 组成的缓冲溶液为例，说明缓冲溶液的缓冲作用原理。在 HAc 和 NaAc 的混合溶液中，HAc 是弱电解质，解离度较小，NaAc 是强电解质，完全解离；因 NaAc 的加入发生同离子效应，抑制了 HAc 的解离，使 H^+ 浓度变得更小。

$$HAc(aq) \rightleftharpoons H^+(aq) + Ac^-(aq)$$

当往该溶液中加入少量强酸时，H^+ 与 Ac^- 结合形成 HAc 分子，平衡向左移动，使溶液中 Ac^- 浓度略有减少，HAc 浓度略有增加，但溶液中 H^+ 浓度不会有显著变化。如果加入少量强碱，强碱会与 H^+ 结合，则平衡向右移动，使 H^+ 浓度不会有显著变化，只是 HAc 浓度略有减少，Ac^- 浓度略有增加。

加水稀释时，各物质的浓度随之降低，由于 HAc 的解离度随浓度的变小而略有增加，从而维持溶液的 H^+ 浓度基本不变。

显然，当加入大量的强酸或强碱，溶液中的弱酸及其共轭碱或弱碱及其共轭酸中的一种消耗将尽时，就失去缓冲能力，所以缓冲溶液的缓冲能力是有一定限度的。

（3）缓冲溶液的 pH 计算

根据共轭酸碱之间的平衡：弱酸$\rightleftharpoons H^+$(aq)+共轭碱，可得计算通式，即

$$K_a^\ominus = \frac{c^{eq}(H^+)c^{eq}(\text{共轭碱})}{c^{eq}(\text{弱酸})}$$

$$c^{eq}(H^+) = K_a^\ominus \frac{c^{eq}(\text{弱酸})}{c^{eq}(\text{共轭碱})} \tag{3.17a}$$

由于存在同离子效应，弱酸和弱碱的解离度非常小，平衡浓度可用初始浓度代替，即 $c^{eq}($弱酸$)\approx c($弱酸$)$，$c^{eq}($共轭碱$)\approx c($共轭碱$)$，则

$$c^{eq}(H^+) = K_a^\ominus \frac{c(\text{弱酸})}{c(\text{共轭碱})} \tag{3.17b}$$

于是

$$pH = pK_a^\ominus - \lg \frac{c(\text{弱酸})}{c(\text{共轭碱})} \tag{3.18}$$

例 3.3 计算含有 $0.200\ mol\cdot dm^{-3}$ HAc 与 $0.200\ mol\cdot dm^{-3}$ NaAc 的缓冲溶液的 H^+ 浓度、pH 和 HAc 的解离度。

解 从附录 3 查得 HAc 的 $K_a^\ominus = 1.76\times10^{-5}$，

$c^{eq}(HAc) = c(HAc) - c^{eq}(H^+) \approx c(HAc) = 0.200\ mol\cdot dm^{-3}$

$c^{eq}(Ac^-) = c(Ac^-) + c^{eq}(H^+) \approx c(Ac^-) = 0.200\ mol\cdot dm^{-3}$

根据式（3.17b），有 $c^{eq}(H^+) = K_a^\ominus \dfrac{c(HAc)}{c(Ac^-)}$，即

$$c^{eq}(H^+) = 1.76\times10^{-5}\times\frac{0.200}{0.200} = 1.76\times10^{-5}\ mol\cdot dm^{-3}$$

$$pH = 4.75$$

HAc 的解离度为 $\quad \alpha \approx \dfrac{1.76\times10^{-5}}{0.200}\times100\% = 0.0088\%$

（4）缓冲溶液的应用和选择配制

缓冲溶液在工业、农业、生物学等方面应用很广。例如，要清洗半导体器件硅片表面没有用胶膜保护的部分氧化膜 SiO_2，通常用 HF 和 NH_4F 的混合溶液使 SiO_2 生成 SiF_4 气体

而去除。如果单独用 HF 溶液作腐蚀液，水合 H^+ 浓度较大，而且随着反应的进行水合 H^+ 浓度会发生变化，即 pH 不稳定，会造成腐蚀的不均匀。又如，金属器件进行电镀时的电镀液中，常用缓冲溶液来控制一定的 pH。在制革、染料等工业及化学分析中也需应用缓冲溶液。在土壤中，由于含有 H_2CO_3-$NaHCO_3$ 和 NaH_2PO_4-Na_2HPO_4 及其他有机弱酸及其共轭碱所组成的复杂的缓冲系统，能使土壤维持一定的 pH，从而保证了植物的正常生长。

人体内也有复杂而特殊的缓冲体系来维持各种体液在一定的 pH 范围，以保证生命的正常活动。如人体的血液保持 pH 在 7.35～7.45 的狭小范围内。当血液的 pH 低于 7.3 或高于 7.5 时，就会出现酸中毒或碱中毒现象，严重时甚至危及生命。血液中存在着许多缓冲对，主要有 H_2CO_3-HCO_3^-、$H_2PO_4^-$-HPO_4^{2-}、血浆蛋白-血浆蛋白共轭碱、血红蛋白-血红蛋白共轭碱等。其中以 H_2CO_3-HCO_3^- 在血液中浓度最高，缓冲能力最大，对维持血液正常 pH 起主要作用。当人体新陈代谢过程中产生的酸（如磷酸、硫酸、乳酸等）进入血液时，缓冲对中的抗酸组分 HCO_3^- 便立即与代谢酸中的 H^+ 结合，生成 H_2CO_3 分子。H_2CO_3 被血液带到肺部并以 CO_2 形式排出体外。人们吃的蔬菜和果类中含有柠檬酸的钠盐和钾盐、磷酸氢二钠和碳酸氢钠等碱性物质进入血液时，缓冲对中的抗碱组分 H_2CO_3 解离出来的 H^+ 就与之结合，H^+ 的消耗可不断由 H_2CO_3 的解离来补充，使血液中的 H^+ 浓度保持在一定范围内。

在实际工作中常会遇到缓冲溶液的选择问题。从式(3.18)可以看出：缓冲溶液的 pH 取决于缓冲对中的 $pK_a^{\ominus}$ 值及缓冲对的两种物质浓度的比值。

当缓冲溶液的缓冲比（共轭酸碱的浓度比值）一定时，缓冲液的总浓度越大，缓冲能力越强。当缓冲溶液的总浓度一定时，缓冲比越接近 1∶1，缓冲能力越大。当缓冲比大于 10∶1 或小于 1∶10 时，可以认为缓冲溶液丧失了缓冲作用。通常把缓冲溶液能发挥缓冲作用的 pH 范围称为**缓冲范围**，所以缓冲溶液的缓冲范围为：

$$pH = pK_a^{\ominus} \pm 1$$

因此，在选择配制一定 pH 的缓冲溶液时，应当选用 $pK_a^{\ominus}$ 接近或等于该 pH 的弱酸与其共轭碱来配制缓冲溶液，使此 pH 落在该缓冲体系的缓冲范围内。例如，如果需要 pH＝5 左右的缓冲溶液，选用 HAc-Ac^-（HAc-NaAc）的混合溶液比较适宜，因为 HAc 的 $pK_a^{\ominus}$ 等于 4.75，与所需的 pH 接近。同样，如果需要 pH＝9、pH＝7 左右的缓冲溶液，则可以分别选用 NH_3-NH_4^+（NH_3-NH_4Cl）、$H_2PO_4^-$-HPO_4^{2-}（KH_2PO_4-Na_2HPO_4）的混合溶液。

3.3　难溶电解质的沉淀溶解平衡

电解质按照溶解度的不同分为易溶和难溶两大类。就水溶液而言，习惯上把溶解度小于 0.01 g/100 g H_2O 的物质叫作"难溶物"。任何难溶电解质在水中总是或多或少地溶解。在难溶电解质溶解形成的饱和溶液中，存在着固态电解质（沉淀）与它的溶液中相应离子的平衡，即沉淀溶解平衡。平衡建立在固-液两相之间，所以也叫作多相离子平衡。

3.3.1　溶度积

将难溶电解质 AgCl 放入水中，会有一定数量的 Ag^+ 和 Cl^- 离开晶体表面而溶入水中，这一过程是溶解；同时，已溶解的 Ag^+ 和 Cl^- 又会不断地从溶液中回到晶体的表面而析出，这个过程叫作结晶或沉淀。在一定温度下，当溶解与结晶的速率相等时，达到沉淀溶解平衡，所得溶液就是 AgCl 的**饱和溶液**。

$$AgCl(s) \rightleftharpoons Ag^+(aq) + Cl^-(aq)$$

此反应的平衡常数表达式为

$$K_s^\ominus(AgCl) = [c^{eq}(Ag^+)/c^\ominus][c^{eq}(Cl^-)/c^\ominus]$$

与上节相仿，各物质的浓度单位为 $mol \cdot dm^{-3}$，上式可简化为：

$$K_s^\ominus(AgCl) = c^{eq}(Ag^+)c^{eq}(Cl^-)$$

该式表明：当温度一定时，难溶电解质的饱和溶液中，其离子浓度的乘积为一常数即平衡常数，这个平衡常数 $K_s^\ominus$ 叫作**溶度积常数**，简称**溶度积**。

对于难溶电解质 A_nB_m 可用通式表示为

$$A_nB_m(s) \rightleftharpoons nA^{m+}(aq) + mB^{n-}(aq)$$

溶度积的表达式为

$$K_s^\ominus(A_nB_m) = [c^{eq}(A^{m+})/c^\ominus]^n[c^{eq}(B^{n-})/c^\ominus]^m$$

简化为 $\qquad K_s^\ominus(A_nB_m) = [c^{eq}(A^{m+})]^n[c^{eq}(B^{n-})]^m \qquad (3.19)$

由式(3.19)可见，$K_s^\ominus$ 的大小反映了难溶电解质的溶解能力。与其他平衡常数一样，$K_s^\ominus$ 的数值既可由实验测得，也可以应用热力学数据计算得到。$K_s^\ominus$ 的数值只与难溶电解质的本性和温度有关，与沉淀量和溶液中离子浓度的变化无关。一般来说，温度对 $K_s^\ominus$ 的影响不大，在实际工作中，常用 25 ℃的溶度积，附录 4 列出了一些常见难溶电解质的溶度积数据。

3.3.2 溶度积和溶解度的关系

物质的溶解度也可用在一定温度下，饱和溶液的物质的量浓度来表示，单位为 $mol \cdot dm^{-3}$。溶度积和溶解度都可用来表示难溶电解质的溶解能力，尽管两者是不同的概念，但它们之间通常可以相互换算。对于同一结构类型的难溶电解质，溶度积的大小关系与它们的溶解度大小一致。例如，均属 AB 型的难溶电解质 $AgCl$、$BaSO_4$ 和 $CaCO_3$ 等，在相同温度下，溶度积越大，溶解度也越大。但对于不同类型的难溶电解质，如 $AgCl$ 和 Ag_2CrO_4，需要计算才能比较溶解度大小。

例 3.4 25 ℃时，$AgCl$ 的溶度积为 1.77×10^{-10}。Ag_2CrO_4 的溶度积为 1.12×10^{-12}。试求 $AgCl$ 和 Ag_2CrO_4 的溶解度(以 $mol \cdot dm^{-3}$ 表示)。

解 (1)设 $AgCl$ 的溶解度为 s_1(以 $mol \cdot dm^{-3}$ 为单位)，沉淀溶解平衡式为

$$AgCl(s) \rightleftharpoons Ag^+(aq) + Cl(aq)$$

溶解达饱和时，$c^{eq}(Ag^+) = c^{eq}(Cl^-) = s_1$

则 $\qquad K_s^\ominus(AgCl) = c^{eq}(Ag^+)c^{eq}(Cl^-) = s_1^2$

$$s_1 = \sqrt{K_s^\ominus} = \sqrt{1.77 \times 10^{-10}} = 1.33 \times 10^{-5} \ mol \cdot dm^{-3}$$

(2)设 Ag_2CrO_4 的溶解度为 s_2(以 $mol \cdot dm^{-3}$ 为单位)，根据平衡式

$$Ag_2CrO_4(s) \rightleftharpoons 2Ag^+(aq) + CrO_4^{2-}(aq)$$

$$c^{eq}(Ag^+) = 2s_2, \quad c^{eq}(CrO_4^{2-}) = s_2$$

则 $\qquad K_s^\ominus(Ag_2CrO_4) = [c^{eq}(Ag^+)]^2[c^{eq}(CrO_4^{2-})] = 4s_2^3$

$$s_2 = \sqrt[3]{K_s^\ominus/4} = \sqrt[3]{1.12 \times 10^{-12}/4} = 6.54 \times 10^{-5} \ mol \cdot dm^{-3}$$

计算结果表明，$AgCl$ 的溶度积虽比 Ag_2CrO_4 的要大，但 $AgCl$ 的溶解度(1.33×10^{-5} $mol \cdot dm^{-3}$)却比 Ag_2CrO_4 的溶解度(6.54×10^{-5} $mol \cdot dm^{-3}$)要小。这是因为 $AgCl$ 是 AB 型难溶电解质，Ag_2CrO_4 是 A_2B 型难溶电解质。

3.3.3 溶度积规则及其应用

3.3.3.1 溶度积规则

对一给定难溶电解质来说，在一定条件下沉淀能否生成或溶解，可从反应商(Q)与溶度积的比较来判断。对于 A_nB_m，

$$A_nB_m(s) \rightleftharpoons nA^{m+}(aq) + mB^{n-}(aq)$$

其反应商的表达式为

$$Q = [c(A^{m+})/c^\ominus]^n [c(B^{n-})/c^\ominus]^m \tag{3.20}$$

根据平衡移动的原理，显然有：

$Q = K_s^\ominus$ 饱和溶液，沉淀溶解平衡

$Q > K_s^\ominus$ 过饱和溶液，有沉淀析出

$Q < K_s^\ominus$ 不饱和溶液，无沉淀析出或若有沉淀则沉淀溶解

以上结论称为**溶度积规则**。应用溶度积规则可以判断溶液中沉淀的生成和溶解。

例 3.5 根据溶度积规则判断将 $10\ cm^3$ $0.010\ mol \cdot dm^{-3}$ $CaCl_2$ 溶液与等体积等浓度的 $Na_2C_2O_4$ 溶液混合，是否有沉淀生成？

解 查附录 4 已知 $K_s^\ominus(CaC_2O_4) = 2.32 \times 10^{-9}$。

两种溶液等体积混合后，各物质的浓度比反应前均减小一半，则

$$CaC_2O_4 \rightleftharpoons Ca^{2+}(aq) + C_2O_4^{2-}(aq)$$

平衡浓度/$mol \cdot dm^{-3}$ 　　　　　　　　0.005　　0.005

$$Q = c^{eq}(Ca^{2+})c^{eq}(C_2O_4^{2-}) = 0.005 \times 0.005 = 2.5 \times 10^{-5}$$

$Q > K_s^\ominus$，因此溶液中有沉淀析出。

与其他任何平衡一样，难溶电解质在水溶液中的多相离子平衡也是相对的、有条件的。例如，若在 $CaCO_3(s)$ 饱和水溶液中加入 Na_2CO_3 溶液，由于 CO_3^{2-} 的浓度增大，使 $c(Ca^{2+})c(CO_3^{2-}) > K_s^\ominus(CaCO_3)$，平衡向生成 $CaCO_3$ 沉淀的方向移动，直到溶液中离子浓度的乘积等于溶度积为止。当达到新平衡时，溶液中的 Ca^{2+} 浓度减小了，也就是降低了 $CaCO_3$ 的溶解度。这种因加入含有共同离子的强电解质，而使难溶电解质溶解度降低的现象也称作**同离子效应**。

例 3.6 求在 25 ℃时，$AgCl$ 在 $0.10\ mol \cdot dm^{-3}$ HCl 溶液中的溶解度。已知 $K_s^\ominus(AgCl) = 1.77 \times 10^{-10}$。

解 设 $AgCl$ 溶解度为 $s\ mol \cdot dm^{-3}$，由 $AgCl$ 溶解得到的 $c(Ag^+)$、$c(Cl^-)$ 均为 $s\ mol \cdot dm^{-3}$。则溶液中 Cl^- 的总浓度为 $(s+0.10)mol \cdot dm^{-3}$。

$$AgCl(s) \rightleftharpoons Ag^+(aq) + Cl^-(aq)$$

平衡浓度　　　　　　　　s　　$s+0.10$

上述浓度代入溶度积常数表达式，得 $K_s^\ominus(AgCl) = c^{eq}(Ag^+)c^{eq}(Cl^-) = s(s+0.10)$

由于 s 很小，所以 $s+0.10 \approx 0.10$，所以代入上式可得

$$s = 1.77 \times 10^{-9}\ mol \cdot dm^{-3}$$

此例题计算的 $AgCl$ 溶解度比 $AgCl$ 在纯水中的溶解度(例 3.4)小得多，说明由于同离子效应，使难溶电解质的溶解度大大降低了。

3.3.3.2 沉淀的转化

在盛有黄色 $PbCrO_4$ 沉淀的试管中，加入 Na_2S 溶液，振荡，可以观察到溶液颜色变为

淡黄色,沉淀转变为黑色。这是因为发生了沉淀的转化,$PbCrO_4$ 沉淀转化为黑色的 PbS 沉淀。总反应如下

$$PbCrO_4(s) + S^{2-}(aq) \Longrightarrow PbS(s) + CrO_4^{2-}(aq)$$

锅炉中锅垢的主要成分为 $CaSO_4$,锅垢影响锅炉传热,浪费燃料,还可能引起锅炉或蒸汽管的爆裂,造成事故。但 $CaSO_4$ 不溶于酸,难以除去。用 Na_2CO_3 溶液处理,使 $CaSO_4$ 转化为疏松且可溶于酸的 $CaCO_3$ 沉淀,便于锅垢的清除。沉淀转化的反应为

$$CaSO_4(s) + CO_3^{2-}(aq) \Longrightarrow CaCO_3(s) + SO_4^{2-}(aq)$$

由于 $CaSO_4$ 的溶度积(7.10×10^{-5})大于 $CaCO_3$ 的溶度积(4.96×10^{-9}),加入的 CO_3^{2-} 能与 Ca^{2+} 结合生成更难溶的 $CaCO_3$ 沉淀,从而降低了溶液中 Ca^{2+} 的浓度,破坏了 $CaSO_4$ 的溶解平衡,使 $CaSO_4$ 不断溶解或转化。

沉淀转化的程度可以用转化反应的平衡常数来衡量:

$$K^\ominus = \frac{c^{eq}(SO_4^{2-})}{c^{eq}(CO_3^{2-})} = \frac{c^{eq}(SO_4^{2-})c^{eq}(Ca^{2+})}{c^{eq}(CO_3^{2-})c^{eq}(Ca^{2+})} = \frac{K_s^\ominus(CaSO_4)}{K_s^\ominus(CaCO_3)} = 1.43 \times 10^4$$

此转化反应的平衡常数较大,表明沉淀转化的程度较大。

如要进一步降低 Ca^{2+} 浓度,还可以再用磷酸钠 Na_3PO_4 补充处理,使其生成更难溶的磷酸钙 $Ca_3(PO_4)_2$ 沉淀而除去:

$$3CaCO_3(s) + 2PO_4^{3-} \Longrightarrow Ca_3(PO_4)_2(s) + 3CO_3^{2-}(aq)$$

由一种难溶的电解质转化为更难溶的电解质的过程是很容易实现的;相反,由一种很难溶的电解质转化为不太难溶的电解质就比较困难。但应指出,沉淀的生成或转化除与溶解度或溶度积有关外,还与离子浓度有关。因此,当涉及两种溶解度或溶度积相差不大的难溶物质的转化,尤其有关离子的浓度有较大差别时,必须进行具体分析或计算,才能明确反应进行的方向。

3.3.3.3 沉淀的溶解

根据溶度积规则,只要设法降低难溶电解质溶液中有关离子的浓度,使平衡向右移动,就有可能使难溶电解质溶解。沉淀中加入溶剂或更换其他溶剂,或改变温度都可以促使沉淀溶解。此外,一些化学反应的发生也可促使沉淀溶解,常用的化学反应类别有下列几种。

(1)利用酸碱反应

例如向 $CaCO_3$ 中加入稀盐酸,能使 $CaCO_3$ 溶解。这是因为 CO_3^{2-}(碱)能与强酸结合生成弱电解质 H_2CO_3,进一步生成 CO_2 气体。利用酸碱反应使 CO_3^{2-} 的浓度不断降低,难溶电解质 $CaCO_3$ 的多相离子平衡发生移动,因而使沉淀溶解。

$$CaCO_3(s) + 2H^+(aq) \Longrightarrow Ca^{2+}(aq) + CO_2(g) + H_2O(l)$$

部分不太活泼金属的硫化物如 FeS、ZnS 等也可用稀酸溶解。例如:

$$FeS(s) + 2H^+(aq) \Longrightarrow Fe^{2+}(aq) + H_2S(g)$$

(2)利用氧化还原反应

某些金属硫化物如 Ag_2S、CuS、PbS 等,它们的溶度积太小,不能像 FeS 那样溶解于非氧化性酸中,但可以加入氧化性酸使之溶解。

例如,在 CuS 中加入硝酸,由于发生氧化还原反应,将 S^{2-} 氧化成单质 S,有效降低了 S^{2-} 浓度,使 $c(Cu^{2+})c(S^{2-}) < K_s^\ominus$,而使 CuS 溶解。此反应方程式如下:

$$3CuS(s) + 8HNO_3(稀) \Longrightarrow 3Cu(NO_3)_2 + 3S(s) + 2NO(g) + 4H_2O(l)$$

（3）利用配位反应

难溶电解质可与某些试剂形成配离子而溶解（配位化合物将在 3.4 节中讨论）。例如，$AgCl$ 既不溶于稀盐酸也不溶于硝酸，却可以溶于浓氨水，这是因为 Ag^+ 与 NH_3 生成了配离子 $[Ag(NH_3)_2]^+$ 而使 Ag^+ 浓度降低，反应式如下：

$$AgCl(s) + 2NH_3(aq) = [Ag(NH_3)_2]^+ + Cl^-(aq)$$

相片底片上未曝光的 $AgBr$ 不能溶于氨水，这涉及沉淀溶解平衡和配位平衡的多重平衡问题。但是 $AgBr$ 可用 $Na_2S_2O_3$ 溶液（$Na_2S_2O_3 \cdot 5H_2O$ 俗称海波）溶解，反应式如下：

$$AgBr(s) + 2S_2O_3^{2-}(aq) = [Ag(S_2O_3)_2]^{3-} + Br^-(aq)$$

3.4　配位化合物和配位平衡

配位化合物简称配合物，也称络合物，是一类组成较复杂，但存在和应用相当广泛的化合物，是近代无机化学的重要研究对象。

3.4.1　配位化合物的组成和命名

3.4.1.1　配位化合物的组成

配合物由中心离子（或原子）和配体组成。**中心离子**通常是过渡金属离子，可以给配体提供空的原子轨道；在中心离子周围与之配位的中性分子、离子称为**配体**。中心离子（或原子）与配体构成配离子，如 $[Cu(NH_3)_4]^{2+}$、$[Ag(NH_3)_2]^+$、$[Fe(SCN)_6]^{3-}$，或中性配位分子，如 $Ni(CO)_4$、$Fe(CO)_5$、$[Co(NH_3)_3Cl_3]$。

配合物可划分为**内界**和**外界**。配离子为内界，这一部分书写时通常放在方括号内，而带有与配离子异号电荷的离子称为外界（见图 3.7）。中性配位分子无外界。配离子和外界离子以静电引力结合，形成离子键，在水溶液中，配合物全部解离为内界和外界。

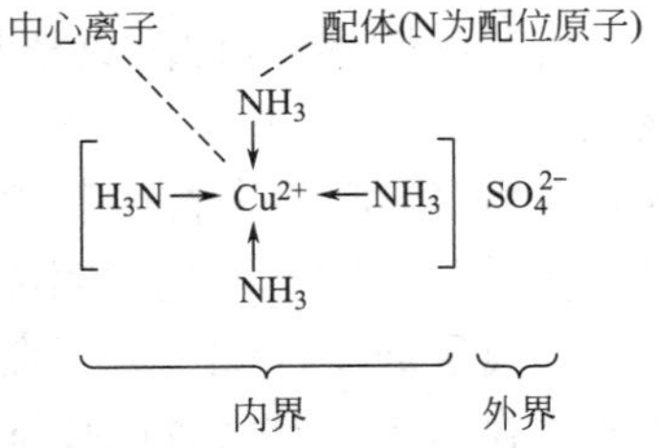

在配体中，与中心离子直接结合（作用力称为配位键）的原子称为**配位原子**。配位原子必须能够提供孤对电子（概念见 5.2.2 节的杂化轨道理论），通常是配体中的 O、N、S 和卤素原子等作配位原子。例如，$[Cu(NH_3)_4]^{2+}$ 中氨分子是配体，其中的 N 原子直接和中心离子结合，是配位原子；$[NiCl_2(H_2O)_4]$ 中，水分子与氯离子都是配体，O 原子和 Cl 原子能提供孤对电子，所以都是配位原子。

与中心离子（或原子）结合的配位原子总数称为**配位数**。配合物的配位数一般为 2、4、6、8 等，最常见的为 4 和 6。影响配位数的因素比较多，但在一定的外界条件下，有些中心离子会有一个特征配位数。例如，Ag^+ 的特征配位数是 2；Cu^{2+}、Zn^{2+} 的特征配位数是 4；Cr^{3+} 的特征配位数是 6。

若一个配体只能提供一个配位原子，称为**单齿配体**。常见的单齿配体如 NH_3、H_2O、F^-、SCN^-（硫氰酸根）、OH^-（羟基）、CN^-（氰基）、CO（羰基）、$S_2O_3^{2-}$（硫代硫酸根）等。

若一个配体提供两个及以上配位原子的叫作**多齿配体**，如草酸根（$^-OOCCOO^-$，简写为 ox）、乙二胺（简写为 en）、乙二胺四乙酸（简写为 EDTA 或 H_4Y）等。一个多齿配体中 2 个及以上的配位原子同时与一个中心离子作用形成的配合物称为**螯合物**，这种配体也称为**螯合剂**。

多齿配体与金属离子结合时往往形成环状结构。例如，乙二胺分子中有两个能配位的 N

图右侧：

中心离子　　　　　配体（N为配位原子）

$$\left[\begin{array}{c} NH_3 \\ H_3N \to Cu^{2+} \leftarrow NH_3 \\ NH_3 \end{array} \right] SO_4^{2-}$$

内界　　外界

图 3.7　配位化合物 $[Cu(NH_3)_4]SO_4$ 的组成

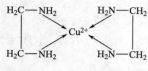

图 3.8　乙二胺与铜离子
形成的螯合物

原子，2 个乙二胺与 Cu^{2+} 形成 2 个五元环，结构如图 3.8 所示。这种具有环状，特别是五元环或六元环的螯合物相当稳定。乙二胺四乙酸（EDTA 或 H_4Y）是分析化学领域应用广泛的一种螯合剂，它具有 4 个可置换的氢离子和 6 个配位原子（2 个氨基氮原子和 4 个羧基氧原子），能与大多数金属离子形成具有五元环的、稳定的、组成比为 1∶1 的螯合物。Ca^{2+}-EDTA 螯合物的立体结构示于图 3.9。不仅分析化学中采用 EDTA 作螯合剂，在工业上也用 EDTA 来软化硬水。EDTA 与水中 Ca^{2+}、Mg^{2+} 结合，可使 Ca^{2+}、Mg^{2+} 浓度降低到 $10^{-7} \sim 10^{-6}$ mol·dm^{-3}，而避免结成锅炉水垢。

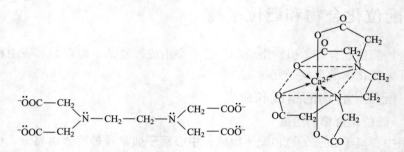

图 3.9　EDTA 酸根离子式和 $[CaY]^{2-}$ 螯合物的立体构型

3.4.1.2　配位化合物的命名

配位化合物的命名方法遵从无机化学命名原则。命名时阴离子名称在前、阳离子名称在后。若与配阳离子（即配离子是正离子）结合的负离子是简单酸根如 Cl^-、S^{2-} 或 OH^-，则该配合物叫作"某化某"；若与配阳离子结合的负离子是复杂酸根如 SO_4^{2-}、CH_3COO^- 等，则叫作"某酸某"；若配合物含有配阴离子（即配离子是负离子），则在配阴离子后加"酸"字，也叫作"某酸某"，即把配阴离子也看成一个复杂酸根离子。

配离子或中性配位分子命名时，配体名称列在中心离子（或中心原子）之前，用"合"字将二者联在一起。在每种配体前用二、三、四等数字表示配体的数目（配体仅一个的"一"字常被省略），对于较复杂的配体，则将配体均写在括号中，以避免混淆。在中心离子之后用带括号的罗马数字（Ⅰ）、（Ⅱ）等表示中心离子的氧化值。例如：

$[Cu(NH_3)_4]SO_4$	硫酸四氨合铜（Ⅱ）
$[Ag(NH_3)_2]Cl$	氯化二氨合银（Ⅰ）
$[Cu(en)_2]SO_4$	硫酸二（乙二胺）合铜（Ⅱ）
$H[AuCl_4]$	四氯合金（Ⅲ）酸
$K_3[Fe(CN)_6]$	六氰合铁（Ⅲ）酸钾
$Ni(CO)_4$	四羰合镍

内界含两种或两种以上配体命名时，不同配体名称之间以中圆点分开，配体列出的顺序按如下规定：无机配体排在前，有机配体排在后；在同是无机配体或同是有机配体中，先阴离子而后中性分子；同类配体的名称，按配位原子元素符号的英文字母顺序排列，如：

$[CoCl(NH_3)_3(H_2O)_2]Cl_2$	二氯化一氯·三氨·二水合钴（Ⅲ）
$K[Co(NO_2)_4(NH_3)_2]$	四硝基·二氨合钴（Ⅲ）酸钾

3.4.2　配位平衡及其平衡常数

配离子和外界离子以离子键结合，与强电解质相同，在水中完全解离。例如：

$$[Cu(NH_3)_4]SO_4 \longrightarrow [Cu(NH_3)_4]^{2+} + SO_4^{2-}$$

解离出来的$[Cu(NH_3)_4]^{2+}$在水溶液中只有很小部分解离成Cu^{2+}和NH_3分子。这可以通过实验证明：往溶液中加入 NaOH 后没有蓝色 $Cu(OH)_2$ 沉淀析出，但若加入少量 Na_2S，则会有黑色的 CuS 沉淀析出，因为 $K_s^\ominus(CuS) \ll K_s^\ominus[Cu(OH)_2]$，这说明 $[Cu(NH_3)_4]^{2+}$ 解离出了 Cu^{2+}，但是量很少，使 Cu^{2+} 浓度满足生成很难溶的 CuS 沉淀，但不足以生成 $Cu(OH)_2$ 沉淀。也就是说溶液中存在下列平衡：

$$[Cu(NH_3)_4]^{2+} \rightleftharpoons Cu^{2+} + 4NH_3$$

配位平衡与其他化学平衡一样，有其相应的平衡常数。上述配位平衡反应的平衡常数表达式为：

$$K^\ominus = \frac{[c^{eq}(Cu^{2+})/c^\ominus][c^{eq}(NH_3)/c^\ominus]^4}{[c^{eq}[Cu(NH_3)_4]^{2+}/c^\ominus]}$$

式中，$K^\ominus$表示了配离子的解离程度，因此称为配离子的不稳定常数。其倒数为配离子的**稳定常数**，用 $K_f^\ominus$ 表示，其对应的反应式如下：

$$Cu^{2+} + 4NH_3 \rightleftharpoons [Cu(NH_3)_4]^{2+}$$

$$K_f^\ominus = \frac{[c^{eq}[Cu(NH_3)_4]^{2+}/c^\ominus]}{[c^{eq}(Cu^{2+})/c^\ominus][c^{eq}(NH_3)/c^\ominus]^4}$$

附录 5 列出了一些常见配离子的 $K_f^\ominus$。配离子的稳定常数表征了配离子的稳定性，值越大，配离子越稳定，在水溶液中越难以解离。

这里需要说明的是，实际上配离子的解离过程与多元酸解离过程相似，是分步进行的。反过来，配位过程也分多步进行。每一步都对应相应的平衡常数称为逐级稳定常数，上述的 $K_f^\ominus$ 等于该配离子的逐级稳定常数的乘积。

例 3.7　在 25 ℃时，将 10.0 mL 0.20 mol·dm^{-3}的 $AgNO_3$ 溶液与 10.0 mL 1.00 mol·dm^{-3}的氨水混合，计算溶液中 Ag^+ 的浓度。

解　查附录 5 得到 $K_f^\ominus = 1.12 \times 10^7$，两种溶液混合后反应进行较完全，溶液中存在过量氨水，Ag^+ 可认为定量转变成配离子，设平衡时 Ag^+ 为 x mol·dm^{-3}，则有

	Ag^+	$+$	$2NH_3$	$\rightleftharpoons$	$[Ag(NH_3)_2]^+$
起始浓度/mol·dm^{-3}	0.10		0.50		0
平衡浓度/mol·dm^{-3}	x		$0.50-2\times0.10$		≈ 0.10

代入平衡常数表达式，得

$$1.12 \times 10^7 = \frac{0.10}{x \times 0.30^2}$$

$$x = 9.92 \times 10^{-8} \text{ mol·dm}^{-3}$$

配位平衡同酸碱平衡、沉淀溶解平衡一样，当平衡条件改变时，平衡会被破坏而发生移动。当向溶液中加入其他试剂（如酸、碱、沉淀剂、氧化还原剂或其他配位剂）时，由于这些试剂与金属离子或配体可能发生各种化学反应，将导致配位平衡移动，这一过程所涉及的就是配位平衡与其他各种化学平衡相互联系的多重平衡。

例如，在含$[Ag(NH_3)_2]^+$配离子的溶液中加入少量酸，平衡会向$[Ag(NH_3)_2]^+$解离

的方向移动。

$$[Ag(NH_3)_2]^+ \rightleftharpoons Ag^+ + 2NH_3$$
$$+$$
$$2H^+$$
$$\Downarrow$$
$$2NH_4^+$$

配体的碱性越强，溶液的 pH 值越小，配离子越容易破坏。

在配离子溶液中，加入适当的沉淀剂，金属离子生成沉淀使配位平衡发生移动。例如，

$$[Ag(NH_3)_2]^+ \rightleftharpoons Ag^+ + 2NH_3$$
$$+$$
$$I^-$$
$$\Downarrow$$
$$AgI$$

另外，与沉淀的转化相似，配离子间的转化反应容易向生成更稳定配离子的方向进行。两者配离子的稳定常数相差越大，转化就越完全。例如，$[Ag(S_2O_3)_2]^{3-}$ 稳定常数(2.89×10^{13})$\gg [Ag(NH_3)_2]^+$ 的稳定常数 1.12×10^7，下列转化反应易发生。

$$[Ag(NH_3)_2]^+ + 2S_2O_3^{2-} \rightleftharpoons [Ag(S_2O_3)_2]^{3-} + 2NH_3$$

3.4.3 配位化合物的应用

配合物种类繁多，它们在科学研究和生产实践中显示出越来越重要的作用，下面从几个方面对配合物的应用做简要介绍。

3.4.3.1 生物体内的配合物

生物体内的微量金属离子常以配合物形式存在，对生命过程起着重要的作用。在已知的 1000 多种生物酶中，约有 1/3 是 Fe^{2+}、Zn^{2+}、Mg^{2+}、Cu^{2+}、Ca^{2+} 等金属配合物。

例如，人体内输送 O_2 的血红素是 Fe^{2+} 的配合物。血红素分子中，配体卟啉的 4 个 N 原子和 Fe^{2+} 配位形成具有平面结构的螯合物，如图 3.10。血红素是血红蛋白分子中的辅基，血红素与蛋白质结合，形成血红蛋白。血红蛋白通过肺部获取氧分子形成氧合血红蛋白，当血液流到身体的其他部分，氧合血红蛋白释放出氧又变成原先的血红蛋白。

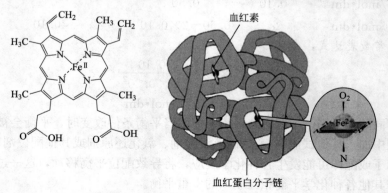

图 3.10 血红素和血红蛋白的结构图

在血红蛋白中，血红素中的 Fe^{2+} 除了与卟啉配位以外，还与血红蛋白中组氨酸上的咪唑配位，形成四方锥的空间结构，使得 Fe^{2+} 偏向咪唑而偏离卟啉环平面。另一个组氨酸因离 Fe^{2+} 较远不能配位，所以 6 配位原子处留着一个较大的空间。当血液中的 O_2、CO_2 分子扩散到这里时，这些分子中的氧原子能够和 Fe^{2+} 配位形成八面体构型的配合物，随着血液流动而在器官间输运。

又如，植物中的叶绿素是含 Mg^{2+} 的配合物（图 3.11）。人体需要的维生素 B_{12} 辅酶是钴的配合物。固氮菌借助于固氮酶将空气中的 N_2 固定并还原为 NH_4^+，固氮酶则是一种铁-钼蛋白。

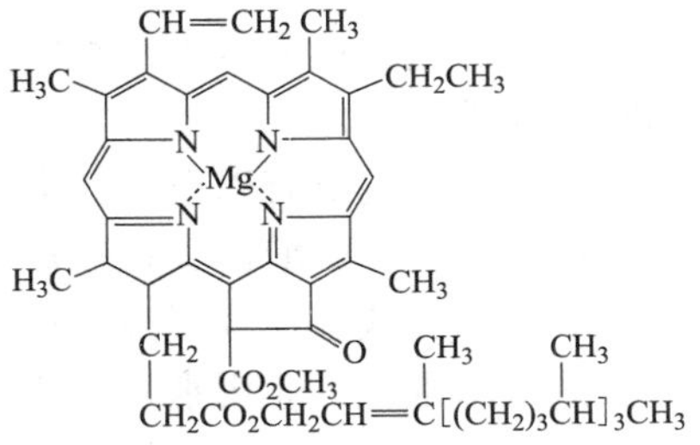

图 3.11　叶绿素分子结构

3.4.3.2　医药中的配合物

在医学上，常利用配位反应治疗人体中某些元素的中毒。例如，EDTA 钠盐用作铅中毒的解毒剂，使 EDTA 与 Pb^{2+} 形成水溶性的配合物 $[Pb-EDTA]^{2-}$，随尿液排出体外，从而达到解铅毒的目的。此外，许多药物本身就是配合物。例如，治疗血吸虫病的酒石酸锑钾，治疗糖尿病的胰岛素（含 Zn 的配合物），第三代抗癌药物二卤茂金属（如二氯茂铁）等。

3.4.3.3　配位催化

配位催化（利用配位反应而产生催化作用）在有机合成、合成橡胶、合成树脂及地质科学、金属的防锈、环境保护等方面都有重要应用。例如合成聚乙烯、聚丙烯的 Ziegler-Natta（齐格勒-纳塔）催化剂，其催化机理就涉及烯烃与三价、四价钛之间的配位（π 电子配位）。

将乙烯（$CH_2\!=\!CH_2$）和空气通入 $PdCl_2$-$CuCl_2$-HCl 的水溶液，在约 100 ℃和 0.4 MPa 条件下，乙烯几乎全部被氧化成乙醛（CH_3CHO）。化学家研究了该反应的催化过程，得知有多种配合物形成和转化，如 $Pd(CH_2\!=\!CH_2)(H_2O)Cl_2$、$[Pd(C_2H_5OH)(H_2O)Cl_2]^-$ 等。总的化学反应式为

$$C_2H_4 + 1/2O_2 \longrightarrow CH_3CHO$$

3.4.3.4　金属的分离

在提取、分离和制备无机材料中，配合物也发挥了重要作用。例如，从砂矿中提取金（Au）一般应用了下列两个重要的配合反应：

$$4Au + 8CN^- + 2H_2O + O_2 \rightleftharpoons 4[Au(CN)_2]^- + 4OH^-$$

$$Zn + 2[Au(CN)_2]^- \rightleftharpoons 2Au + [Zn(CN)_4]^{2-}$$

稀有金属在性质上十分相似，在自然界中常共生在一起不易分离，但可以用配合剂与它们形成配合物，再利用配合物的溶解度差异进行分离。例如分离元素铌（Nb）和钽（Ta），可通过形成配合物 K_2TaF_7 和 K_2NbF_7 进行分离，因 K_2NbF_7 较易水解形成溶解度较大的 K_2NbOF_5，而 K_2TaF_7 不易水解且溶解度较小。

3.4.3.5　电镀工业

在电镀工业中用金属的配合物溶液作电镀液，这样可以控制溶液中被镀金属的离子处于较小而稳定的浓度，以保证获得均匀、致密、牢固和光亮的镀层。例如，镀铜工艺中采用配位剂焦磷酸钾（$K_4P_2O_7$），使之形成 $[Cu(P_2O_7)_2]^{6-}$ 配离子，此配离子比较稳定，稳定常数 $K_f^{\ominus}=10^9$，因此溶液中游离的 Cu^{2+} 的浓度很低，可减慢晶体在镀件上的析出速率。若溶液中 Cu^{2+} 在电镀中被消耗掉，配离子 $[Cu(P_2O_7)_2]^{6-}$ 会因平衡移动而解离，Cu^{2+} 浓度维持在

相对稳定的值，不会迅速降低。这样，可以较好地控制 Cu 的析出速率，从而有利于得到较均匀、光滑且附着力好的镀层。

3.5 水的净化与废水处理

动物、植物及各种微生物的生存和繁殖都离不开水。然而，随着人类社会发展和工业技术的应用，大量工业和城市污水的排放，化肥、洗涤剂的使用等，使自然界的水资源受到很大的污染和破坏。

水体污染物主要有以下几种类型：①需氧废物：各种动植物；②致病微生物：细菌和病毒；③植物养料：硝酸盐、磷酸盐和肥料；④有机物：杀虫剂、洗涤剂等；⑤其他矿物及无机物：酸、碱、盐、重金属离子；⑥其他类型：石油泄漏、放射性物质。

生活饮用水、工业用水、渔业用水、农业灌溉用水等都是有特定用途的水资源。人们对这些水中污染物或其他物质的最大容许浓度作出规定，称为水质标准。表 3.6 列出我国生活饮用水的水质标准。

表 3.6 我国生活饮用水的水质标准

分类	序号	名称	标准
感官性状指标	1	色	色度不超过 15 度，并不得呈现其他异色
	2	浑浊度	不超过 5 度
	3	臭和味	不得有异臭、异味
	4	肉眼可见物	不得含有
化学指标	5	pH	6.5～8.5
	6	总硬度	不超过 250 mg·L^{-1}
	7	铁	不超过 0.3 mg·L^{-1}
	8	锰	不超过 0.1 mg·L^{-1}
	9	铜	不超过 1.0 mg·L^{-1}
	10	锌	不超过 1.0 mg·L^{-1}
	11	挥发酚类	不超过 0.002 mg·L^{-1}
	12	阴离子合成洗涤剂	不超过 0.3 mg·L^{-1}
毒理学指标	13	氟化物	不超过 1.0 mg·L^{-1}
	14	氰化物	不超过 0.05 mg·L^{-1}
	15	砷	不超过 0.01 mg·L^{-1}
	16	硒	不超过 0.01 mg·L^{-1}
	17	汞	不超过 0.001 mg·L^{-1}
	18	镉	不超过 0.005 mg·L^{-1}
	19	铬（六价）	不超过 0.05 mg·L^{-1}
	20	铅	不超过 0.01 mg·L^{-1}
细菌学指标	21	细菌总数	1mL 水中不超过 100 个
	22	大肠菌群	1L 水中不超过 3 个
	23	游离性余氯	在接触 30min 反应不低于 0.3 mg·L^{-1}。集中式给水除出厂水应符合上述要求外，管网末梢不低于 0.05 mg·L^{-1}

水质指标

生活饮用水应尽量采用少受污染的水源(如地表水或地下水),经粗滤、混凝、消毒等步骤处理后,可达饮用标准;若需要进一步提高水的纯度,可再用离子交换、电渗析或蒸馏等方法处理,从而制得纯净水。

对于要返回到环境中的工业废水和生活污水也应加以处理,使其达到国家规定的排放标准,再行排放。废水处理分为三个级别:一级处理主要采用物理处理法,物理法是指通过物理作用分离,如筛滤、沉降、浮选等去除污水中不溶解的污染物;二级处理主要采用化学法和生物化学方法,生物化学法即主要通过微生物的代谢作用,将污水中各种复杂的有机化合物氧化降解为简单的物质;三级处理是用化学反应法、离子交换法、反渗透法、臭氧氧化法或活性炭吸附法等除去磷、氮、盐类和难降解有机化合物,以及用氯化法消毒等一种或几种方法组成的污水处理工艺。常见的化学处理方法有絮凝、中和、氧化还原法等。

(1)絮凝法

废水中若悬浮着一些难以自然沉淀的细小颗粒和胶体,可往废水中加入絮凝剂,使小颗粒和胶体发生聚集沉降,再通过物理分离除去。铝盐和铁盐是最常用的絮凝剂。以铝盐为例,铝盐与水反应可生成 $Al(OH)_3$ 等,它们可从三个方面发挥絮凝作用:①中和胶体杂质的电荷;②在胶体杂质微粒之间起黏结作用;③自身形成氢氧化物的絮状体,在沉淀时对水中胶体杂质起吸附卷带作用。

影响絮凝过程的因素有 pH、温度、搅拌强度等,其中以 pH 最为重要。采用铝盐作为絮凝剂时,pH 应控制在 6.0~8.5 范围内。采用铁盐时,pH 控制在 8.1~9.6 时效果最佳。无机高分子絮凝剂如聚氯化铝$[Al_2(OH)_nCl_{6-n}\cdot xH_2O]_m$ 比铝盐的净水效果好,得到普遍采用。除了无机絮凝剂,还常用一些新型的有机高分子絮凝剂,如聚丙烯酰胺(俗称 3 号絮凝剂)能强烈且快速地吸附水中胶体颗粒及悬浮物颗粒形成絮状物,大大加快了凝聚速率。

在实际操作中,有时使用复合配方的絮凝剂,净化效果更为理想。例如,投加铁盐和聚丙烯酰胺的复合配方处理皮毛工业废水,要比单一药剂的效果更好。

(2)中和法

含酸或碱的废水是两种重要的工业废液。酸含量超过 3%~5%或碱含量超过 1%~3%叫高浓度废水,应当采用适当的方法回收其中的酸和碱。低浓度的废水回收价值不大,可采用中和法处理后排放。中和酸性废水常用的是石灰石或石灰,中和碱性废水则可以采用废硫酸或通 CO_2 气体。

$$2H^+ + CaCO_3 \longrightarrow H_2O + CO_2 + Ca^{2+}$$

$$2OH^- + CO_2 \longrightarrow H_2O + CO_3^{2-}$$

(3)氧化还原法

利用氧化还原反应将水中有毒物转变成无毒物、难溶物或易于除去的物质是水处理工艺中较重要的方法之一。

例如,水处理中常用曝气法(即向水中不断鼓入空气),使其中的 Fe^{2+} 氧化,并生成溶度积很小的 $Fe(OH)_3$ 沉淀而除去。

通过氧化处理,可以使废水中的有机物和无机物分解,从而降低废水的生化需氧量(BOD)和化学需氧量(COD),也可以使水中的有毒物质无毒化。常用的氧化剂有 O_3、O_2、Cl_2、$KMnO_4$ 等。例如,通过氧化,可以将剧毒的 CN^- 转化为 CO_2 和 N_2:

$$CN^- + Cl_2 + 2OH^- \longrightarrow OCN^- + 2Cl^- + H_2O$$

$$OCN^- + Cl_2 + 2OH^- \longrightarrow CO_2 + \frac{1}{2}N_2 + 2Cl^- + H_2O$$

（4）沉淀法

对于有毒有害的金属离子可加入沉淀剂与其反应，使生成氢氧化物、碳酸盐或硫化物等难溶物质而除去，常用的沉淀剂有 CaO、Na_2CO_3、Na_2S 等。

如含 Hg^{2+} 的废水中加入 Na_2S，可使 Hg^{2+} 转变成 HgS 沉淀而除去。用 FeS 处理含 Hg^{2+} 的废水，发生以下反应：

$$FeS(s) + Hg^{2+}(aq) \longrightarrow HgS(s) + Fe^{2+}(aq)$$

近年来，在沉淀法的基础上发展了吸附胶体浮选处理含重金属离子废水的新技术。该法利用胶体物质[如 $Fe(OH)_3$ 胶体]作为载体，可使重金属离子(如 Hg^{2+}、Cd^{2+}、Pb^{2+} 等)吸附在载体上，然后加表面活性剂(或称为捕收剂，如十二烷基磷酸钠与正己醇以 1：3 比例的混合物)，使载体疏水，则重金属离子会附着于预先在加压下溶解的空气所产生的气泡表面上，浮至液面而除去。

（5）其他方法

其他方法还有电解法、吸附法、离子交换法等。

电解法指利用电解原理使废水中的有害物质发生氧化还原反应转化为无害物质，以实现净化的方法。它是氧化还原、分解、絮凝聚沉等综合在一起的处理方法，适用于含油、酚、重金属离子等的废水处理。

离子交换法在硬水软化和含重金属离子的污水处理方面得到广泛应用。其原理是利用离子交换树脂与水中杂质离子进行离子交换反应，将杂质离子交换到树脂上，达到纯化水的目的。离子交换树脂是不溶于水的合成高分子化合物，有阳离子交换树脂和阴离子交换树脂。它们均由树脂母体(有机高聚物)及活性基团(能起交换作用的基团)两部分组成。阳离子交换树脂含有的活性基团如磺酸基($-SO_3H$)能以 H^+ 与溶液中的金属离子或其他正离子发生交换；阴离子交换树脂含有的活性基团如季铵基[$-N(CH_3)_3OH$]能以 OH^- 与溶液中的负离子发生交换。

选读材料

1. 科学家故事

石油化工催化剂专家——闵恩泽

闵恩泽是中国科学院院士、中国工程院院士、第三世界科学院院士、英国皇家化学会会士，中国炼油催化应用科学的奠基者，石油化工技术自主创新的先行者，绿色化学的开拓者，被誉为"中国催化剂之父"，2007 年获国家最高科学技术奖。

闵恩泽(1924.2.8—2016.3.7)，四川成都人，1946 年原国立中央大学化工系毕业，后留学美国，1955 获得化学博士学位。他谢绝了美国朋友的挽留偕夫人返回祖国，到石油化工研究院供职。此时正值中苏关系恶化，苏联终止了对我国炼油催化剂的供应，直接威胁到我国航空汽油的生产，形势十分严峻。石油化工研究院将此紧急任务交付给闵恩泽来担当。闵恩泽临危受命，毫无异议地接受了任务。他的人生理念和座右铭是："国家需要什么，我就做什么"。一头扎进他本来不熟悉的催化剂行当。经过艰苦钻研，几年后，终于成功研制出微球硅铝裂化催化剂等多种催化剂，解决了新中国在石油炼制方面的燃眉之急，填补了国内空白。20 世纪 70 年代，他又成功地开发出镍钼磷加氢催化剂、一氧化碳助燃剂、半合成沸石裂化催化剂，使我国的炼油催化剂更新换代，达到国际先进水平。80 年代以后，年过半百的闵恩泽又别开蹊径，转向难度更大的原始创新。经过二十多年的不懈努力，先后指导研究出非晶态合金、新型择形分子筛等新催化材料，开发成功磁稳定床、悬浮催化蒸馏等新反应工程，达到国际领先水平。90 年代后期，中国石化耗资 60 亿元先后引入两套以苯和甲苯为原料的己内酰胺装置，到 2000 年时，这两套装置年亏损近 4 亿元。闵恩泽再一次临危受命，转战化纤领域。他领衔组织全国有关单位和人才联合攻关，指导开发成功"钛硅分子筛环己酮肟化""己内酰胺加氢精制""喷气燃料临氢脱硫醇"等绿色新工艺，仅花了 7 亿元就把引进装置的生产能力提高了 3 倍，从源头上消除了环境污染，使企业迅速扭亏为盈，开启了我国的绿色化工时代。进入 21 世纪，能源危机日显，年近八旬的闵恩泽又把目光转向可再生物质能源的开发，指导开发出"近临界醇解"生物柴油清洁生产新工艺，使我国在这一领域后来居上。

在工作中，闵恩泽强调发挥集体智慧，他常常引用电视连续剧《西游记》的主题歌词："你挑着担，我牵着马……"，闵恩泽说："这就是各尽所能，团结合作。孙悟空本事再大，也会有解决不了的困难，需要找土地神来了解当地情况，有困难要向观世音菩萨和如来佛祖求救。我有了困难还不是要向同事们求教和请求领导帮忙吗？"

然而这位笑声朗朗的白发老人，却是一位久经病魔战场的重伤号。不到 40 岁时，他就动过一次大手术，两片肺叶被切除，一根肋骨被抽除；进入晚年，他被高血压、胆结石、胰腺炎等老年病折磨着，而他面对交谈者时，却是那么爽朗和乐观。闵恩泽确实是一位大家，与他打过交道的人，无不被他的人格魅力所吸引和折服。

闵恩泽院士在获得国家大奖后，同事们问他还要做什么事，他念念不忘今后还要做的两件事：一是把自己 50 多年来自主创新的案例写下来，因为这些事例生动真实，容易理解，可以对后人有帮助，让他们知道创新的路径。另一桩事情就是要继续利用生物质资源生产车用燃料，并在有机化工产品方面再立新功。闵恩泽院士说："能把自己的一生与人民的需要结合起来，为国家的建设作贡献，是我最大的幸福"。

阿伦尼乌斯

阿伦尼乌斯(1859—1927)，瑞典物理化学家，是电离理论的创立者，该理论解释溶液中的元素是如何被电解分离的。1903 年因建立电离学说获得诺贝尔化学奖，被称为物理化学"三剑客"之一。

19 世纪后期，物理学科和化学学科的交叉融合，已经冲破了原来分工的界限。19 世纪 80 年代，阿伦尼乌斯大胆地提出了溶液电离理论，认为盐(如氯化钠 $NaCl$)溶于水后自发地分解为带正电的正离子和带负电的负离子。这个想法在当时是很难接受的。因为近代化学起源于拉瓦锡提出的元素说和道尔顿提出的原子论，即认为物质可分成分子，分子可分成原子，把原子理解成是一个没有内容和结构的圆球几乎经历了半个多世纪，所以阿伦尼乌斯的这个提法是极为大胆和创新的。但这个想法不是凭空而来的，阿伦尼乌斯除了自己从事研究电解质溶液积累的许多成果，同时也受到物理学家法拉第发现的电解定律的启发。法拉第在 1832 年就提出盐能在水中导电，必然存在着带电的粒子即电解质，并提出"离子"的概念。

阿伦尼乌斯的另一重要贡献是研究了温度对化学反应速率的影响，提出了著名的阿伦尼乌斯公式；还提出了等氢离子现象理论、分子活化理论和盐的水解理论；另外，他对宇宙化学、天体物理学和生物化学等也有研究。研究过引起动物和人体中毒的各种毒素的结构以及毒素与抗毒素相互作用的机理。而研究物理化学在生命过程中的应用使他成为现代分子生物学先驱者之一。他曾预言太阳最重要的能源来自原子的合成反应(即现在的聚变反应）。

2. 科技进展论坛

纳米材料

纳米材料是指三维空间尺度至少有一维处于纳米量级（1～100 nm）的材料，它是由尺寸介于原子、分子和宏观体系之间的纳米粒子所组成的新一代材料。纳米粒子具有小尺寸效应、表面与界面效应和量子尺寸效应。因此，当粒子的尺寸减小到纳米量级，将导致声、光、电、磁、热性能呈现新的特性。

小尺寸效应。 纳米粒子是由有限分子、原子结合而形成的集合体，尺寸介于原子、分子和宏观物体之间。因此其性质既可以不同于宏观物体，也可能区别于原子和分子。例如，当纳米材料的尺寸与光波波长、传导电子的德布罗意波波长等相当甚至更小时，一般晶体材料赖以成立的周期性边界条件将难以满足，声、光、热、电、磁等性质会出现变化。例如，金的熔点是 1063 ℃，而纳米金只有 330 ℃；纳米铁的抗断裂应力比普通铁高 12 倍，硬度高100～1000 倍。

表面与界面效应。 纳米颗粒的比表面积巨大，更重要的是位于颗粒表面的原子占原子数的份额很大，由于表面原子化学键不饱和，表面过剩自由能很大，纳米粒子处于热力学不稳定状态，加上纳米颗粒表面存在许多缺陷，具有很高的活性，特别容易吸附其他原子或与其他原子发生化学反应。因此，由纳米颗粒聚集形成的材料性能发生变化。例如，常见的陶瓷器皿又硬又脆，一摔就碎，这是因为烧制陶瓷的泥土颗粒比较大；如果把泥土的颗粒缩小到纳米尺度，得到的陶瓷可以像弹簧一样具有韧性。

量子尺寸效应。 随着粒子尺寸的减小，其中所包含的原子数目也相应减少，对于小到一定尺寸的纳米颗粒，由于所含电子数很少，可以形成分立的能级。若分立的能级间隔大于热、磁、电及光子能量等特征能量时，则引起能级改变、能隙变宽，使粒子的发射能量增加，吸收向短波方向移动，这种现象叫作量子尺寸效应。例如，CdS 颗粒为黄色，若制成纳米粒子则变为浅黄色。

各种各样的纳米材料被研究和制备出来，已经广泛用于信息通信、医药、航天、航空和空间探索、环境、能源、生物技术等领域的研究和应用中。纳米机器人、方便灵巧的纳米发动机、耐脏抗菌的纳米衣料、坚韧耐磨的纳米缆绳等，成为人们津津乐道的话题。

例如，血液中红细胞的大小为 6000～9000 nm，而纳米粒子只有几个纳米大小，实际上比红细胞小得多，因此它可以在血液中自由活动。如果把各种有治疗作用的纳米粒子注入人体各个部位，便可以检查病变和进行治疗，其作用要比传统的打针、吃药效果好。又如，基因 DNA 具有双螺旋结构，这种双螺旋结构的直径约为几十纳米。用合成的尺寸仅为几纳米的发光半导体晶粒，选择性地吸附或作用在不同的碱基对上，相当于在 DNA 分子上贴上了标签，可以"照亮"DNA 的结构，有点像黑暗中挂满了灯笼的宝塔，借助于发光的"灯笼"，我们不仅可以识别灯塔的外形，还可识别灯塔的结构。

基于规则的氧化锌纳米线的纳米发电机，是世界上最小的发电机。纳米发电机利用纳米技术可以收集机械能、震动能、流体能量等生活中、自然环境中甚至是人体内平时被忽略的各种能量，从而实现系统和无线传感的自驱动。

传统的建筑行业中，纳米材料也具有十分广阔的市场应用前景。例如纳米涂料具有很好的伸缩性，能够弥盖墙体的细小裂缝，具有对微裂缝的自修复作用；具有很好的防水性，抗异物黏附、抗沾污、抗碱、耐冲刷，有的还具有除臭、杀菌、防尘等特殊性能。

习 题

1. 是非题

(1)相同浓度($mol \cdot dm^{-3}$)的两种弱酸溶液,具有同样的 pH 值。( )

(2)0.10 $mol \cdot dm^{-3}$ NaCN 溶液的 pH 比相同浓度的 NaF 溶液的 pH 要大,这表明 CN^- 的 $K_b^{\ominus}$ 值比 F^- 的 $K_b^{\ominus}$ 值要大。( )

(3)质量相等的甘油($C_3H_8O_3$)和尿素$[CO(NH_2)_2]$分别溶于 1000 g 水中,所得两溶液的凝固点相同。( )

(4)在缓冲溶液中,只要每次加少量强酸或强碱,无论添加多少次,缓冲溶液始终具有缓冲能力。( )

(5)弱酸或弱碱的浓度越小,其解离度也越小,其酸性或碱性就越弱。( )

(6)CaF_2 和 $BaCrO_4$ 的溶度积均近似为 10^{-10},从而可知在它们的饱和溶液中,前者的 Ca^{2+} 浓度与后者的 Ba^{2+} 浓度近似相等。( )

(7)$MgCO_3$ 的溶度积 $K_s^{\ominus} = 6.82 \times 10^{-6}$,这意味着所有含有固体 $MgCO_3$ 的溶液中,$c(Mg^{2+}) = c(CO_3^{2-})$。( )

(8)在配合物中,中心离子的配位数等于与中心离子配位的原子的数目。( )

2. 选择题

(1)下列各种物质的水溶液浓度均为 0.01 $mol \cdot dm^{-3}$,它们的渗透压顺序排列正确的是( )。

A. $HAc > NaCl > C_6H_{12}O_6 > CaCl_2$

B. $C_6H_{12}O_6 > HAc > NaCl > CaCl_2$

C. $CaCl_2 > NaCl > HAc > C_6H_{12}O_6$

D. $CaCl_2 > HAc > C_6H_{12}O_6 > NaCl$

(2)往 1 dm^3 0.10 $mol \cdot dm^{-3}$ HAc 溶液中加入一些 NaAc 晶体并使之溶解,会发生的情况是( )。

A. HAc 的解离度 α 值增大 　　B. HAc 的 $K_a^{\ominus}$ 值减小

C. 溶液的 pH 增大 　　D. 溶液的 pH 减小

(3)下列溶液等体积混合后,能形成缓冲溶液的是( )。

A. 0.2 $mol \cdot dm^{-3}$ HAc 与 0.1 $mol \cdot dm^{-3}$ NaOH

B. 0.1 $mol \cdot dm^{-3}$ HAc 与 0.1 $mol \cdot dm^{-3}$ NaOH

C. 0.1 $mol \cdot dm^{-3}$ HAc 与 0.2 $mol \cdot dm^{-3}$ NaOH

D. 0.2 $mol \cdot dm^{-3}$ NaOH 与 0.1 $mol \cdot dm^{-3}$ $NH_3 \cdot H_2O$

(4)设 AgCl 在水、0.01 $mol \cdot dm^{-3}$ $CaCl_2$、0.01 $mol \cdot dm^{-3}$ NaCl 及 0.03 $mol \cdot dm^{-3}$ $AgNO_3$ 中的溶解度分别为 s_0、s_1、s_2 和 s_3,它们的关系正确的是( )。

A. $s_0 > s_1 > s_2 > s_3$ 　　B. $s_0 > s_2 > s_1 > s_3$

C. $s_0 > s_1 = s_2 > s_3$ 　　D. $s_0 > s_2 > s_3 > s_1$

(5)下列物质中是螯合物的是( )。

A. $Na_3[Ag(S_2O_3)_2]$ 　　B. $Na_2[Fe(EDTA)]$

C. $Ni(CO)_4$ 　　D. $[Co(NH_3)_4Cl_2]Cl$

3. 填空题

在下列各系统中,各加入约 0.5 g NH_4Cl 固体并使其溶解,对所指定的性质(定性地)影响如何?并简单指出原因。

(1)10.0 cm^3 0.10 $mol \cdot dm^{-3}$ HCl 溶液(pH)_____

(2)10.0 cm^3 0.10 $mol \cdot dm^{-3}$ NH_3 的水溶液(氨在水溶液中的解离度)_____

(3)10.0 cm^3 纯水(pH)_____

(4)10.0 cm^3 带有 AgCl 沉淀的饱和溶液(AgCl 的溶解度)_____

4. 将下列水溶液按其凝固点的高低顺序排列

(1)1 $mol \cdot kg^{-1}$ NaCl   (2)1 $mol \cdot kg^{-1}$ $C_6H_{12}O_6$ (3)1 $mol \cdot kg^{-1}$ Na_2SO_4

(4)0.1 $mol \cdot kg^{-1}$ CH_3COOH (5)0.1 $mol \cdot kg^{-1}$ NaCl   (6)0.1 $mol \cdot kg^{-1}$ $C_6H_{12}O_6$

(7)0.1 $mol \cdot kg^{-1}$ $CaCl_2$

5. 为什么氯化钙和五氧化二磷可作为干燥剂,而食盐和冰的混合物可以作为冷冻剂?

6. 为什么冰总是结在水面上?水的这种特性对水生动植物和人类有何重要意义?

7. 如何用渗透现象解释盐碱地难以生长农作物?

8. 若用 NaOH 中和 pH 相同的 HCl 溶液和 HAc 溶液,哪个用量大?为什么?

9.(1)写出下列各物质的共轭酸

(a)CO_3^{2-} (b)CN^- (c)H_2O (d)HPO_4^{2-} (e)NH_3 (f)S^{2-}

(2)写出下列各种物质的共轭碱

(a)H_3PO_4 (b)HAc   (c)HS^- (d)H_2O (e)HClO   (f)H_2CO_3

10. 在 HAc 溶液中加入下列物质时,HAc 的解离平衡将如何移动?

(1)NaAc   (2)HCl   (3)NaOH

11. 计算常温下,下列溶液的 pH 及酸的解离度:

(1)0.050 $mol \cdot dm^{-3}$次氯酸(HClO)溶液;

(2)1.00 $mol \cdot dm^{-3}$氯代乙酸($ClCH_2COOH$)溶液。

12. 有 0.20 $mol \cdot dm^{-3}$某有机酸溶液,测得其 pH 为 2.22,求此有机酸在此温度下的解离常数。

13. 已知氨水的浓度为 0.20 $mol \cdot dm^{-3}$

(1)求该溶液中 OH^- 的浓度、pH 和氨的解离度。

(2)在上述溶液中加入 NH_4Cl 晶体,使其溶解后 NH_4Cl 的浓度为 0.20 $mol \cdot dm^{-3}$。求所得溶液的 OH^- 浓度、pH 和氨的解离度。

14. 在烧杯中盛放 20.00 cm^3 0.100 $mol \cdot dm^{-3}$氨的水溶液,逐步加入 0.100 $mol \cdot dm^{-3}$ HCl 溶液。试计算:

(1)当加入 10.00 cm^3 HCl 溶液后,混合液的 pH;

(2)当加入 20.00 cm^3 HCl 溶液后,混合液的 pH;

(3)当加入 30.00 cm^3 HCl 溶液后,混合液的 pH。

15. 现有含 0.10 $mol \cdot dm^{-3}$ HF 和 0.20 $mol \cdot dm^{-3}$NaF 的缓冲溶液 1.0 dm^3。试计算:

(1)该缓冲溶液中的 pH 等于多少?

(2)往上述缓冲溶液中加入 0.40 g NaOH(s),并使其完全溶解(溶解后溶液的总体积不变),问该溶液的 pH 等于多少?

16. 现有 125 cm^3 1.0 $mol \cdot dm^{-3}$ NaAc 溶液,欲配制 250 cm^3 pH 为 5.0 的缓冲溶液,问:需加入 6.0 $mol \cdot dm^{-3}$ HAc 溶液多少?

17. 室温下,$Mg(OH)_2$ 的溶度积为 5.61×10^{-12},若 $Mg(OH)_2$ 在饱和溶液中是完全电离的,计算:

(1)$Mg(OH)_2$ 在纯水中的溶解度($mol \cdot dm^{-3}$);

(2)$Mg(OH)_2$ 饱和溶液的 pH 值;

(3)$Mg(OH)_2$ 在 0.10 $mol \cdot dm^{-3}$ NaOH 溶液中的溶解度;

(4)$Mg(OH)_2$ 在 0.10 $mol \cdot dm^{-3}$ $MgCl_2$ 溶液中的溶解度。

18. 将 $Pb(NO_3)_2$ 溶液与 NaCl 溶液混合,设混合液中 $Pb(NO_3)_2$ 的浓度为 0.20 $mol \cdot dm^{-3}$,问:

(1)当混合溶液中 Cl^- 的浓度等于 5.0×10^{-4} $mol \cdot dm^{-3}$时,是否有沉淀生成?

(2)当混合溶液中 Cl^- 的浓度多大时,开始生成沉淀?

(3)当混合溶液中 Cl^- 的浓度为 6.0×10^{-2} $mol \cdot dm^{-3}$时,残留于溶液中 Pb^{2+} 的浓度为多少?

19. 1.00 cm^3 0.010 $mol \cdot dm^{-3}$ $AgNO_3$ 和 99.0 cm^3 0.010 $mol \cdot dm^{-3}$ KCl 溶液混合,能否析出沉淀?沉

淀后溶液中的 Ag^+、Cl^- 浓度各是多少？

20. 工业废水的排放标准规定 Ni^{2+} 降到 $0.1\ mg\cdot dm^{-3}$ 以下即可排放。若用加氢氧化钠中和沉淀法除去 Ni^{2+}，按理论上计算，废水溶液中的 pH 至少应为多少？

21. 如何从化学平衡观点来理解溶度积规则？试用溶度积规则解释下列事实。

(1) $CaCO_3$ 溶于稀 HCl 溶液中；

(2) $Mg(OH)_2$ 溶于 NH_4Cl 溶液中；

(3) ZnS 能溶于盐酸和稀硫酸中，而 CuS 不溶于盐酸和稀硫酸中，却能溶于硝酸中；

(4) AgBr 能溶于 $Na_2S_2O_3$ 溶液。

22. 写出下列配位化合物的中心离子、配位体、配位数，并命名配位化合物：

$K_2[PtCl_6]$ $K_3[Fe(CN)_6]$ $[Co(NH_3)_6]Cl_2$ $[PtCl_2(NH_3)_2]$ $Na_3[Ag(S_2O_3)_2]$

$Na_3[AlF_6]$ $[CrCl_2(H_2O)_4]Cl$ $Fe(CO)_5$ $Na_2[SiF_6]$

23. 无水 $CrCl_3$ 和氨作用形成两种配合物，组成相当于 $CrCl_3\cdot6NH_3$ 及 $CrCl_3\cdot5NH_3$。加入 $AgNO_3$ 溶液能从第一种配合物水溶液中将几乎所有的氯沉淀为 AgCl，而从第二种配合物水溶液中仅能沉淀出相当于组成中含氯量 2/3 的 AgCl。加入 NaOH 并加热时两种溶液都没有氨味。推断两种配合物的内界和外界，并指出配离子的电荷数、中心离子的化合价和配合物的名称。

24. 向含有 $[Ag(NH_3)_2]^+$ 配离子的溶液中分别加入下列物质：

A. 稀硝酸   B. 氨水   C. Na_2S 溶液

问此平衡 $[Ag(NH_3)_2]^+ \rightleftharpoons Ag^+ + 2NH_3$ 移动的方向？

25. 解释下列现象：加入 NaOH 到 $CuSO_4$ 溶液中生成浅蓝色的沉淀；再加入过量氨水，浅蓝色沉淀溶解成深蓝色溶液，如用 HNO_3 处理此溶液又能得到浅蓝色溶液。

26. 在 $1.0\ dm^3$ 浓度为 $6.0\ mol\cdot dm^{-3}$ 的氨水中加入 0.10 mol 的固体 $CuSO_4$，溶解达到平衡后，此溶液中的 Cu^{2+} 浓度是多少？如果在此溶液中加入 0.010 mol NaOH，是否有 $Cu(OH)_2$ 沉淀生成？

27. 表面活性剂按其化学结构可分为哪几类？

28. 乳状液中的符号 W/O 表示的意义是什么？

29. 废水处理的方法有哪些？

第4章

电化学基础

内容提要

本章所讨论的化学反应过程伴随着非体积功，即电功，自发的氧化还原反应可以组成原电池，此转变过程中产生电功；而电解过程是利用电功引起化学反应将电能转化为化学能。本章在介绍氧化还原反应、原电池组成和原电池中化学反应的基础上，着重讨论电极电势、电动势及其在化学上的应用，并简单介绍化学电源、电解的应用、电化学腐蚀及防护。

学习要求

(1)理解原电池的组成及其中化学反应的热力学原理。

(2)了解电极电势的产生，理解电极电势的概念，能用能斯特方程计算电极电势和原电池电动势。

(3)能用电极电势判断氧化还原反应进行的方向和程度。

(4)了解化学电源、电解的原理及电解在工业生产中的一些应用。

(5)了解金属电化学腐蚀的原理及基本的防护方法。

4.1 氧化还原反应

电化学反应是涉及电子转移的反应，其本质上是氧化还原反应。氧化还原反应的特征是反应前后元素的氧化数有变化，反应物之间有电子的转移。例如下述反应：

$$\overset{+2}{Cu^{2+}}(aq) + \overset{0}{Zn}(s) = \overset{0}{Cu}(s) + \overset{+2}{Zn^{2+}}(aq)$$
$$\quad\ 氧化剂 \qquad 还原剂 \qquad 还原产物 \quad 氧化产物$$

在上面的反应中，Cu^{2+} 作为氧化剂，得到电子发生还原反应，被还原成 0 价的铜单质；Zn 作为还原剂，失去电子发生氧化反应，被氧化成 +2 价的 Zn^{2+}。在氧化还原反应中，电子有得必有失，即氧化反应和还原反应同时存在，且反应过程中得失电子的数目相等。根据电子的得失关系，上述氧化还原反应可以拆为氧化反应、还原反应两个半反应：

$$Zn(s) - 2e^- = Zn^{2+}(aq) \qquad 氧化反应$$
$$Cu^{2+}(aq) + 2e^- = Cu(s) \qquad 还原反应$$

4.2 原电池

4.2.1 原电池中的化学反应

4.2.1.1 原电池的组成

原电池是指能借助自发的氧化还原反应将化学能直接转变为电能的装置。实验室中可采用原电池装置来实现 $Cu^{2+}(aq)+Zn(s)=\!=\!=Cu(s)+Zn^{2+}(aq)$ 的转变，如图 4.1 所示。一只烧杯中放入硫酸锌溶液和锌片，另一只烧杯中放入硫酸铜溶液和铜片。为了使两个独立烧杯的溶液之间实现电子流动的导通，一般将两只烧杯中的溶液用一个充满电解质的倒 U 形管联系起来，即盐桥。盐桥中一般填充 KCl 饱和溶液和琼脂的冻胶，可以使正、负离子在两边溶液之间移动，又防止两边溶液迅速混合。以上装置，用导线将锌片和铜片分别连接到电流

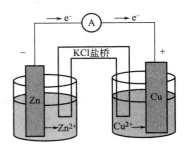

图 4.1 铜锌原电池示意图

计的两个接线端，就可以看到电流计的指针发生偏转，这即意味着原电池对外做了电功。

在此原电池中，左边锌片上 Zn 原子失去电子，氧化成为 Zn^{2+} 进入溶液，发生 $Zn(s)-2e^-=\!=\!=Zn^{2+}(aq)$，即负极反应；右边溶液中 Cu^{2+} 从铜片上得到电子，还原成为 Cu 沉积在铜片上，发生 $Cu^{2+}(aq)+2e^-=\!=\!=Cu(s)$，即正极反应；右边溶液中的负离子通过盐桥向左边溶液移动，同时左边溶液中的正离子通过盐桥向右边溶液移动。这样，固体电极（锌片电极与铜片电极）和水溶液之间就产生定向的电子流动，即电流，所以电流计的指针就发生了偏转。电流将电能转换成其他形式能量的过程所做的功即为电功，如果将电流计换成小灯泡，小灯泡就会被点亮，此原电池对外做电功，将电能转换为光能。

电化学中正极、负极的定义与物理学是一致的，即正极总是电势较高的电极，负极总是电势较低的电极。在原电池中，正极上发生的是还原反应，负极上发生的是氧化反应。

要利用氧化还原反应构成原电池使化学能转变为电能，需要满足以下条件：

① 此反应必须是一个可以自发进行的氧化还原反应；

② 氧化半反应（负极反应）和还原半反应（正极反应）分别在两个电极上自发进行；

③ 原电池中通过盐桥实现两个电极/溶液之间的联通，并与外电路构成通路。

4.2.1.2 电极和电极反应

在原电池中，由氧化态物质和对应的还原态物质构成电极，电极上发生的反应称为电极反应。这里的氧化态物质和对应的还原态物质称作**氧化还原电对**。例如铜锌原电池中，锌电极由金属 Zn 与 Zn^{2+} 组成，其氧化还原电对用符号 $Zn^{2+}(c_1)/Zn$ 表示；铜电极由金属 Cu 与 Cu^{2+} 组成，用符号 $Cu^{2+}(c_2)/Cu$ 表示铜电极的氧化还原电对。符号中的 c 表示溶液中离子的浓度。一般原电池中的电极可以分为以下四种类型，用相应的**电极符号**表示，电极符号里包含了参与电极反应的物质和离子。以单垂线"｜"表示两相物质的界面。

（1）金属电极

由金属与其对应的金属盐溶液组成，一般是将金属片或棒浸入含有同种金属离子的盐溶液中而构成。如 Zn 电极，

电极符号为：$Zn^{2+}(c_1)\mid Zn$

电极反应为：$Zn(s) - 2e^- \Longrightarrow Zn^{2+}(aq)$

（2）非金属电极

由非金属单质及其对应的非金属离子溶液组成，该类电极常是气体单质通入相应的离子溶液中，气体与溶液中的阴离子构成平衡体系。如氧化还原电对 H_2/H^+、O_2/OH^- 和 Cl_2/Cl^-。此类氧化还原电对需要借助惰性电极铂或碳组成电极，如氢电极，

电极符号为：$H^+(c) \mid H_2(p) \mid Pt$

电极反应为：$H_2(p) - 2e^- \Longrightarrow 2H^+(aq)$

（3）难溶盐电极

氧化还原电对由金属与其对应的金属难溶盐组成。例如将金属银丝表面涂以银的难溶盐氯化银，然后浸入与其盐具有相同阴离子（氯化钾）的溶液中即构成了银-氯化银电极。常用的还有甘汞电极，是由汞-氯化亚汞浸没在氯化钾溶液中。

电极符号为：$Cl^-(c) \mid Hg_2Cl_2(s) \mid Hg(l) \mid Pt$

电极反应为：$Hg_2Cl_2(s) + 2e^- \Longrightarrow 2Hg(l) + 2Cl^-(aq)$

（4）氧化还原电极

此类电极的氧化还原电对是同一种金属不同价态的离子，通常将惰性电极插入相应的溶液中而构成氧化还原电极。如氧化还原电对 Fe^{3+}/Fe^{2+}，

电极符号为：$Fe^{3+}(c_1), Fe^{2+}(c_2) \mid Pt$

电极反应为：$Fe^{3+}(aq) + e^- \Longrightarrow Fe^{2+}(aq)$

在原电池中，某一电极上究竟发生氧化反应还是还原反应，取决于该电极氧化或还原能力的强弱。此电极的氧化能力或还原能力的强弱，除了与构成电极的物质种类有关外，还与组成电极的物质的相态、浓度或压力有关。因此，用电池符号表示某电极时，不仅应标明氧化态和还原态的物质种类，还应标明物质的相态、浓度或压力。某些氧化还原电对中含有固态导体的电极，如锌电极 $Zn^{2+}(c_1) \mid Zn$，可以理解成锌金属可以同时起到将电子从锌电极（或溶液中）传导至导线，以形成定向电流。如果对于不包含固态导体的电极，为了把电流导入或导出溶液，需要一种能够导电而本身不发生氧化还原反应的材料，如金属 Pt 或石墨，称为惰性电极。在书写电极时，所用的惰性电极根据原电池中实际使用的材料进行标明。例如，作为负极的氯电极可以表示为：

$$Pt \mid Cl_2(g, p) \mid Cl^-(aq, c)$$

作为正极的氯电极则完整地表示为：

$$Cl^-(aq, c) \mid Cl_2(g, p) \mid Pt$$

上式中，p 和 c 分别表示氯气的压力和溶液中 Cl^- 的浓度。因为压力 p 隐含着气体的意思，浓度 c 隐含溶液的意思，所以有时也可以省略符号 g 和 aq，写成：

$$Pt \mid Cl_2(p) \mid Cl^-(c)$$

因为铁离子电极中的 Fe^{3+} 和 Fe^{2+} 处在同一水溶液中，并没有相界，所以 Fe^{3+} 和 Fe^{2+} 之间不用单垂线或斜线分隔，而改用逗号分开，表示为：

$$Pt \mid Fe^{3+}(c_1), Fe^{2+}(c_2)$$

电极反应可以使用以下通式表示：$a(氧化态) + ne^- \Longrightarrow b(还原态)$

其中电子的化学计量数 n 为单位物质的量的氧化态物质在还原过程中获得的电子的物质的量，也就是在该过程中金属导线内通过的电子的物质的量。因为 1 个电子所带的电荷量为 1.6022×10^{-19} C（库仑），所以单位物质的量的电子所带电荷量为：

$$Q = N_A \cdot e = 6.022 \times 10^{23}\ \text{mol}^{-1} \times 1.6022 \times 10^{-19}\ \text{C} = 96485\ \text{C} \cdot \text{mol}^{-1}$$

在化学和物理学上，通常把单位物质的量的电子所带的电荷量称为 1 Faraday（法拉第），简写 1 F，即 1 F＝96485 C·mol^{-1}。

4.2.1.3　电池反应

在原电池中发生的过程，包括了负极、正极上的还原反应和氧化反应，电解质溶液中的离子移动及外电路中的电子流动。因此，原电池放电过程所发生的化学反应，显然是两电极上的电极反应之和，称为**电池反应**。原电池是由正极和负极两个电极组成的，为了方便沟通，通常用**电池图式**表示，例如图 4.1 的原电池可用以下图式表示：

$$(-)\text{Zn} \mid \text{ZnSO}_4(c_1) \parallel \text{CuSO}_4(c_2) \mid \text{Cu}(+)$$
$$\text{或}\quad (-)\text{Zn} \mid \text{Zn}^{2+}(c_1) \parallel \text{Cu}^{2+}(c_2) \mid \text{Cu}(+)$$

用图式表示原电池时，习惯上把负极写在左边，正极写在右边；以单垂线"｜"表示两相的界面；以双垂线"‖"表示两溶液之间的盐桥，盐桥的两边应是两个电极所处的溶液。需要注意的是，如果除氧化态物质、还原态物质外，还有参加电极反应的其他物质（水除外），则应把这些物质也在相应的负极或正极一侧标明。对于不包含固态导体的电极，在书写原电池的图式时，所用的惰性电极也应该标明。比如，如下反应：

$$10\text{Cl}^- + 2\text{MnO}_4^- + 16\text{H}^+ = 2\text{Mn}^{2+} + 5\text{Cl}_2 + 8\text{H}_2\text{O}$$

其负极反应为：$2\text{Cl}^-(c) - 2\text{e}^- = \text{Cl}_2(p)$

正极反应为：$\text{MnO}_4^- + 8\text{H}^+ + 5\text{e}^- = \text{Mn}^{2+} + 4\text{H}_2\text{O}$

此氧化还原反应组成的原电池，其图式可以表示为：

$$(-)\text{Pt} \mid \text{Cl}_2(p) \mid \text{Cl}^-(c_1) \parallel \text{MnO}_4^-(c_2),\ \text{Mn}^{2+}(c_3),\ \text{H}^+(c_4) \mid \text{Pt}(+)$$

另外应该注意，一个电极如果参与组成了原电池，其究竟是作为正极还是负极，或者说在电池反应中此电极发生氧化反应还是还原反应，是与原电池中的另一个电极有关的，将在 4.4 中做进一步讨论。

4.2.2　原电池的热力学

4.2.2.1　电池反应的 $\Delta_r G_m$ 与电动势 E 的关系

原电池是一种利用自发的氧化还原反应对环境输出电功的装置，也就是说原电池在本身发生化学反应的同时对环境做电功，即把化学能转变为电能。那么作为原电池反应推动力的吉布斯函数变与原电池的电动势之间有什么关系呢？

根据热力学原理，等温等压下进行的可逆化学反应，如果化学能全部转变为电能而无其他的能量损失，摩尔吉布斯函数变 $\Delta_r G_m$ 等于原电池在反应过程中能够对环境做的非体积 W'：

$$\Delta_r G_m = W' \tag{4.1a}$$

例如，以下化学反应在标准状态下进行：

$$\text{Zn(s)} + \text{Cu}^{2+}(\text{aq}) = \text{Zn}^{2+}(\text{aq}) + \text{Cu(s)}$$

通过计算，可知 298.15 K 时该反应的标准摩尔吉布斯函数变：

$$\Delta_r G_m^\ominus (298.15\ \text{K}) = -212.55\ \text{kJ} \cdot \text{mol}^{-1}$$

所以反应过程中系统能够对环境做的非体积功为：

$$W' = \Delta_r G_m^\ominus = -212.55\ \text{kJ} \cdot \text{mol}^{-1}$$

如果非体积功只是电功，那么上述原电池系统每进行 1 mol 反应进度的化学反应，最多可以对环境做 212.55 kJ 的电功。

以一个化学反应通式来表示电动势为 E 的原电池，例如其中进行的可逆电池反应为：

$$a\,A(aq) + b\,B(aq) = g\,G(aq) + d\,D(aq)$$

如果在 1 mol 的可逆电池反应过程中有 n(mol)电子(即 nF 电荷量)通过电路，根据物理学电功的概念，则电池所做的电功为：

$$W' = -nFE \tag{4.1b}$$

所以电池反应的 $\Delta_r G_m$ 与电动势 E 的关系为：

$$\Delta_r G_m = -nFE \tag{4.1c}$$

如果原电池的各组分都处于标准状态下，则有：

$$\Delta_r G_m^{\ominus} = -nFE^{\ominus} \tag{4.1d}$$

就得到了原电池的**标准电动势** $E^{\ominus}$。

式(4.1c)和式(4.1d)揭示了电池电动势和反应的摩尔吉布斯函数变两者之间的内在关系，表示了原电池中化学能与电能之间转化的定量关系，也是联系化学热力学与电化学的重要关系式。

系统的摩尔吉布斯函数变是等温等压条件下化学反应自发性的判据，根据式(4.1c)和式(4.1d)，也就是说，电动势 E 也可以作为等温等压下氧化还原反应能否自发进行的判据。所以，电池反应能否自发进行可以用电动势 E 进行判断：

$E>0$，即 $\Delta_r G_m < 0$ 反应正向自发；

$E=0$，即 $\Delta_r G_m = 0$ 反应处于平衡状态；

$E<0$，即 $\Delta_r G_m > 0$ 反应正向非自发。

只有可以自发进行的氧化还原电池反应才可能组成原电池。

4.2.2.2 电动势 E 的能斯特方程

反应的摩尔吉布斯函数变可用热力学等温方程式表示：

$$\Delta_r G_m = \Delta_r G_m^{\ominus} + RT \ln \frac{[c(G)/c^{\ominus}]^g [c(D)/c^{\ominus}]^d}{[c(A)/c^{\ominus}]^a [c(B)/c^{\ominus}]^b}$$

由此可得：

$$E = E^{\ominus} - \frac{RT}{nF} \ln \frac{[c(G)/c^{\ominus}]^g [c(D)/c^{\ominus}]^d}{[c(A)/c^{\ominus}]^a [c(B)/c^{\ominus}]^b} \tag{4.2a}$$

式(4.2a)称为**电动势的能斯特方程**，它表达了组成原电池的各种物质的浓度与原电池电动势的关系，对于气态物质，用相对压力代替式(4.2a)中的相对浓度。

在原电池对外做电功的过程中，随着电池反应的进行，作为原料的化学物质 A 与 B 的浓度逐渐减少，而产物 G 和 D 的浓度逐渐增加，从能斯特方程(4.2a)可看出，原电池的电动势将逐渐变小。很容易理解，在某一原电池体系，其电动势的大小不是一成不变的，会随着反应的进行逐渐减小。

当 $T = 298.15$ K 时，将式(4.2a)中自然对数换成常用对数，可得：

$$E = E^{\ominus} - \frac{0.05917\text{V}}{n} \lg \frac{[c(G)/c^{\ominus}]^g [c(D)/c^{\ominus}]^d}{[c(A)/c^{\ominus}]^a [c(B)/c^{\ominus}]^b} \tag{4.2b}$$

反应的摩尔吉布斯函数变 $\Delta_r G_m$ 的数值与化学反应方程式有关，那么电池反应中电动势的大小是否与电池反应方程式的书写有关呢？

电动势是原电池两个电极的电势差的大小，是电池的特定属性，因此不会因为电池反应方程式书写形式而改变。

例如，上述电池的化学计量数扩大 2 倍，则电池反应为：

$$2a\,A(aq)+2b\,B(aq)\Longrightarrow 2g\,G(aq)+2d\,D(aq)$$

与此同时，1 mol 的反应过程中所通过电子的物质的量也扩大为 $2n$，所以：

$$E = E^\ominus - \frac{RT}{2nF}\ln\frac{\left[\frac{c(G)}{c^\ominus}\right]^{2g}\left[\frac{c(D)}{c^\ominus}\right]^{2d}}{\left[\frac{c(A)}{c^\ominus}\right]^{2a}\left[\frac{c(B)}{c^\ominus}\right]^{2b}}$$

$$= E^\ominus - \frac{RT}{nF}\ln\frac{\left[\frac{c(G)}{c^\ominus}\right]^{g}\left[\frac{c(D)}{c^\ominus}\right]^{d}}{\left[\frac{c(A)}{c^\ominus}\right]^{a}\left[\frac{c(B)}{c^\ominus}\right]^{b}}$$

由以上结果可以看到，同一个原电池，电池反应方程式的化学计量数扩大 2 倍，依然得到同样的电动势。

总之，电动势是原电池的特定属性，电动势数值与电池反应化学计量方程式的写法无关。

4.2.2.3　电池反应的标准平衡常数 $K^\ominus$ 与标准电动势 $E^\ominus$ 的关系

在第二章的化学反应热力学中，已经学习过化学反应的平衡常数 $K^\ominus$ 与标准摩尔吉布斯函数变 $\Delta_r G_m^\ominus$ 有如下关系：

$$-RT\ln K^\ominus = \Delta_r G_m^\ominus$$

因为
$$\Delta_r G_m^\ominus = -nFE^\ominus$$

所以
$$\ln K^\ominus = nFE^\ominus/(RT) \tag{4.3a}$$

在 298.15 K 时，如果将上式改用常用对数表示，则有：

$$\lg K^\ominus = nE^\ominus/(0.05917\ \text{V}) \tag{4.3b}$$

所以通过测量原电池的标准电动势，就容易求得该电池反应的平衡常数。由于电动势的数值能够测量得很精确，所以用这一方法得到的反应平衡常数，比根据测量平衡浓度而得出的结果要准确得多。这就提供了一种利用原电池的标准电动势测定反应平衡常数的方法。

4.3　电极电势

4.3.1　电极电势的产生

对于自发的氧化还原反应，可以设计成相应的原电池。原电池的电动势是构成原电池的两个电极的电极电势之差，其数值可以用仪器测量。即：

$$E = \varphi(正极) - \varphi(负极)$$

式中，$\varphi(正极)$ 和 $\varphi(负极)$ 分别表示正电极和负电极的**电极电势**。

也就是说两个电极上分别存在一个电极电势，那么电极电势是怎样产生的？其大小又与何有关？

电极电势的产生，可以用德国化学家能斯特提出的双电层理论来解释，如图 4.2 所示。根据金属键的理论，金属晶体由金属离子和自由电子形成的金属键键连而成。当金属浸没接触到它的盐溶液时，此时金属上的金属离子会有进入溶液的趋势，而电子留在金属电极上，使得金属表面带负电荷；或者另一种情况，溶液中的金属离子获得电极表面的电子而沉积至金属电极上，于是电极附近的溶液显示负电性。这两种情况都会在金属电极和电极表面形成双电层，也就是形成了电势差，即所谓的"电极电势"。

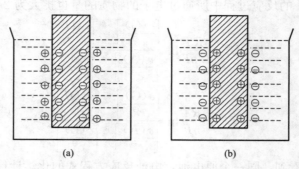

图 4.2　金属的电极电势示意图

电极电势的大小，显然与电极表面形成的双电层有关，其主要取决于金属的本性和盐溶液的浓度。如在铜锌原电池中，相对于金属铜，金属锌更容易失去电子，锌离子有更大的趋势进入溶液中，所以锌片上会带有更多负电荷，锌片上的电子会流向铜电极。随着锌片上电子的流出，其双电层的平衡受到破坏，于是锌片上的锌离子会伴随着进入溶液中。另一方面，在原电池中，电子通过导线流向铜片上，这些电子会与溶液中的铜离子结合转变成金属铜，从而沉积在铜片上。在这个过程中，电子不断地从锌片流向铜片，产生了定向的电子流动，于是形成了电流，同时伴随着电极上电极反应的发生。

4.3.2　标准电极电势

电极电势是一个相对电势，其绝对值无法直接测量。我们知道，原电池的电动势是可以测量的，当选定某一标准电极作为零点时，也就是人为规定其电极电势为零，其他电极与此标准电极组成原电池，原电池电动势的数值就可以作为该电极的电极电势。这就像在地理中以海平面为零点，来测量某地的海拔一样，海拔是一个相对的数值。

目前，国际上统一规定"**标准氢电极**"的电极电势为零。标准氢电极是指各物质均处于标准状态下的氢电极，如氢气的压力是 100 kPa，H^+ 的浓度（活度）是 1 $mol \cdot dm^{-3}$，并有铂片电极作为惰性电极，可表示为：

$$Pt \mid H_2(p=100 \text{ kPa}) \mid H^+(c=1 \text{ mol} \cdot dm^{-3})$$

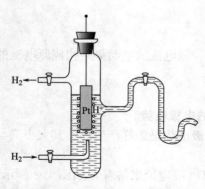

图 4.3　标准氢电极示意图

标准氢电极的组成和结构如图 4.3 所示。将镀有一层疏松铂黑的铂片插入标准 H^+ 浓度的酸溶液中，并不断输入压力为 100 kPa 的纯氢气流。这时溶液中的氢离子与被铂表面所吸附的氢气建立起下列动态平衡：

$$2H^+(aq)+2e^- = H_2(g)$$

规定标准氢电极的电极电势 $\varphi^{\ominus}(H^+/H_2)=0.000$ V 以后，其他电极的电极电势 φ（某电极）以此做零点进行确定。如果某电极比标准氢电极的电势偏大，其电极电势的数值即为正值；反之，某电极比标准氢电极的电势偏小，其电极电势的数值即为负值。如将铜电极与标准氢电极一起构成如下原电池：

$$(-)Pt \mid H_2(p=100 \text{ kPa}) \mid H^+(c=1 \text{ mol} \cdot dm^{-3}) \parallel Cu^{2+}(c=1 \text{ mol} \cdot dm^{-3}) \mid Cu(+)$$

上述原电池的电动势就等于某电极的电极电势的绝对值，即：

$$E = \varphi(\text{Cu}^{2+}/\text{Cu}) - \varphi^{\ominus}(\text{H}^+/\text{H}_2) = \varphi(\text{Cu}^{2+}/\text{Cu})$$

如果某待测电极为原电池的负极，如将锌电极与标准氢电极一起构成如下的原电池：

$$(-)\text{Zn} \mid \text{Zn}^{2+}(c = 1 \text{ mol·dm}^{-3}) \parallel \text{H}^+(c = 1 \text{ mol·dm}^{-3}) \mid \text{H}_2(p = 100 \text{ kPa}) \mid \text{Pt}(+)$$

这样，可以得到锌电极的电极电势与原电池的电动势的数值相反，锌电极的电极电势为负值：

$$E = \varphi^{\ominus}(\text{H}^+/\text{H}_2) - \varphi(\text{Zn}^{2+}/\text{Zn}) = -\varphi(\text{Zn}^{2+}/\text{Zn})$$

根据上述方法，以标准氢电极为零点，目前已经测定了一系列电极在标准状态下的电极电势 $\varphi^{\ominus}$，书后附录 6 中列有若干在 298.15 K 标准状态（活度 $a = 1$，压力 $p = 100$ kPa）下的标准电极电势 $\varphi^{\ominus}$ 供参考。

由于同一还原剂或氧化剂在不同介质中的产物和标准电极电势可能是不同的，比如：

$$\text{O}_2(\text{g}) + 2\text{H}_2\text{O}(\text{l}) + 4\text{e}^- = 4\text{OH}^-(\text{aq}) \qquad \varphi^{\ominus} = 0.401 \text{ V}$$

$$\text{O}_2(\text{g}) + 4\text{H}^+(\text{aq}) + 4\text{e}^- = 2\text{H}_2\text{O}(\text{l}) \qquad \varphi^{\ominus} = 1.229 \text{ V}$$

所以在查阅标准电极电势时，需要注意氧化还原电对的具体存在形式、状态和介质条件等都必须完全符合。另外需要注意，我们所讨论的电极电势，是在电极反应中的氧化还原电对的物质处于可逆平衡的状态，且在整个原电池中，无电流通过的条件下测得的。这种电极电势称为可逆电势或平衡电势。任何电极都可能发生氧化反应，也可能发生还原反应；无论发生氧化反应还是还原反应，该电极的电极电势是一样的，都等于与标准氢电极比较得到的那个数值。

虽然标准氢电极作为零点电势是很标准的，但是由于标准氢电极要求氢气纯度高、压力稳定，并且铂在溶液中易吸附其他组分而失去活性，所以实际科研实验中，往往不会使用标准氢电极作为标准。实验研究中经常使用甘汞电极或氯化银电极作为参考电极。这是因为这两种电极非常易于制备、价格便宜、使用方便，最重要的是其电极电势相对稳定，所以常常用甘汞电极或氯化银作为电极电势的对比参考。

（1）甘汞电极　**甘汞电极**如图 4.4 所示，其电极反应为：

$$\text{Hg}_2\text{Cl}_2(\text{s}) + 2\text{e}^- = 2\text{Hg}(\text{l}) + 2\text{Cl}^-(\text{aq})$$

电极电势为 $\varphi(\text{Hg}_2\text{Cl}_2/\text{Hg}) = \varphi^{\ominus}(\text{Hg}_2\text{Cl}_2/\text{Hg}) - \dfrac{RT}{2F}\ln[c(\text{Cl}^-)/c^{\ominus}]^2$

金属导线

溶液注入孔及外盖

饱和KCl溶液

玻璃外套管

汞
甘汞
多孔帽
多孔陶瓷

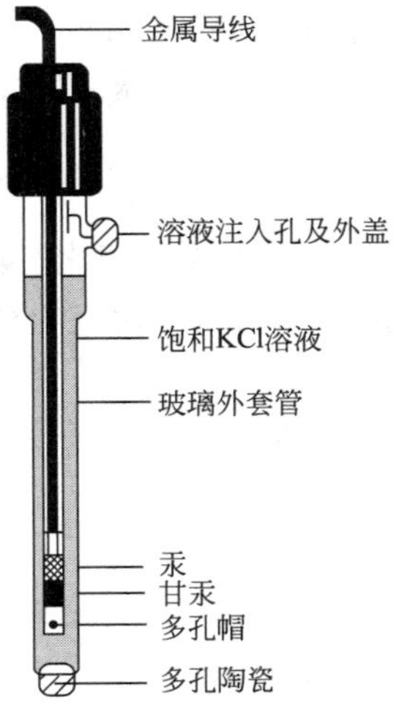

图 4.4　甘汞电极示意图

从上式可见，甘汞电极的电极电势与电极腔体中 KCl 溶液中 Cl^- 的浓度有关。使用不同 Cl^- 浓度的内参溶液，可制成不同的甘汞电极。常用的参比电极有饱和甘汞电极、Cl^- 浓度为 1 mol·dm^{-3} 的甘汞电极和 Cl^- 浓度为 0.1 mol·dm^{-3} 的甘汞电极。它们在 298.15 K 时的电极电势分别为 0.2438 V、0.2828 V 和 0.3365 V。

所以应该注意，在提到使用甘汞电极时，需要具体指出是哪种类型的甘汞电极，否则得到的电极电势的数值会有一定的差异。

（2）氯化银电极　**氯化银电极**的电极反应为：

$$\text{AgCl}(\text{s}) + \text{e}^- = \text{Ag}(\text{s}) + \text{Cl}^-(\text{aq})$$

电极电势表达式为 $\varphi(\text{AgCl}/\text{Ag}) = \varphi^{\ominus}(\text{AgCl}/\text{Ag}) - \dfrac{RT}{F}\ln[c(\text{Cl}^-)/c^{\ominus}]$

电极电势也与 KCl 溶液中的 Cl^- 浓度有关。经常使用的 KCl 溶液中 $c(\text{Cl}^-) = 1$ mol·dm^{-3}，温度为 298.15 K 时，此时的电极电势为 0.2223 V。

4.3.3 电极电势的能斯特方程——浓度对电极电势的影响

标准电极电势是电极反应中氧化还原电对的物质处于可逆平衡状态，并且处于标准状态时的电极电势。此数值反映了电对中氧化态或还原态得失电子的难易程度，是一个确定的值。但大多数情况下电极并不处在标准状态下，那么非标准状态下的电极电势 φ 会怎样变化呢？

对任意给定的电极，如果把电极反应写成还原反应，即：

$$a(\text{氧化态}) + ne^- \longrightarrow b(\text{还原态})$$

则

$$\varphi = \varphi^\ominus + \frac{RT}{nF} \ln \frac{[c(\text{氧化态})/c^\ominus]^a}{[c(\text{还原态})/c^\ominus]^b} \tag{4.4a}$$

例如，对于铜电极 Cu^{2+}/Cu：

$$Cu^{2+} + 2e^- \longrightarrow Cu$$

$$\varphi = \varphi^\ominus + \frac{RT}{2F} \ln c(Cu^{2+})/c^\ominus$$

在 298.15 K 时，如果将式(4.4a)改用常用对数表示，则

$$\varphi = \varphi^\ominus + \frac{0.05917\ \text{V}}{n} \lg \frac{[c(\text{氧化态})/c^\ominus]^a}{[c(\text{还原态})/c^\ominus]^b} \tag{4.4b}$$

式(4.4a)和式(4.4b)称为**电极电势的能斯特方程**，它与原电池电动势的能斯特方程具有相同的形式。

根据电极电势的能斯特方程，就可以确定电极在非标准状态下的电极电势 φ，φ 与标准电极电势、电极所处的温度、反应组分浓度有关。

应用能斯特方程时，对于反应组分浓度的表达应注意以下两点。

① 若组成电极电对的某物质是纯的固体或纯的液体，则能斯特方程中该物质的浓度作为1；若是气体，则能斯特方程中该物质的相对浓度改用相对压力表示。例如，对于氢电极，电极反应 $2H^+(aq) + 2e^- \longrightarrow H_2(g)$，能斯特方程中氢离子用相对浓度 $c(H^+)/c^\ominus$ 表示，氢气用相对分压 $p(H_2)/p^\ominus$ 表示，即

$$\varphi(H^+/H_2) = \varphi^\ominus(H^+/H_2) + \frac{RT}{2F} \ln \frac{[c(H^+)/c^\ominus]^2}{p(H_2)/p^\ominus}$$

② 如果除氧化态物质、还原态物质外，还有参加电极反应的其他物质(水除外)，则应把这些物质在相应的氧化态或还原态一侧写入能斯特方程中。如电极反应：

$$MnO_4^- + 8H^+ + 5e^- \longrightarrow Mn^{2+} + 4H_2O$$

其能斯特方程书写为：

$$\varphi(MnO_4^-/Mn^{2+}) = \varphi^\ominus(MnO_4^-/Mn^{2+}) + \frac{RT}{5F} \ln \frac{\{c(MnO_4^-/c^\ominus)\}\{c(H^+)/c^\ominus\}^8}{c(Mn^{2+})/c^\ominus}$$

例 4.1 计算 298.15 K 下 $c(Zn^{2+}) = 0.0010\ \text{mol·dm}^{-3}$ 时，锌电极的电极电势。

解 从附录 6 中，查得锌电极的标准电极电势 $\varphi^\ominus(Zn^{2+}/Zn) = -0.7618\ \text{V}$

电极反应为 $Zn^{2+}(aq) + 2e^- \longrightarrow Zn(s)$

根据能斯特方程，当 $c(Zn^{2+}) = 0.0010\ \text{mol·dm}^{-3}$ 时，

$$\varphi(Zn^{2+}/Zn) = \varphi^\ominus(Zn^{2+}/Zn) + \frac{RT}{2F} \ln[c(Zn^{2+})/c^\ominus]$$

$$= -0.7618\ \text{V} + (0.05917\ \text{V}/2)\lg(0.0010)$$

$$= -0.8506\ \text{V}$$

从本例可以看出，离子浓度的改变对电极电势有影响，但在通常情况下影响不大。与标准状态时的电极电势相比，当锌离子浓度减小到 1/1000 时，锌电极的电极电势改变不到 0.1 V。

例 4.2　已知 $c(MnO_4^-) = c(Mn^{2+}) = 1.000\ mol \cdot dm^{-3}$，计算 298.15 K 下 (1) pH=5；(2) pH=1 时，MnO_4^- / Mn^{2+} 电极的电极电势。

解　电极反应为 $MnO_4^- + 8H^+ + 5e^- \Longrightarrow Mn^{2+} + 4H_2O$

其标准电极电势为 $\varphi^{\ominus}(MnO_4^- / Mn^{2+}) = 1.507\ V$

(1) pH=5 时，$c(H^+) = 1.000 \times 10^{-5}\ mol \cdot dm^{-3}$

$$
\begin{aligned}
\varphi(MnO_4^- / Mn^{2+}) &= \varphi^{\ominus}(MnO_4^- / Mn^{2+}) + \frac{RT}{5F} \ln \frac{\{c(MnO_4^- / c^{\ominus})\}\{c(H^+)/c^{\ominus}\}^8}{c(Mn^{2+})/c^{\ominus}} \\
&= 1.507 + (0.05917/5)\lg(1.000 \times 10^{-5})^8 \\
&= 1.507 - 0.473 = 1.034\ V
\end{aligned}
$$

(2) pH=1 时，$c(H^+) = 1.000 \times 10^{-1}\ mol \cdot dm^{-3}$

$$
\begin{aligned}
\varphi(MnO_4^- / Mn^{2+}) &= \varphi^{\ominus}(MnO_4^- / Mn^{2+}) + \frac{RT}{5F} \ln \frac{\{c(MnO_4^- / c^{\ominus})\}\{c(H^+)/c^{\ominus}\}^8}{c(Mn^{2+})/c^{\ominus}} \\
&= 1.507 + (0.05917/5)\lg(1.000 \times 10^{-1})^8 \\
&= 1.507 - 0.095 = 1.412\ V
\end{aligned}
$$

从本例可以看出，电解质溶液的酸碱性对含氧酸盐的电极电势有较大的影响。酸性增强，电极电势明显增大，则含氧酸盐的氧化性明显增强。

从电极电势的能斯特方程得知，电极电势会因组分离子浓度的不同而不同，所以将同一金属离子不同浓度的两个溶液分别与该金属组成电极。此情况下两电极的电极电势不相等，所以组成电池的电动势不为零。这种原电池称为浓差电池。如以下不同浓度的氢电极组成的浓差电池，通过能斯特方程进行计算，可得知其电动势为 0.016 V。

$$(-)Pt \mid H_2(100\ kPa) \mid H^+(c=0.100\ mol \cdot dm^{-3}) \parallel$$
$$H^+(c=0.186\ mol \cdot dm^{-3}) \mid H_2(100\ kPa) \mid Pt(+)$$

4.4　电动势与电极电势在化学上的应用

电极电势是电化学中很重要的数据，是电极的特定属性。任何电极都可能发生氧化反应，也可能发生还原反应；无论发生氧化反应还是还原反应，该电极的电极电势是一样的。根据原电池中正、负两个电极的电极电势的数值，可用来计算原电池的电动势和电池反应的摩尔吉布斯函数变外，还可以利用电极电势的大小比较氧化态物质和还原态物质的氧化性/还原性的相对强弱，判断氧化还原反应进行的方向和程度等。

4.4.1　计算原电池电动势

对于任何可以自发的氧化还原反应，都可以设计成相应的原电池，其电动势就是构成原电池的两个电极的电极电势的差值。应用标准电极电势和能斯特方程，可以计算出原电池的电动势，并由此推出电池反应式。

例 4.3　把下列反应设计成原电池，并计算该电池的标准电动势。其中 $Sn^{4+}(aq)$ 和 $Cd^{2+}(aq)$ 浓度为 0.1 $mol \cdot dm^{-3}$，$Sn^{2+}(aq)$ 浓度为 0.001 $mol \cdot dm^{-3}$。

$$Sn^{4+}(aq) + Cd(s) = Sn^{2+}(aq) + Cd^{2+}(aq)$$

解 把上述反应分解成两个电极反应，并查出它们的标准电极电势。

正极反应 $\quad Sn^{4+}(aq) + 2e^- = Sn^{2+}(aq) \qquad \varphi^\ominus = 0.151\ V$

负极反应 $\quad Cd(s) - 2e^- = Cd^{2+}(aq) \qquad \varphi^\ominus = -0.4030\ V$

因为各组分离子浓度不是标准状态，所以使用能斯特方程计算各电极电势，

$$\varphi(Cd^{2+}/Cd) = \varphi^\ominus(Cd^{2+}/Cd) + \frac{RT}{2F}\ln[c(Cd^{2+})/c^\ominus]$$

$$= -0.4030\ V + (0.05917\ V/2)\lg(0.1)$$

$$= -0.43\ V$$

同理，可以计算出 $\varphi(Sn^{4+}/Sn^{2+}) = 0.21\ V$

原电池的电动势 $E = \varphi(正极) - \varphi(负极) = 0.21\ V - (-0.43\ V) = 0.64\ V$

将此反应设计成原电池，其图式为：

$$(-)Cd \mid Cd^{2+}(0.100\ mol \cdot dm^{-3}) \parallel Sn^{4+}(0.1000\ mol \cdot dm^{-3}),$$
$$Sn^{2+}(0.001\ mol \cdot dm^{-3}) \mid Pt(+)$$

4.4.2 氧化剂和还原剂相对强弱的比较

在实验室中常常会遇到氧化剂或还原剂的选择问题。在一个混合体系中，需要对某一组分进行选择性的氧化或者还原，但不能氧化或还原其他组分，所以需要选择适当强度的氧化剂或还原剂才能达到目的。电极电势的大小反映了电极中氧化态物质和还原态物质在溶液中氧化还原能力的相对强弱，是氧化还原能力的重要指标。

设有电极 $A^+ \mid A$、电极 $B^+ \mid B$ 和电极 $C^+ \mid C$，电极电势的大小次序为

$$\varphi(A^+ \mid A) > \varphi(B^+ \mid B) > \varphi(C^+ \mid C)$$

由这三个电极两两组合，可以构成三个原电池：

原电池(1) $\qquad (-)C \mid C^+ \parallel A^+ \mid A(+)$

原电池(2) $\qquad (-)C \mid C^+ \parallel B^+ \mid B(+)$

原电池(3) $\qquad (-)B \mid B^+ \parallel A^+ \mid A(+)$

根据电极电势大小可知，原电池(1)和(2)中，电极 $A^+ \mid A$ 和电极 $B^+ \mid B$ 分别是正极，发生还原反应；但在由电极 $A^+ \mid A$ 和电极 $B^+ \mid B$ 构成的原电池(3)中，由于 $B^+ \mid B$ 的电极电势比 $A^+ \mid A$ 的电极电势低，所以 $B^+ \mid B$ 为负极，发生氧化反应。

若某电极电势代数值越小，则该电极上越容易发生氧化反应，或者说该电极的还原态物质越容易失去电子，是较强的还原剂；而该电极的氧化态物质越难得到电子，是较弱的氧化剂。若某电极电势的代数值越大，则该电极上越容易发生还原反应，该电极的氧化态物质越容易得到电子，是较强的氧化剂；而该电极的还原态物质越难失去电子，是较弱的还原剂。

例如，对于下列三个电极

电极电对	电极反应	标准电极电势 $\varphi^\ominus$ /V
I_2/I^-	$I_2(s) + 2e^- = 2I^-(aq)$	+0.5355
Br_2/Br^-	$Br_2(l) + 2e^- = 2Br^-(aq)$	+1.066
Cl_2/Cl^-	$Cl_2(l) + 2e^- = 2Cl^-(aq)$	+1.3583

从标准电极电势可以看出，在离子浓度为 $1\ mol \cdot dm^{-3}$ 的条件下，I^- 是其中最强的还原

剂，而其对应的 I_2 是最弱的氧化剂。Cl_2 是其中最强的氧化剂，而其对应的 Cl^- 是其中最弱的还原剂。如果要使用某一氧化剂，仅能使 I^- 氧化，但不能氧化 Br^- 和 Cl^-，则该氧化剂的电极电势必须在 +0.5355 V 和 +1.066 V 之间。如果大于 1.066 V，则 Br^- 也会被氧化；如果大于 1.3583 V，Br^- 和 Cl^- 都会被氧化。实际上，在实验室中要实现氧化 I^-，但不能氧化 Br^- 和 Cl^-，使用的是 Fe^{3+} 氧化剂，其 $\varphi^{\ominus}(Fe^{3+}/Fe^{2+}) = +0.771$ V。

例 4.4　下列三个电极中，在标准条件下哪个是最强的氧化剂？若其中的 MnO_4^-/Mn^{2+} 电极改为在 pH=5.00 的条件下，它们的氧化性相对强弱次序将怎样改变？

$$\varphi^{\ominus}(MnO_4^-/Mn^{2+}) = +1.507 \text{ V}$$

$$\varphi^{\ominus}(Br_2/Br^-) = +1.066 \text{ V}$$

$$\varphi^{\ominus}(I_2/I^-) = +0.5355 \text{ V}$$

解　(1)在标准状态下可用 $\varphi^{\ominus}$ 值的相对大小进行比较。值的相对大小次序为：

$$\varphi^{\ominus}(MnO_4^-/Mn^{2+}) > \varphi^{\ominus}(Br_2/Br^-) > \varphi^{\ominus}(I_2/I^-)$$

所以在上述物质中，MnO_4^-（或 $KMnO_4$）是最强的氧化剂，I^- 是最强的还原剂，即氧化性的强弱次序为：

$$MnO_4^- > Br_2 > I_2$$

(2)$KMnO_4$ 溶液中的 pH=5.00，即 $c(H^+) = 1.00 \times 10^{-5}$ mol·dm^{-3}，根据能斯特方程进行计算得 $\varphi(MnO_4^-/Mn^{2+}) = 1.034$ V。此时电极电势大小次序为：

$$\varphi^{\ominus}(Br_2/Br^-) > \varphi(MnO_4^-/Mn^{2+}) > \varphi^{\ominus}(I_2/I^-)$$

这就是说，当 $KMnO_4$ 溶液的酸性减弱成 pH=5.00 时，氧化性的强弱次序变为：

$$Br_2 > MnO_4^- > I_2$$

从本例中可以看出对于氧化还原电对 MnO_4^-/Mn^{2+}，因其电化学反应中有 H^+ 参与反应，所以溶液的 H^+ 浓度会涉及能斯特方程中，也就是影响了氧化还原电对 MnO_4^-/Mn^{2+} 的电极电势，所以溶液酸度不同，会改变 MnO_4^- 氧化性的强弱。

4.4.3　氧化还原反应方向和限度的判断

在原电池的热力学中，已经理解由于反应的吉布斯函数变 ΔG 与原电池电动势的关系为 $\Delta G = -nEF$，若 $E>0$，则 $\Delta G<0$，在没有非体积功的恒温恒压条件下，反应就可以自发进行。电池反应能否自发进行可以用电动势 E 进行判断：

$$E>0 \text{ 即 } \Delta_r G_m < 0 \qquad 反应正向自发$$
$$E=0 \text{ 即 } \Delta_r G_m = 0 \qquad 反应处于平衡状态$$
$$E<0 \text{ 即 } \Delta_r G_m > 0 \qquad 反应正向非自发$$

在原电池的热力学讨论中，$T=298.15$ K 时电池反应的平衡常数 $K^{\ominus}$ 与电池的标准电动势 $E^{\ominus}$ 的关系为：

$$\lg K^{\ominus} = \frac{nE^{\ominus}}{0.05917 \text{ V}}$$

所以，可以通过该原电池的 $E^{\ominus}$ 推算该反应的平衡常数 $K^{\ominus}$，分析该反应能够进行的程度。

例 4.5　请判断下列氧化还原反应进行的方向。

$$Sn + Pb^{2+}(1.000 \text{ mol·dm}^{-3}) = Sn^{2+}(1.000 \text{ mol·dm}^{-3}) + Pb$$
$$Sn + Pb^{2+}(0.1000 \text{ mol·dm}^{-3}) = Sn^{2+}(1.000 \text{ mol·dm}^{-3}) + Pb$$

解 先从附录 6 中查出各电极的标准电极电势。

$$\varphi^{\ominus}(Sn^{2+}/Sn) = -0.1375\ V,\ \varphi^{\ominus}(Pb^{2+}/Pb) = -0.1262\ V$$

(1) 当 $c(Sn^{2+}) = c(Pb^{2+}) = 1.000\ mol \cdot dm^{-3}$，因为 $\varphi^{\ominus}(Pb^{2+}/Pb) > \varphi^{\ominus}(Sn^{2+}/Sn)$，所以 Pb^{2+} 作氧化剂，Sn 作还原剂。反应按照下列反应正向进行：

$$Sn + Pb^{2+}(1.000\ mol \cdot dm^{-3}) === Sn^{2+}(1.000\ mol \cdot dm^{-3}) + Pb$$

(2) 当 $c(Sn^{2+}) = 1.000\ mol \cdot dm^{-3}$、$c(Pb^{2+}) = 0.1000\ mol \cdot dm^{-3}$ 时，有

$$\varphi(Pb^{2+}/Pb) = \varphi^{\ominus}(Pb^{2+}/Pb) + \frac{RT}{2F}\ln\left[c(Pb^{2+})/c^{\ominus}\right]$$
$$= -0.1262\ V + (0.05917\ V/2)\lg(0.1)$$
$$= -0.1558\ V$$
$$\varphi^{\ominus}(Sn^{2+}/Sn) > \varphi(Pb^{2+}/Pb)$$

所以反应按(1)中反应的逆向进行，即：

$$Pb + Sn^{2+}(1.000\ mol \cdot dm^{-3}) === Pb^{2+}(0.1000\ mol \cdot dm^{-3}) + Sn$$

例 4.6 计算 298.15 K 时下面反应的标准平衡常数，并分析该反应能够进行的程度。

$$Sn + Pb^{2+}(1.000\ mol \cdot dm^{-3}) === Sn^{2+}(1.000\ mol \cdot dm^{-3}) + Pb$$

解 从例 4.5 已知上述反应在标准条件下能自发正向进行，对应原电池的标准电动势为：

$$E^{\ominus} = \varphi(Pb^{2+}/Pb) - \varphi^{\ominus}(Sn^{2+}/Sn) = -0.1262\ V - (-0.1375\ V) = 0.0113\ V$$
$$\lg K^{\ominus} = \frac{nE^{\ominus}}{0.05917\ V} = \frac{2 \times 0.0113\ V}{0.05917\ V} = 0.382$$
$$\lg \frac{c(Sn^{2+})}{c(Pb^{2+})} = 0.382$$
$$K^{\ominus} = \frac{c(Sn^{2+})}{c(Pb^{2+})} = 2.41$$

即 $c(Sn^{2+}) = 2.41 c(Pb^{2+})$

从计算结果可知，当溶液中 Sn^{2+} 浓度等于 Pb^{2+} 浓度的 2.41 倍时，反应便达到平衡状态。由此可见，该反应进行得不是很完全。

需要注意的是，以上对氧化还原反应方向和限度的判断，都是从化学热力学的角度进行讨论的，其中没有涉及反应速率的问题。一个具体的氧化还原反应能否自发进行，需要同时考虑到化学热力学和动力学两个方向的问题。

4.5 化学电源

化学电源是通过自发的氧化还原反应将化学能直接转变为电能的装置，通常也叫电池。电池作为能量来源，可以长时间提供稳定电压和电流，在我们的日常生活、生产中，电池随处可见，发挥着很大作用。电池的性能通常用电池容量、电池能量密度和电池功率密度三个主要的指标来衡量。电池容量是指在一定条件下电池所放出的电量，通常以 $A \cdot h$ 为单位，一般进行放电测试实验可以确定电池容量。电池能量密度，又称比能量，是指电池可输出的能量与电池的质量或体积之比，包括"质量能量密度"和"体积能量密度"，单位分别为 $W \cdot h \cdot kg^{-1}$、$W \cdot h \cdot dm^{-3}$。电池功率密度，又称为比功率，是电池所能输出的功率与电池的质量或体积之比，单位分别为 $W \cdot kg^{-1}$ 和 $W \cdot dm^{-3}$。

化学电源的种类繁多、形式多样，分类也多种多样。根据化学电源的使用特点和工作性质，一般可将化学电源分为一次电池、二次电池和连续电池三类，以下分别概要介绍一些常见及新颖的化学电源。

4.5.1　一次电池

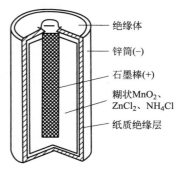

一次电池是指电池放电后，不能通过简单的充电或补充化学物质使其复原而继续使用的电池。日常生活中人们经常使用到一次电池，使用最普遍的是酸性的锌锰干电池和碱性的锌汞电池。

锌锰干电池内部结构如图 4.5 所示，一般制成圆筒式。它是以金属锌筒外壳作为负极，以中心石墨棒裹上 MnO_2 作为正极，两个电极之间的电解质为 $ZnCl_2$ 和 NH_4Cl 与淀粉的糊状混合物。因为这种电池的电解质是一种不能流动的糊状物，所以叫作干电池。相对地，湿电池则为使用液态电解液的化学电池。由

图 4.5　锌锰干电池示意图

于使用方便，价格低廉，锌锰干电池至今仍是一次电池中使用最广，产值、产量最大的一种电池。

锌锰干电池的简单图式表示为：

$$(-)Zn \mid ZnCl_2,NH_4Cl(糊状) \mid MnO_2 \mid C(+)$$

锌锰干电池放电时的电极反应为：

负极反应　$Zn(s) \!=\!\!=\!\! Zn^{2+}(aq)+2e^-$

正极反应　$2MnO_2(s)+2NH_4^+(aq)+2e^- \!=\!\!=\!\! Mn_2O_3(s)+2NH_3(aq)+H_2O(l)$

电池总反应为：

$$Zn(s)+2MnO_2(s)+2NH_4^+(aq) \!=\!\!=\!\! Zn^{2+}(aq)+Mn_2O_3(s)+2NH_3(aq)+H_2O(l)$$

由于锌锰干电池两极间采用的是 $ZnCl_2$ 和 NH_4Cl 的糊状混合物电解质，其中 NH_4^+ 和 Zn^{2+} 组分浓度保持恒定，可以得出锌锰干电池的电动势为 1.5 V，并且与电池体积的大小无关。在使用的过程中，负极锌会逐渐消耗，以致锌锰干电池在最后使用寿命时可能会发生穿漏渗液现象；另外，MnO_2 的活性也会逐渐衰减，最终导致电池失效。锌锰干电池一个缺点是产生的 NH_3 气能被石墨棒吸附，导致电池内阻增大，电动势下降，性能较差。目前已有若干种改良型，如碱性锌锰电池是一种湿电池，其电解质是 $8\sim12$ $mol \cdot dm^{-3}$ 的 KOH 溶液。其碱性锌锰电池主要有圆筒式和纽扣式两种，其产品系列都用字母"LR"表示，其后的数字表示电池的型号，LR41、LR43、LR44、LR54 和 LR55 等。碱性锌锰电池的放电能力是锌锰干电池的 $5\sim7$ 倍。

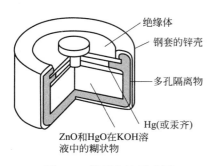

锌汞电池是以锌汞齐为负极，HgO 为正极，饱和 ZnO 的 KOH 糊状物为电解质的原电池。锌汞电池一般制作成纽扣式，其构造如图 4.6 所示，氧化汞正极材料中加入炭粉以降低内阻，其电解质 ZnO 与 KOH 形成$[Zn(OH)_4]^{2-}$配离子。锌汞电池有很高的电池能量密度和稳定的工作电压，整个放电过程中，电压变化不大，保持在 1.34 V 左右。锌汞纽扣电池在民用电子器件中得到广泛应用，形成了多种形状和尺寸系列的电池，常用作手表、计算器、助听器、心脏起搏器、汽车钥匙等小型装置的电源。锌汞电池的缺点是低温性能差，只能在 0 ℃ 以上使用，并且电池材

图 4.6　锌汞电池示意图

料中使用了氧化汞，用完后随意丢弃会严重污染环境，所以其生产和使用范围趋向于缩小，已逐渐被其他系列的电池替代。

该电池可用简单图式表示为：

$$(-)Zn(Hg)|KOH(糊状，含饱和 ZnO)|HgO|C(+)$$

锌汞电池放电时的电极反应为：

负极反应 $Zn(s)+2OH^-===ZnO(s)+H_2O+2e^-$

正极反应 $HgO(s)+H_2O+2e^-===Hg(l)+2OH^-$

电池总反应为：

$$Zn(s)+HgO(s)===ZnO(s)+Hg(l)$$

市面上还有一种常见的标准工作电压为 3 V 的锂锰纽扣式电池，其正极材料为二氧化锰，负极材料为金属锂。锂锰电池比容量高，电压稳定性好，体积小，通常用在一些比较小且薄的电子产品里面，如超薄遥控器、计算器等。锂锰纽扣式电池一般型号用"CR"表示，比较常见的有 CR2032、CR2025、CR2016 等。

4.5.2 二次电池

二次电池是指电池放电后，可以通过充电的方法，使活性物质复原而继续使用的电池。二次电池的使用寿命可以达到数十次甚至数千次循环。常用的二次电池有铅蓄电池和锂离子电池等。

4.5.2.1 铅蓄电池

铅蓄电池，又叫铅酸电池（见图 4.7），是用两组铅锑合金隔板作为两个电极的导电材料，其中一组隔板的孔穴中填充二氧化铅，在另一组隔板的孔穴中填充海绵状金属铅，以密度为 $1.25\sim1.3$ g·cm^{-3} 稀硫酸作为电解质溶液而组成的。铅蓄电池在放电时相当于一个原电池[见图 4.7(b)]，原电池图式表示为：

$$(-)Pb|H_2SO_4(1.25\sim1.3 \text{ g·cm}^{-3})|PbO_2(+)$$

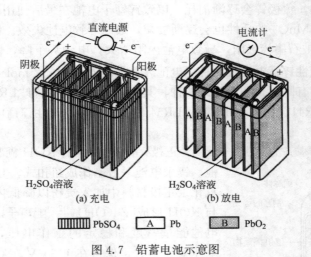

图 4.7 铅蓄电池示意图

放电时两极反应为：

负极 $\quad Pb(s)+SO_4^{2-}(aq)===PbSO_4(s)+2e^-$

正极 $\quad PbO_2(s)+4H^+(aq)+SO_4^{2-}(aq)+2e^-===PbSO_4(s)+2H_2O(l)$

电池总反应为：
$$Pb(s)+PbO_2(s)+2H_2SO_4(aq)\!=\!\!=\!\!2PbSO_4(s)+2H_2O(l)$$

铅蓄电池在放电过程中将 Pb 和 PbO_2 转变成 $PbSO_4$；放电完成后，利用略高的电池电压的外界直流电源对铅蓄电池进行充电输入能量，可以将 $PbSO_4$ 再次转变成 Pb 和 PbO_2，即完成充电过程，电极恢复到原先状态，铅蓄电池可以继续循环使用。铅蓄电池的特点在于电池电动势较高、结构简单、使用温度范围广，电池的电容量也大，价格低廉，因此是二次电池中使用历史长、范围最广泛、技术最成熟的电池。由于电池材料和构造中大量使用铅和硫酸，因而铅蓄电池的主要缺点是笨重。它主要用作汽车和柴油机车的启动电源，搬运车辆，坑道、矿山车辆和潜艇的动力电源，以及变电站的备用电源。

4.5.2.2 锂离子电池

锂系电池分为锂电池和锂离子电池。锂电池是采用硫化钛作为正极材料，金属锂作为负极材料而制成的。由于锂金属的化学性质非常活泼，使得锂金属的加工、保存和使用，对环境要求非常高。这种锂电池虽然原理上可以充电，但在充放电循环过程中容易形成树枝状"锂枝晶"，造成电池内部短路，引起电池爆炸的危险，所以一般情况下这种电池是禁止充电的。锂离子电池由锂电池发展而来，依靠锂离子在正极和负极之间可逆移动来工作。手机和笔记本电脑使用的都是锂离子电池，通常人们俗称其为"锂电池"，但实际上与以金属锂为负极的一次电池并不相同。

锂离子电池的负极通常由嵌入锂离子的石墨层组成，如 Li_xC_6，正极采用含锂的金属化合物，如 $LiCoO_2$、$LiNiO_2$ 等。

典型的锂离子电池的图式可以表示为：
$$(-)Li_xC_6|含锂离子的电解质|LiCoO_2(+)$$

锂离子电池在充电或放电过程中，锂离子会往返于正负极之间。当外界输入能量即充电过程中，正极上发生氧化反应，Li 失去电子成为 Li^+，脱离正极材料进入电解质溶液，并且 Li^+ 会定向移动到负极表面，获得电子被还原成 Li 原子，嵌入负极的石墨层间，因而形成高能态，如图 4.8 所示。

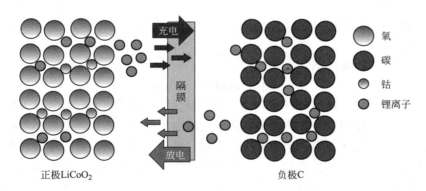

图 4.8 锂离子电池工作原理示意图

充电过程中，正极与负极发生的电极反应分别为：

正极反应 $LiCoO_2\!=\!\!=\!\!Li_{1-x}CoO_2+xLi^++xe^-$

负极反应 $6C+xLi^++xe^-\!=\!\!=\!\!Li_xC_6$

电池总反应 $LiCoO_2+6C\!=\!\!=\!\!Li_{1-x}CoO_2+Li_xC_6$

在放电过程中，即自发的氧化还原过程，负极上嵌在石墨层间的 Li 原子失去电子成为 Li^+，经过电解质溶液定向移动到正极，获得电子并嵌入正极石墨层间，形成低能态。

因为锂离子电池的工作电压很高，约为 3.6 V，远高于水的分解电压，所以不能采用水作为电池系统的溶剂，电解质溶液的溶剂通常采用有机溶剂，如乙烯碳酸酯（EC）、二乙基碳酸酯（DEC）等，电解质常采用六氟磷酸锂（$LiPF_6$）。

有机溶剂的存在，使得锂离子电池在充电过程中会破坏负极石墨的结构，而且还存在易燃易爆的安全性问题，所以正逐渐被固体聚合物电解质所替代。固体聚合物电解质分为固态与凝胶状态两类。聚合物电解质中，可用聚环氧乙烷作为不移动的溶剂，加入增塑剂等添加剂，提高离子的电导率，使电池可在常温下使用。固体聚合物电解质可制成薄膜的形状，与薄片状的正极和负极一起组装成薄片状电池，厚度可小于 1 mm，被广泛用于手机和笔记本电脑中。

锂离子电池对电池内部短路、电池外部短路都非常敏感，使用中不可过充和过放。锂的化学性质非常活泼，很容易燃烧。如果锂离子产品不合格时，电池过度放电、充电时，电池内部会持续升温，此过程中会产生气体而膨胀，使电池内压加大，压力达到一定程度，如外壳有伤痕，即会破裂而引起燃烧甚至爆炸。因此，在锂离子电池上必须配有合格的保护元器件或保护电路，以保证安全、可靠、快速地充电。所以，要选购符合质量标准的合格电池产品，正确地使用各种锂离子电池，一定要注意安全！

4.5.3　连续电池

连续电池是指通过不间断地输入化学物质，电池放电过程可以连续不间断地进行。燃料电池就是一种连续电池，是将燃料的化学能直接转换为电能的装置。相较于燃料燃烧产生的热能再转变为机械能和电能，燃料电池的能量转化效率可以大大提高。如传统的火力发电的能量转化率不到 40%，而燃料电池能量转换率很高，实际转化率可以达 70%～80%。与一般的化学电源相比，燃料电池的燃料不是把燃料（还原剂、氧化剂物质）全部贮藏在电池内，而是在电池工作时不断地从外界输入氧化剂和还原剂，同时将电极反应产物不断排出电池。另外，燃料电池以燃料和氧气作为原料，同时没有机械传动部件，排放出的气体是 CO_2 和 H_2O，不含有害气体。所以从节约能源和保护生态环境的角度来看，燃料电池是非常有发展前途的电池技术。

燃料电池可以用简单的图式来表示：

(一)燃料|电解质|氧化剂(十)

其中，以还原剂类燃料为负极反应物，如氢气、肼、烃、甲醇、煤气、天然气等，以如氧气、空气等为正极反应物。要将燃料的化学能转变为电能，首先需要将燃料离子化，以便于进行反应。负极部分的燃料一般为有机化合物，且为气体，所以要求电极材料兼具有电催化的作用，可用多孔碳、多孔镍和铂、银等贵金属作电极材料，以增大燃料气体与电解液和电极三相之间的接触界面。燃料电池有很多种，各种燃料电池的主要区别在于使用的电解质不同。电解质可以采用碱性、酸性、熔融盐、固体电解质及高聚物电解质、离子交换膜等多种介质，燃料电池大致可以分为五类。

① 碱性燃料电池　采用浓氢氧化钾溶液作为电解液，需要使用贵金属为电催化剂，这种电池成本最高，主要用于航天和其他特殊用途，如导弹、卫星等空间飞行器。

② 磷酸型燃料电池　采用浓磷酸为电解质的燃料电池，这类电池用于小型的工厂，是目前较为成熟的燃料电池。目前最大的燃料电池发电厂是东京电能公司的 11 MW 磷酸型燃

料电池发电厂。

③ 熔融碳酸盐燃料电池 采用碳酸锂或碳酸钾为电解质的燃料电池，不需要使用贵金属催化剂，成本较低，这类电池用于大型固定工厂。

④ 固体氧化物燃料电池 这是在高温下采用氧化锆或氧化钇为电解质的固态燃料电池，其不需要使用贵金属催化剂，这类电池用于大型固定工厂，具有广阔的前景。

⑤ 质子交换膜燃料电池 采用极薄的质子交换膜为电解质，目前主要用的全氟磺酸膜，具有良好的热稳定性、抗电化学氧化性、良好的力学性能和较高的电导率等特点。这类电池技术比较成熟，可以用于汽车、潜艇、小型固定工厂。

以氢气为燃料的氢氧燃料电池，电解质可以采用酸性和碱性两种介质。碱性的氢氧燃料电池常用 $30\%\sim50\%$ 的 KOH 溶液为电解液，燃料是氢气，氧化剂是氧气（见图 4.9）。氢氧燃料电池的燃烧产物为水，对环境不产生污染。电池可用图式表示为：

$$(-)C\,|\,H_2(p)\,|\,KOH(aq)\,|\,O_2(p)\,|\,C(+)$$

电极反应为：

负极 $2H_2(g)+4OH^-(aq)=\!=\!=4H_2O(l)+4e^-$

正极 $O_2(g)+2H_2O(l)+4e^-=\!=\!=4OH^-(aq)$

电池总反应为：$2H_2(g)+O_2(g)=\!=\!=2H_2O(l)$

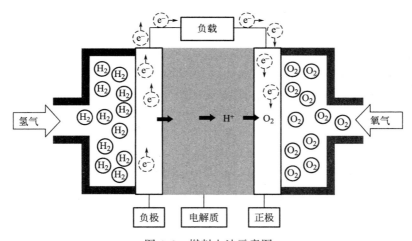

图 4.9 燃料电池示意图

当 H_2 和 O_2 的分压均为 100 kPa、KOH 溶液的浓度为 30% 时，电池的理论电动势约为 1.23 V。

碱性氢氧燃料电池已经被应用于载人宇宙飞船上，例如阿波罗宇宙飞船上的燃料电池由三组碱式氢氧燃料电池组成，能提供 $27\sim31$ V、功率为 $563\sim1420$ W 的电力。目前航天飞机上很多都使用携带的液氢和液氧以制作燃料电池而不断产生电能，其反应产物液态的水还可以作为宇航员的生活用水。碱性氢氧燃料电池的缺点是使用贵金属为催化剂，实际使用寿命有限。

当氢氧燃料电池采用酸性介质如浓磷酸时，其电极反应为：

负极 $2H_2(g)=\!=\!=4H^+(l)+4e^-$

正极 $O_2(g)+4H^+(l)+4e^-=\!=\!=2H_2O(aq)$

电池总反应 $2H_2(g)+O_2(g)=\!=\!=2H_2O(l)$

4.5.4 化学电源的正确使用

从化学电源的分类和组成，已经知道某些一次电池和二次电池中，含有汞、锰、镉、铅、锌等重金属，这些电池使用后如果随意丢弃，其中的重金属元素会慢慢渗透到土壤和水体中；若这些电池被作为干垃圾进行焚烧，污染物则会散发到大气中，造成环境污染。所以，含重金属的电池作为有害垃圾进行分类投放以及研制生产无汞、无镉的无害化电池，对环境保护具有非常重要的意义。

值得一提的是，我们还需要加强对锂电池规范使用的重视。日常生活中，锂离子电池不仅用于手机、笔记本电脑等现代数码产品中，还有一个重要的应用就是电动自行车的电源。使用锂电池需要注意当充则充、防止过度放电、防止过度充电、不要边充电边使用，否则容易造成电池性能下降，甚至有电池发热起火爆炸的危险。大容量的锂电池如果因为发热起火，内部的有机化合物很容易燃烧，甚至发生爆炸造成严重的火灾事故。对于电动自行车，选购时要购买质量合格的产品，并使用原装的充电器，注意定期检查保养。另外，电动自行车要规范停放在安全的位置，禁止停放在楼道、电梯和住宅里，且不可以在住宅里充电。楼道是居民楼的公用安全通道，而电梯和住宅是封闭的空间。电动车燃烧实验证明，一旦电动车燃烧起来，毒烟会迅速向上蔓延，很快就能导致整幢楼陷入毒烟密布的状态，极易造成人员伤亡等严重火灾事故。

总之，要选购符合国家质量标准的电池产品，并正确地使用，确保安全！

4.6 电解

4.6.1 电解的基本原理

电解是将电流通过电解质溶液，在阴极和阳极上引起氧化还原反应的过程，在电解过程中，电能转变为化学能。例如水的分解反应：

$$H_2O(l) = H_2(p^\ominus) + \frac{1}{2}O_2(p^\ominus)$$

因为 $\Delta_r G_m$（298.15K）=237.19 kJ·mol^{-1}>0，所以在没有非体积功的情况下，反应不能自发进行。但是，根据热力学原理 $\Delta_r G_m \leqslant W'$，如果环境对上述系统做非体积功（例如电功），就有可能进行水的分解反应。所以，可以认为电解是利用外加电能的方法迫使反应进行的过程。

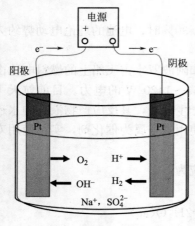

图 4.10 电解水的示意图

在电解池中，将直流电通过电解质溶液或熔融电解质，使电解质在电极上发生化学反应，可以制备所需的目标产品。与直流电源的负极相连的电极叫作阴极，与直流电源的正极相连的电极叫作阳极，如图 4.10 所示，通过电极反应这一特殊形式，使金属导线中电子导电与电解质溶液中离子导电联系起来。通直流电后，电子从电源的负极沿导线进入电解池的阴极；另一方面，电子又从电解池的阳极离去，沿导线流回电源正极。这样在阴极上电子过剩，在阳极上电子缺少，从而迫使离子做定向运动。在电解过程中，阳离子向阴极移动，在阴极得到电子，被还原；阴离子向阳极移动，在阳极失去电子，被氧化。在电解池的两极反应中氧化态物质得到电子或还原态物质给出电子的过程都叫作放电。在电解水过程中，OH$^-$ 在阳极失去电子，被氧化成氧气放出；H$^+$ 在阴极得到电子，被还原成氢气放出。

4.6.2　分解电压和超电势

在 0.100 mol•dm^{-3} 的 Na$_2$SO$_4$ 水溶液以电解水为例来说明，需要对电解池施以多少电压才能使电解顺利进行。首先进行化学热力学分析，水的电解过程中，阴极和阳极分别产生氢气和氧气。其中，电极反应如下：

阴极反应析出氢气 $\qquad\qquad$ $2H^+ + 2e^- \!\!=\!\!= H_2$

阳极反应析出氧气 $\qquad\qquad$ $2OH^- \!\!=\!\!= H_2O + \dfrac{1}{2}O_2 + 2e^-$

0.100 mol•dm^{-3} Na$_2$SO$_4$ 水溶液的 pH＝7，也就是说，$c(H^+) = c(OH^-) = 1.00 \times 10^{-7}$ mol•dm^{-3}。由于电解反应的结果，在电解池阳极上有氧气析出，在阴极上有氢气析出。阳极上的电极电势可以按照能斯特方程进行计算，为：

$$\varphi(O_2/OH^-) = \varphi^{\ominus} + \frac{RT}{2F}\ln\frac{\{p(O_2)/p^{\ominus}\}^{1/2}}{\{c(OH^-)/c^{\ominus}\}^2}$$
$$= 0.401\ V - (0.05917V/2)\lg(1.00 \times 10^{-7})^2 = 0.815\ V$$

同理，阴极上的电极电势为：

$$\varphi(H^+/H_2) = \varphi^{\ominus} + \frac{RT}{2F}\ln\frac{\{c(H^+)/c^{\ominus}\}^2}{p(H_2)/p^{\ominus}}$$
$$= (0.05917\ V/2)\lg(1.00 \times 10^{-7})^2 = -0.414\ V$$

此电解产物组成的氢氧原电池的电动势为：

$$E = 0.815\ V - (-0.414\ V) = 1.23\ V$$

这就是说，为使电解水的反应能够发生，外加直流电源的电压不能小于 1.23 V，这个电压称为理论分解电压。

电解水的实验可以使用图 4.11 的装置进行。通过可变电阻 R 调节外电压 V，从电流计 A 可以读出在一定外加电压下的电流数值。接通电路并逐渐增大外加电压，可以发现，在外加电压逐渐增加到 1.23 V 时，电流仍很小，电极上没有气泡产生；当电压增加到约 1.7 V 时，电流开始明显增大。而以后随电压的增加，电流迅速增大，同时，在两极上有明显的气泡产生，电解能够顺利进行。通常把能使电解顺利进行的最低电压称为**实际分解电压**，简称**分解电压**。实际分解电压的数据可从实验结果得出。把上述实验结果以电压对电流作图，可得图 4.12 的曲线。在图中，沿电解顺利发生的部分曲线做反向切线交于横轴，此点的电压读数即为实际分解电压。一般各种物质的分解电压可通过实验进行测定。

在电解过程中，部分氢气和氧气分别吸附在铂电极表面，组成了氢氧原电池：

$\qquad$ $(-)Pt|H_2(100\ kPa)|Na_2SO_4(0.100\ mol•dm^{-3})|O_2(100\ kPa)|Pt(+)$

经过计算得知，此氢氧原电池的电动势为 1.23 V，与外加直流电源的电动势相反，所以只有当外加直流电源的电压大于该原电池的电动势时，才能使电解顺利进行，即施加大于理论分解电压 1.23 V 的外电压。所以分解电压是由于电解产物在电极上形成某种原电池，产生反向电动势而引起的。实际上，由于极化的结果产生了超电势，使实际分解电压高于理论分解电压。

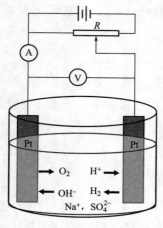

图 4.11 分解电压的测定

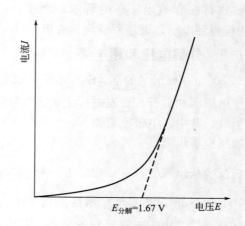

图 4.12 分解电压

电解池的理论分解电压是化学热力学中可逆电池的电动势，即在电极上几乎没有电流通过条件下的平衡电极电势。电解过程是区别于可逆电池的，电解池中有明显的电流通过电极，电极成为不可逆电极，所以电极的电势会与平衡电势有所不同。这种电极电势偏离了没有电流通过时的平衡电极电势值的现象，在电化学上称为**极化**，可以由超电势的大小来衡量一个电极极化的程度。

电解池中实际分解电压与理论分解电压之间的偏差，除了因电阻所引起的电压降以外，就是由于电极的极化所引起的。

有电流通过时电极的电势以 φ(实)与没有电流通过时电极的电势 φ(理)之差的绝对值，定义为电极的**超电势** η，则有：

$$\eta = |\varphi(实) - \varphi(理)|$$

而电解时电解池的实际分解电压 E(实)与理论分解电压 E(理)之差则称为**超电压** E(超)，即：

$$E(超) = E(实) - E(理)$$

容易理解，超电压与超电势之间的关系为 $E(超) = \eta(阴) + \eta(阳)$

在上述电解 $0.100 \ mol \cdot dm^{-3} Na_2SO_4$ 水溶液的电解池中，超电压为：

$$E(超) = E(实) - E(理) = 1.70 \ V - 1.23 \ V = 0.47 \ V$$

极化产生的原因很复杂，一般有浓度差异造成的浓差极化，还有电化学反应过程中产生的电化学极化两个方面。

(1)浓差极化

浓差极化是参与反应的离子在电极附近的浓度小于本体溶液造成的。这是因为离子从本体溶液中扩散到电极表面的速率缓慢，而离子在电极上放电的速率总是比溶液中离子的扩散速率快，使得电极附近的离子浓度与溶液中间部分的浓度有差异，这种差异随着电解池中电流密度的增大而增大。在离子浓差极化的情况下，为使电解池阳极上发生氧化反应，外电源加在阳极上的电势必须比没有浓差极化时更正一些；同理，为使电解池阴极上发生还原反应，外电源加在阴极上的电势必须比没有浓差极化时更负一些。总之，在浓差极化的情况下，实际分解电压(外电源两极之间的电势差)比理论分解电压更大。

(2)电化学极化

电化学极化是电化学反应的特定属性，是因电解产物析出过程中某一步骤的反应速率迟缓而引起电极电势偏离平衡电势的一种现象，电化学极化是由电化学反应速率决定的。所以，对电解液的搅拌，一般并不能消除电化学极化现象。

一般而言，因为电极上超电势的存在，常常使得电解所需的外加电压增大，所以会消耗更多的电能，从能耗的角度会设法降低超电势的大小。另一方面，超电势的存在使得某电极的电极电势发生极化，电极电势的数值发生改变，此现象也可以加以利用。例如，要想利用电解的方法在铁板上沉积一层金属锌，查阅电极电势的数据，可以知道 $\varphi(H^+/H_2) > \varphi(Zn^{2+}/Zn)$，所以理论上是在电解过程中，首先析出的是氢气而不是金属锌。实际上氢电极的超电势很大，另外还可以控制电解条件人为地增大氢电极的超电势，使得氢的析出电势小于锌的析出电位，从而实现在铁板上电镀锌。

4.6.3 电解产物的一般规律

在水溶液中进行电解时，电解液中除了电解质的正、负离子外，还有 H^+ 和 OH^- 存在，电解发生时究竟是哪种离子先在电极上放电发生反应，也就是电解产物析出的顺序，取决于它们的析出电位。一般而言，在阳极上进行的是氧化反应，析出电势代数值越小的还原态物质越容易发生氧化反应而析出；在阴极上发生的是还原反应，析出电势代数值较大的氧化态物质越容易进行还原反应而析出。这里的析出电势由它们的标准电极电势、离子浓度和电极上的超电势等多种因素决定。

电解质为水溶液的电解时，阴、阳极产物的一般析出规律如下。

（1）阴极

因为阴极上发生的是还原反应，所以阴极材料无论是使用惰性材料如石墨或铂，还是使用非惰性的 Cu、Fe 等金属材料，都不会导致阴极材料溶解的问题。不过不同的阴极材料可能会导致氢的超电势的大小会有不同。

① 电解盐溶液时，电极电势比 $\varphi(H^+/H_2)$ 大的金属正离子首先在阴极还原析出，如 Cu^{2+}、Ag^+ 等。

② 某些电极电势比 $\varphi(H^+/H_2)$ 小的金属正离子（如 Zn^{2+}、Fe^{2+} 等），常常由于氢电极的超电势较大而不能析出氢气，所以这些金属正离子的析出电势仍可能大于 H^+ 的析出电势（可小于 -1.0 V），这些金属也会首先析出。如 Zn 或 Fe 会优先于氢气而在阴极析出。

③ 对于电极电势很小的金属离子（如 Na^+、K^+、Mg^{2+}、Al^{3+} 等），在阴极不易被还原，所以总是水中的 H^+ 被还原成 H_2 而析出。

（2）阳极

① 如果选择非惰性的金属材料，如 Mg、Zn、Cu、Ag 等作阳极时，由于金属电极的电极电势很负，所以金属阳极首先被氧化成金属离子溶解在电解质溶液中。粗金属进行电解精炼过程就是利用粗金属材料作为电解过程的阳极，将金属在阳极上不断氧化后溶解于溶液中，溶液中的金属离子又可以在阴极上放电析出金属而达到精炼纯化的目的。

② 如果选用惰性材料如石墨和铂金属作电极时，当溶液中存在 S^{2-}、Br^-、Cl^- 等简单负离子时，虽然 $\varphi^{\ominus}(O_2/OH^-)$ 电极电势比较小，但 O_2 析出的超电势往往较大，导致了 O_2 的析出电势会大于硫离子和卤离子的析出电势。所以在简单负离子 S^{2-}、Br^- 和 Cl^- 等的盐溶液中进行电解时，在阳极上可以优先析出 S、Br_2 和 Cl_2。

③ 用惰性阳极且溶液中存在复杂离子如 SO_4^{2-} 时，由于其电极电势 $\varphi^{\ominus}(SO_4^{2-}/S_2O_8^{2-}) = 2.01$ V，比 $\varphi^{\ominus}(O_2/OH^-)$ 还要大，因而一般都是 OH^- 首先被氧化而析出氧气。

④ 另外，对于用惰性电极电解氟化物的溶液，如 Na_2F 溶液中，$\varphi^{\ominus}(F_2/F^-)$ 电极电势比氧气的析出电势大，所以阳极上发生的是析出氧气的电化学反应。

例如，以石墨作为两个电极的电极材料电解 NaCl 浓溶液时，在阴极可以析出氢气，在阳极能得到氯气，电解过程中溶液会逐渐产生 NaOH。

$$阳极反应 \quad 2Cl^-(aq)-2e^-\!=\!=\!Cl_2(g)$$
$$阴极反应 \quad 2H^+(aq)+2e^-\!=\!=\!H_2(g)$$
$$总反应 \quad 2NaCl+2H_2O\!=\!=\!Cl_2(g)+H_2(g)+2NaOH$$

4.6.4 电解技术的应用

常见的电解技术的应用有电镀、金属的电解精炼、阳极氧化、电抛光、电解加工等。从电解原理上分析，电解技术中涉及了阳极反应的应用和阴极反应的应用，以及两种电极反应均包含的应用。在含有金属离子的水溶液中进行电解，金属离子会在阴极材料上还原析出金属单质，利用此阴极反应，可以将一种金属覆盖到另外一种金属零件表面的过程，即电镀。电解的过程可以将作为阳极材料的金属氧化，或者在阳极材料表面生成金属氧化物保护膜（也就是阳极氧化），或者生成金属离子溶解于溶液中，同时此金属离子在阴极上还原析出（也就是金属的电解精炼）。

4.6.4.1 金属的电解精炼

金属的电解精炼指利用不同金属材料（待精炼金属和杂质金属）阳极溶解或阴极析出难易程度的差异而提取纯金属的技术。比如粗铜的电解精炼。含铜 99.0%～99.6% 的粗铜产品，由于其纯度低，不能满足工业化要求，因此需要经过电解精炼除去其中的杂质。以粗铜产品制成阳极，使用纯铜薄片作阴极，以硫酸铜水溶液作电解液，通过控制特定的电解电位，阳极上铜溶解下来，进入电解液，而溶液中的铜在阴极上析出。在此过程中，贵金属和某些金属由于其电位比铜溶解电位正而不溶，沉淀于电解池底成为阳极泥；阳极上比铜电位负的金属进入溶液，但不能在阴极上析出，因而会留在电解液中。通过此电解精炼过程可以在阴极上析出纯度很高的金属铜。电极上主要发生的反应为：

$$阴极反应 \quad Cu^{2+}+2e^-\!=\!=\!Cu$$
$$阳极反应 \quad Cu-2e^-\!=\!=\!Cu^{2+}$$

粗铜中按杂质元素的析出电位通常分为四类。

① 比铜的电极电势更负的元素，如 Fe、Sn、Pb、Co、Ni。这些杂质在阳极溶解中，均以二价离子进入电解液，其中铅、锡生成难溶的氧化物而转入阳极泥，其余则存留在电解液中。

② 比铜电极电势更正的元素，如 Ag、Au、Pt 等元素，在电解过程中，几乎全部进入阳极泥中，精炼产品铜中只有微量存在。

③ 电极电势接近铜，但较铜负电性的元素，如 As、Sb、Bi。虽然这三种元素电位与铜比较接近，但由于其含量很低，在正常的电解过程中，一般很难在阴极析出。

④ 另外，还有一些其他杂质，如 O、S、Se、Te、Si 等。阳极中的氧通常与其他元素形成化合物存在，这些化合物大部分难溶于电解液而进入阳极泥。

4.6.4.2 阳极氧化

阳极氧化是指金属或合金通过电化学阳极氧化，在表面形成一层氧化物保护膜，从而使内部金属在一般情况下免遭腐蚀。铝及其合金、镁及其合金等材料常用阳极氧化处理以增强其抗腐蚀性能。如铝在空气中就能生成一层均匀而致密的氧化膜（Al_2O_3），但是这种自然形成的氧化膜厚度非常小，仅 $0.02\sim1\ \mu m$，因而保护能力不强。另外，为了提高铝制品的机械强度，铝材料中常常加入少量其他元素组成合金，但铝合金的耐蚀性能往往变差。为了克服铝合金表面硬度、耐腐蚀性等方面的缺陷，表面处理技术成为铝合金使用中不可缺少的一环。而通过阳极氧化技术把铝金属在电解过程中作为阳极，使之氧化而得到厚度达 $5\sim300\ \mu m$ 的氧化膜。经过阳极氧化后，铝或其合金材料具有优良的绝缘性，增强了抗腐蚀性能，并且提高了其硬度和耐磨性。另外，氧化膜薄层中含有大量的微孔，可用来吸附各种润滑剂，适合制造发动机气缸或其他耐磨零件；膜微孔吸附能力强还可着色成各种美观艳丽的色彩。

将铝及其合金置于酸性的电解液（如硫酸、铬酸、草酸等）中作为阳极，以铅板作为阴极材料，适当控制电流和电压条件，阳极的铝制工件表面就会被氧化生成一层氧化铝膜。铝的阳极氧化过程中，电解质采用酸的溶液，在铅板阴极上会发生氢气的析出反应；在阳极上存在铝氧化生成氧化铝的主反应以及析出氧气的副反应。

$$\text{阳极反应} \quad 2Al+6OH^-(aq)=\!=\!=Al_2O_3+3H_2O+6e^- \quad \text{（主反应）}$$

$$4OH^-(aq)=\!=\!=2H_2O+O_2(g)+4e^- \quad \text{（副反应）}$$

$$\text{阴极反应} \quad 2H^+(aq)+2e^-=\!=\!=H_2(g)$$

氧化铝在酸性溶液中是可以溶解的，即发生反应：$Al_2O_3+6H^+(aq)=\!=\!=2Al^{3+}+3H_2O$。所以氧化铝膜在阳极氧化生成的过程中，还同时伴随着缓慢溶解。实际上氧化铝的生成速率大于溶解速率时，就会在阳极上产生氧化铝保护膜。

4.6.4.3　电抛光

电抛光又称电解抛光、电化学抛光或阳极抛光，是利用电解过程将金属制件作为阳极进行阳极处理，以提高其表面光洁度的一种方法。电抛光时将金属制件如铝或碳钢等作阳极，铅板作阴极，在含有磷酸、硫酸和铬酐（CrO_3）的电解液中进行电解。作为阳极的金属材料表面凹凸不平，特定工艺条件下金属表面的毛刺和凸起部分电流密度较大，在溶液中的溶解速率更快，因此起到了平整抛光的作用。

阳极金属材料凸起部分的电流密度较大是电抛光技术的重要特质，主要是由两方面的原因促成的。一方面是，相对于凹陷部分而言，阳极材料凸起部分距离阴极铅板更近，相应的电阻更小，所以阳极凸起部分的电流密度更高一些。另一方面是由于电解过程中在阳极表面形成了一层黏性薄膜，导致凸起和凹陷部分电阻的差异。以碳铁材料为例，阳极是反应 $Fe=\!=\!=Fe^{2+}+2e^-$ 产生的 Fe^{2+}。电解液中铬酐在酸性介质中形成 $Cr_2O_7^{2-}$，Fe^{2+} 会与 $Cr_2O_7^{2-}$ 发生氧化还原反应，生成 Fe^{3+}：

$$6Fe^{2+}+Cr_2O_7^{2-}+14H^+=\!=\!=6Fe^{3+}+2Cr^{3+}+7H_2O$$

随后，Fe^{3+} 结合溶液中的磷酸二氢根形成磷酸二氢盐 $[Fe(H_2PO_4)_3]$ 和硫酸盐 $[Fe_2(SO_4)_3]$，导致阳极附近混合盐的浓度增加，于是在金属表面形成一种黏性薄膜。这种薄膜在金属表面厚薄分布不均匀，更多的薄膜会聚集在凹陷的部分。另外此薄膜的导电性不好，因此加剧了阳极材料凹陷处电阻的增大，凸起部分电阻较小，因而其电流密度较大。

此外，从阳极氧化技术中，已经熟知金属阳极溶解时能使其表面形成一层氧化物薄膜，也就是说使金属处于微钝化状态，从而使阳极溶解不会太快。这也是实现电抛光的原因之一。另外还可以在电解液中加一些甘油、甲基纤维素等缓蚀剂来减弱阳极受到的腐蚀作用。

4.7　金属的腐蚀及防护

金属材料在使用过程中，与周围介质（如空气、CO_2、H_2O、酸、碱、盐等）接触时，如果发生化学作用或电化学作用会引起金属的破坏，也就是发生金属的腐蚀。金属腐蚀现象十分普遍，危害也很严重。金属受到腐蚀后会显著降低金属材料的强度、塑性、韧性等力学性能，也可能会损害电学和光学等物理性能，缩短设备的使用寿命，甚至造成火灾、爆炸等灾难性事故。因此，了解腐蚀发生的原理及防护方法具有十分重要的意义。

金属的腐蚀本质上是金属原子失去电子产生金属阳离子，也就是发生氧化的过程。根据金属腐蚀过程的不同特点，以腐蚀过程中是否有电流通过来区分，金属腐蚀可以分为**化学腐蚀**和**电化学腐蚀**两大类。

化学腐蚀是金属表面在干燥气体或非电解质溶液环境中因发生化学作用而引起的腐蚀。通常情况下，干燥气体以及无水环境有益于金属腐蚀的防控，在常温常压下不容易发生化学腐蚀。化学腐蚀往往只发生在金属表面，危害性一般比电化学腐蚀小一些。

电化学腐蚀是指金属在电解质溶液中形成原电池，也叫腐蚀电池，如不锈钢作为阳极，发生氧化反应的腐蚀现象。金属在大气环境中的腐蚀，在土壤及海水中的腐蚀和在电解质溶液中的腐蚀都是电化学腐蚀。电化学腐蚀的速率更快，并且可以渗透到金属内部，危险性更严重，发生得更加普遍。

4.7.1　金属的电化学腐蚀

日常生活中，钢铁在潮湿的空气中所发生的腐蚀就是电化学腐蚀最普遍的例子。钢铁或者不锈钢材料，其组成除了主要成分——元素铁，还有其他金属和杂质，如碳、硅、锰、磷、硫等元素。钢铁在干燥的空气中长时间都不易受到腐蚀，但潮湿的空气中却很快就会腐蚀。这是因为在潮湿的空气中，钢铁的表面吸附了一层薄薄的水膜，其中含有少量的电解质H^+与OH^-，还有溶解的氧气以及可能的CO_2、SO_2和NO_2等气体，也就是说钢铁中的铁和少量的碳恰好形成无数微小的原电池。由于铁的电极电势比碳更负，所以在这些原电池中，铁是负极（也是阳极），碳是正极（或说是阴极），铁与杂质紧密接触，使得腐蚀不断进行。

阳极铁失去电子成为正离子并游离到溶液中或覆盖在金属表面上的金属氧化物，阳极发生溶解而受到腐蚀，发生反应：$Fe-2e^-\!=\!=\!=\!Fe^{2+}(aq)$。阴极根据腐蚀环境的不同，可发生氢或氧的还原，析出氢气或氧气。在中性或弱酸性条件下，如一般的大气环境中，钢铁材料发生电化学腐蚀通常为吸氧腐蚀，腐蚀电池的阴极反应为：

$$\frac{1}{2}O_2(g)+H_2O(l)+2e^-\!=\!=\!=\!2OH^-(aq)$$

而在强酸性条件下，如将铁完全浸没在酸溶液中，由于溶液中氧气含量较低，阴极反应常常是析氢反应：

$$2H^+(aq)+2e^-\!=\!=\!=\!H_2(g)$$

4.7.2　金属腐蚀的防护

从原理上来看，电化学腐蚀更为普遍，其发生的条件是两个电极电势不同的金属形成阳极和阴极、存在电解质溶液、在阳极和阴极之间形成电流通路。所以腐蚀的防控方法就是阻断电化学腐蚀发生的条件中的任何一个。

在干燥、惰性的气体环境中或者金属表面形成覆盖层阻断与气体的接触，可以避免金属材料表面形成电解质溶液膜。比如保护层法、缓蚀剂法。例如，如果金属不与液体介质接触，将金属表面覆盖非金属或金属覆盖层可以有效防止腐蚀的发生，比如采用油漆、电镀和喷镀等方法。如果在水介质中，可以加入某种具有缓蚀功效的化学物质，使得金属表面产生氧化膜或沉淀层，腐蚀速率明显降低直至为零。

通过引入电极电势更负的金属作为阳极，被保护的金属作为阴极，以避免目标金属受到腐蚀，这是阴极保护法的原理，也就是改变了原腐蚀电池发生的方向。

下面介绍缓蚀剂法和阴极保护法。

4.7.2.1　缓蚀剂法

以很小的用量（如 $0.1\%\sim1\%$）加入介质中时，可以效果显著地防止或减缓金属材料腐蚀的化学物质或混合物叫作缓蚀剂。这种保护金属的方法称为缓蚀剂保护法。缓蚀剂可以用于中性介质，比如锅炉用水、循环冷却水的体系；也可以用于酸性介质，如除锅垢的盐酸，电镀前镀件除锈用的酸浸溶液等体系。不同的缓蚀剂各自对某些金属在特定的温度和浓度范围内才有效，具体的配方和工况情况一般由实验数据进行确定。缓蚀剂有多种分类方法，按其化学组分可分成无机缓蚀剂和有机缓蚀剂两大类。

（1）无机缓蚀剂

在中性或碱性介质中主要采用无机缓蚀剂，包括铬酸盐、亚硝酸盐、硅酸盐、钼酸盐、钨酸盐、锌盐等。它们主要在金属的表面形成氧化膜或沉淀物。例如在中性水溶液中加入铬酸钠（Na_2CrO_4）缓蚀剂，金属铁与缓蚀剂发生反应，生成氧化铁（Fe_2O_3）和氧化铬（Cr_2O_3），这两种产物氧化铁和氧化铬可以形成复合氧化物保护膜覆盖在金属的表面，因此阻止了腐蚀的继续进行。

$$2Fe+2Na_2CrO_4+2H_2O =\!=\!= Fe_2O_3+Cr_2O_3+4NaOH$$

如果在中性水溶液介质中，可以采用硫酸锌缓蚀剂防止钢材的腐蚀。在中性介质中，腐蚀电池的阴极可能会发生吸氧反应（$O_2+2H_2O+4e^- =\!=\!= 4OH^-$）产生少量的 OH^-，这时缓蚀剂锌离子能与 OH^- 生成难溶的氢氧化锌沉淀保护膜，以阻断腐蚀的进一步发生。

$$Zn^{2+}+2OH^- =\!=\!= Zn(OH)_2(s)$$

（2）有机缓蚀剂

在酸性较强的介质中，无机缓蚀剂的效率可能较低，可以采用有机缓蚀剂。有机缓蚀剂种类很多，一般是含有 N、S、O 的有机化合物，主要包括膦酸（盐）、巯基苯并噻唑、苯并三唑、磺化木质素等杂环化合物。比如，乌洛托品[六亚甲基四胺（$(CH_2)_6N_4$）]、若丁（其主要组分为二邻苯甲基硫脲）等。

有机缓蚀剂分子中通常同时含有极性基团和非极性基团，极性基团中的 N、S、O 等元素，其电负性较大。有机缓蚀剂通过极性基团牢固地吸附在金属表面，同时非极性基团整齐地排列在介质中，因此这一有序的分布可以有效地实现金属与腐蚀介质的接触，并且改变原电池双电层的结构，抑制腐蚀反应的进行。有机缓蚀剂的缓蚀性能取决于极性基团与金属表面的吸附强度，这种吸附可能是物理吸附也可能是化学吸附，或者两种吸附共同存在。

4.7.2.2　阴极保护法

在腐蚀电池发生时，金属作为电池的阳极被氧化，使得金属发生腐蚀。阴极保护法的本质就是改变原腐蚀电池电流的流向：①引入更为活泼的金属作为阳极，将被保护的金属作为腐蚀电池的阴极，即牺牲阳极保护法；②引入被腐蚀金属结构物，并在其表面施加一个外加电流作为阳极，而被保护结构物作为阴极，即外加电流法。从而使得金属腐蚀发生的电子迁移得到抑制，避免或减弱目标金属或者结构件腐蚀的发生。

（1）牺牲阳极保护法

引入还原性较强的金属作为阳极，与被保护金属作为阴极相连构成原电池，还原性较强的金属将发生氧化反应而消耗，被保护的金属作为阴极就可以避免腐蚀。这种方法本质上是牺牲了原电池中的阳极，得以保护目标金属的阴极，所以称作牺牲阳极保护法。牺牲阳极保护法具有独特的优点，此技术不需要外部电源，很少需要维护，小的电流输出导致小的或无杂散电流干扰等。良好的牺牲阳极材料需要满足几点要求：其电极电势比被保护金属更负，但不宜太负，以免阳极区产生析氢反应；其电流输出要稳定；阳极材料的电容量要大；阳极材料溶解均匀，且容易脱落等。常用的三种理想的牺牲阳极材料有镁、铝和锌及它们的合金材料。牺牲阳极法常用于保护海轮外壳、锅炉和海底设备。

（2）外加电流法

外加电流保护法，又称为强制电流保护法，其本质上形成了一个电解池。在外加直流电的作用下，用废钢或金属氧化物等难溶性导电物质作为阳极，被保护的金属作为电解池的阴极而抑制了其受到腐蚀。它适用于所有导电的电解质溶液，以及需要较大的电流场合，特别是裸露的或涂层较差的结构物的防护。目前主要用于保护大型或处于高电阻率土壤中的金属结构，如：长距离输油输气等埋在地下的工业管道，还有大型的储备石油等工业原料的储罐群等。相较于牺牲阳极保护法而言，外加电流保护法除了需要阳极材料，还需要外加电源、参比电极、连接电缆等，所以此技术的检测与维护的费用较高。另外，如果过度保护可能会引发管道氢脆的潜在隐患。

金属材料或金属制品的腐蚀非常普遍。需要值得一提的是，工程上制造金属制品时，还应从金属防腐的角度对结构进行合理的设计。比如，类似于酸、碱两类化合物进行储存时不能同柜存放，电极电势相差很大的金属材料也要避免互相接触，如铝、镁的金属或合金不能直接和铜、镍、铁等电极电势大的金属相连接。如必须把不同的金属装配在一起时，可以适当选用橡胶、塑料及陶瓷等不导电的材料把两种金属隔离分开。另外，要注意金属制品的缝隙、拐角等应力集中部分容易成为腐蚀电池的阳极而受到腐蚀，制造金属制品时应当避免因机械应力、热应力、流体的停滞和聚集等原因加速金属的腐蚀过程。

 选读材料

1. 科学家故事

敢于说真话的科学家——邹承鲁院士

邹承鲁，祖籍江苏无锡，1923 年出生于山东青岛，我国著名的生物化学家，中国科学院院士。1941 年毕业于重庆南开中学，1945 年毕业于西南联合大学化学系。1951 年英国剑桥大学生物化学博士。以胰岛素人工合成和蛋白质结构等研究，两次获得国家自然科学一等奖，三次获得中国科学院科技进步和自然科学一等奖等诸多奖项，是我国获奖级别最高、获奖次数最多的极少数大科学家之一。邹承鲁作为近代中国生物化学的奠基人之一，在生物化学领域做出了具有重大意义的开创性工作。

邹承鲁 1951 年回国效力，他说："我回来，是觉得作为一个中国人，要为中国科学做点事，使中国科学能早点站起来。"

1965 年 9 月 17 日，上海生物化学研究所宣告成功人工合成胰岛素。这一项目与"两弹一星"一起，成为 20 世纪中国人最引以为自豪的科技成果。邹承鲁先生是亲身参与这项著名科学研究的主要领导成员之一。为此，有人认为，中国在 20 世纪与诺贝尔奖擦肩而过的几名科学家中应该有邹承鲁。

对待科学事业，邹承鲁一贯认真严肃，敢于质疑。刚从国外回来时，他才二十多岁，在学术大会上有疑问站起来就质疑，有时追问得主讲人下不来台。在后来面对学术界的不良现象时，他的直率常常使他面对种种压力。学生们有时说他"傻"，常常当面劝他说："邹老师您少说两句吧！"，因为他从来不会掩饰自己。同行们说："像邹承鲁先生这样老一辈的科学家，他们的爱国心是完全真诚和纯粹的，他们对于现在的功利不能理解。"

作为科学界泰斗级人物，邹承鲁常勇敢地站出来，抨击很多科学界不良现象，在媒体上呼吁重视科学道德问题。这几乎成为贯穿他此后 20 多年的重要工作。他在一篇文章中道出了自己的心声："这两年我对于中国道德自律的问题考虑得多一些，投入的精力也稍微多一些。因为我年纪大了，招的学生也少了，所以我觉得可以有点时间来做这方面的事情。一句话，我就是希望我们国家和科学能够健康地发展。"人们称他是"一位敢于说真话的知识分子""学术上的反腐先锋"。生活中的邹承鲁其实待人温和宽容。他所在的生物物理学研究所看大门的一位老师傅说他"从来不摆架子，总是笑呵呵的"。跟了他七年的司机对他的评价是"有情有义，科学严谨"。邹承鲁性格中的那份尖锐和锋芒，只有在面对科学上不讲道德、不负责任的行为时才展现出来。他不怕得罪人，只希望中国的科学能够更健康的发展。

2006 年 11 月 23 日，邹承鲁院士因病在北京逝世，享年 83 岁，他真诚率真的光辉人生永远值得我们怀念！

2. 科技进展论坛

电池的发展

化学电源（电池）是将化学能转变为电能的装置，具有存储电能和对外输出电能的功能。化学电池一般结构简单，便于携带，可以提供稳定的电压和电流，在现代生活中发挥着重要的作用。尤其是锂离子电池，从手机、电脑到国家正在推广的电动汽车，都需要使用续航时间长和供电效率高的锂离子电池提供动力来源。

2019 年，诺贝尔化学奖授予美国固体物理学家约翰·班尼斯特·古迪纳夫（John B. Goodenough）、英裔美国化学家斯坦利·威廷汉（M. Stanley Whittingham）、日本化学家吉野彰（Akira Yoshino），以表彰他们在锂离子电池领域的贡献。

1970 年，埃克森的 M. S. Whittingham 采用硫化钛作为正极材料，金属锂作为负极材料，制成首个锂电池。这种电池虽然可以充电，但循环性能不好，在充放电循环过程中容易形成树枝状锂枝晶，造成电池内部短路，引起电池爆炸，所以一般情况下这种电池是禁止充电的。

锂离子电池是由锂电池发展而来。1980 年后，J. Goodenough 发现钴酸锂和磷酸铁锂可以作为锂离子电池正极材料，并且 1983 年还发现锰尖晶石是优良的正极材料，具有低价、稳定和优良的导电、导锂性能。此时期的钴酸锂正极电池是世界上第一个可以给大型复杂设备供电的锂离子电池，电池储能是当时其他电池容量的二到三倍，但其缺点是由于阴极材料的不足，无法对其进行充电。

1991 年，日本索尼的 Akira Yoshino，结合其拥有的碳材料技术的专利和从牛津大学购得的钴酸锂正极材料的专利，发明了以碳材料为负极，以钴酸锂作正极的锂离子电池。这是世界上第一款可大规模生产、安全稳定、可重复充电的商用电池。

纵观电池发展的历史，当前世界电池工业发展有三个特点，一是绿色环保的锂离子电池迅猛发展；二是从一次电池向二次电池转化，此特点符合可持续发展战略；三是电池进一步向轻薄、方便携带、续航时间长的方向发展。正因为锂离子电池的体积比能量和质量比能量高，可充且无污染，因此发展较快。电信、信息市场的发展，特别是移动电话和笔记本电脑的大量使用，给锂离子电池带来了市场机遇。

我国的电池工业自 20 世纪 50 年代以来，经历了从无到有、从弱到强的过程，目前已经形成了比较完备的工业体系。90 年代末期，我国对锂离子电池的研究有了突破性的进展，比亚迪、邦凯和比克等公司都开始大规模生产液态锂离子电池，产品的技术水平已达到或超过日本同类电池的水平。厦门宝龙公司 20 世纪末自行设计开发了日产 1 万只聚合物锂离子电池的生产线，这也是世界上形成规模的第三条聚合物锂离子电池生产线。2019 年我国的锂离子电池产量超过 157 亿只，2020 年锂电池产量达到 188 亿只。另外，从锂离子电池行业进出口量来看，出口规模稳步上升。在 2017～2020 年间，我国锂离子电池进口量不断下降，出口量不断上升，净出口量持续增大。2020 年，我国锂离子电池进口 14.22 亿只，出口 22.21 亿只，净出口 7.99 亿只。

 习题

1. 填空题

(1)在原电池中，给出电子的电极为_____，此电极上发生_____，有时也称为阳极；接受电子的电极为_____，此电极上发生_____，有时也称为阴极。

(2)在电解池中，电解发生时，与电源的正极连接的是电解池的_____，此电极上发生的是_____；与电源的负极连接的是电解池的_____，此电极上发生的是_____。

(3)某一原电池符号为：$(-)Pt|Fe^{2+}(c_1), Fe^{3+}(c_2) \| Ag^+(c_3)|Ag(+)$，其原电池反应式为_____。

(4)金属锌片浸没在 $0.1\ mol\cdot dm^{-3}$ 的 $ZnSO_4$ 溶液中，如果向 $ZnSO_4$ 溶液中不断滴加少量氨水，电极电势应该会不断_____。

(5)非标准状态下的电极电势可以使用能斯特方程进行计算。对于电对 H^+/H_2，其电极电势的大小随溶液 pH 的增大会_____；对于电对 O_2/OH^-，其电极电势的大小随溶液 pH 的增大会_____。

(6)对如下原电池 $(-)Zn|ZnSO_4(c_1) \| CuSO_4(c_2)|Cu(+)$，改变下列条件对电池电动势有何影响？增加 $ZnSO_4$ 溶液的浓度，电动势将_____，增加 $CuSO_4$ 溶液的浓度，电动势将_____，在 $CuSO_4$ 溶液中通入 H_2S 气体，电动势将_____。

(7)已知 $\varphi^\ominus(V^{5+}/V^{4+})=1.00\ V$，$\varphi^\ominus(V^{4+}/V^{3+})=0.337\ V$，$\varphi^\ominus(Sn^{4+}/Sn^{2+})=0.151\ V$，$\varphi^\ominus(Br_2/Br^-)=1.066\ V$，$\varphi^\ominus(Fe^{3+}/Fe^{2+})=0.771\ V$，要将 V^{5+} 还原为 V^{4+}，应该选择的还原剂是_____。

(8)已知难溶性银盐的溶度积常数为：$K_s(AgI)=8.51\times10^{-17}$，$K_s(AgBr)=5.35\times10^{-13}$，$K_s(AgCl)=1.77\times10^{-10}$，请判断 $\varphi^\ominus(AgI/Ag)$、$\varphi^\ominus(AgBr/Ag)$、$\varphi^\ominus(AgCl/Ag)$电极的标准电极电势从小到大的顺序为：_____。

(9)在钢铁表面发生的析氢腐蚀的阳极反应式为_____，阴极反应式为_____，总反应式为_____。

(10)金属腐蚀破坏引发的安全隐患已经成为当今世界突出的问题，其中钢材的锈蚀是最主要的腐蚀，请写出 3 种金属腐蚀防护的措施_____。

2. 选择题

(1)下列说法正确的是(　　)。

A. 一个反应在热力学上判断不能自发进行，此原电池反应还有可能发生

B. 一个原电池反应，若两个电对的电极电势相差越大，则反应进行得越快

C. 理论上所有自发的氧化还原反应都能设计组成原电池

D. 在氧化还原反应中，氧化剂被氧化，还原剂被还原

(2)已知 $\varphi^{\ominus}(Fe^{3+}/Fe^{2+})=+0.77\ V$，$\varphi^{\ominus}(Cl_2/Cl^-)=+1.36\ V$，正确的原电池符号是(　　)。

A. $Fe^{2+}|Fe^{3+}\parallel Cl^-|Cl_2|Pt$ 　　　　B. $Pt|Fe^{2+}，Fe^{3+}\parallel Cl^-|Cl_2$

C. $Pt|Fe^{2+}，Fe^{3+}\parallel Cl^-|Pt$ 　　　　D. $Pt|Fe^{2+}，Fe^{3+}\parallel Cl^-|Cl_2|Pt$

(3)在一个氧化还原反应中，若两电对的电极电势值相差很大，则可判断(　　)。

A. 该反应是可逆反应 　　　　　　B. 该反应的反应趋势很大

C. 该反应能剧烈地进行 　　　　　D. 该反应的反应速率很大

(4)下列都是常见的氧化剂，其中氧化能力与溶液 pH 值的大小无关的是(　　)。

A. $K_2Cr_2O_7$ 　　　　B. PbO_2 　　　　C. O_2 　　　　D. $FeCl_3$

(5)对于电对 Pb^{2+}/Pb，增大 Pb^{2+} 的浓度，则其电极电势值将(　　)。

A. 增大 　　　　B. 减小 　　　　C. 不变 　　　　D. 无法判断

(6)已知 $\varphi^{\ominus}(MnO_4^-/Mn^{2+})=1.507\ V$，$\varphi^{\ominus}(Fe^{3+}/Fe^{2+})=0.77\ V$，$\varphi^{\ominus}(Br_2/Br^-)=1.065\ V$，$\varphi^{\ominus}(Cl_2/Cl^-)=1.358\ V$，则氧化能力最强的物质为(　　)，还原能力最强的物质为(　　)。

A. MnO_4^- 　　　　B. Mn^{2+} 　　　　C. Fe^{2+} 　　　　D. Fe^{3+}

E. Br_2 　　　　F. Br^-

(7)已知 $\varphi^{\ominus}(I_2/I^-)=+0.535\ V$，$\varphi^{\ominus}(Br_2/Br^-)=+1.065\ V$，$\varphi^{\ominus}(Cl_2/Cl^-)=+1.358\ V$，选择下列哪一种氧化还原电对的氧化剂，使 I^- 氧化为 I_2，但不使 Br^-、Cl^- 氧化(　　)。

A. $\varphi^{\ominus}(O_2/OH^-)=+0.401\ V$ 　　　　B. $\varphi^{\ominus}(Fe^{3+}/Fe^{2+})=+0.77\ V$

C. $\varphi^{\ominus}(MnO_2/Mn^{2+})=+1.208\ V$ 　　　　D. $\varphi^{\ominus}(MnO_4^-/Mn^{2+})=+1.507\ V$

(8)已知标准电极电势值：$\varphi^{\ominus}(Fe^{3+}/Fe^{2+})=+0.771\ V$，$\varphi^{\ominus}(Fe^{2+}/Fe)=-0.44\ V$，$\varphi^{\ominus}(Cu^{2+}/Cu)=+0.342\ V$，下列各对物质不能共存的是(　　)。

A. Fe^{3+} 和 Cu 　　B. Fe^{2+} 和 Cu^{2+} 　　C. Fe^{3+} 和 Cu^{2+} 　　D. Fe^{2+} 和 Cu

(9)电极材料相同的两个半电池，其溶液的浓度不同，则这个浓差原电池的电动势(　　)。

A. $\Delta E^{\ominus}=0$，$\Delta E=0$ 　　　　B. $\Delta E^{\ominus}\neq 0$，$\Delta E=0$

C. $\Delta E^{\ominus}\neq 0$，$\Delta E\neq 0$ 　　　　D. $\Delta E^{\ominus}=0$，$\Delta E\neq 0$

(10)浓差电池的标准平衡常数是(　　)。

A. 0 　　　　B. 1 　　　　C. 无穷大 　　　　D. 无法判断

3. 请用本章学习的电化学知识解释下列现象：

(1)将铜制水龙头和铁管连接使用，铁管容易发生腐蚀。

(2)含杂质铜的粗锌制品比纯锌制品更容易在酸性溶液中溶解。

(3)人的口腔中不能同时安装金牙和不锈钢牙齿。

4. 将下列氧化还原反应设计成原电池，请分别写出各原电池中正、负电极的电极反应，并用图式表示各原电池。

(1)$Zn+Fe^{2+}\rightleftharpoons Zn^{2+}+Fe$

(2)$2I^-+2Fe^{3+}\rightleftharpoons I_2+2Fe^{2+}$

(3)$Ni+Sn^{4+}\rightleftharpoons Ni^{2+}+Sn^{2+}$

(4)$5Fe^{2+}+8H^++MnO_4^-\rightleftharpoons Mn^{2+}+5Fe^{3+}+4H_2O$

5. 电极电对中氧化态或还原态物质发生下列变化时，电极电势将发生怎样的变化？

(1)氧化态物质浓度增大

(2)还原态物质浓度增大

(3)氧化态物质生成沉淀

(4)还原态物质生成沉淀

6. 当 $c(Li^+)=0.001\ mol\cdot dm^{-3}$ 时，计算锂电极此时的 $\varphi(Li^+/Li)$ 电极电势(锂电极的标准电极电势请

查阅附录)。

7. 将 Sn 金属片插入含 Sn^{2+} 的溶液中可以构成 Sn 电极,将 Pb 金属片插入含 Pb^{2+} 的溶液中可以构成 Pb 电极。请将以下两种溶液和相应的金属构成的电极设计成原电池。

$$c(Sn^{2+})=0.010 \ mol \cdot dm^{-3}, \ c(Pb^{2+})=1.00 \ mol \cdot dm^{-3}$$

(1)请分别计算 Sn 电极和 Pb 电极的电极电势的大小;

(2)判断原电池的正极和负极;

(3)写出原电池的两电极反应和电池总反应式;

(4)计算原电池的电动势,并用图式表示原电池。

8. 如果第 7 题中改变两种金属离子浓度为 $c(Sn^{2+})=1.00 \ mol \cdot dm^{-3}$,$c(Pb^{2+})=0.100 \ mol \cdot dm^{-3}$,请做相应的计算,并判断原电池的正极和负极;写出原电池的两电极反应和电池总反应式;计算原电池的电动势,并用图式表示原电池。通过第 7 题和第 8 题的计算结果,请分析说明了什么。

9. 请计算 298.15 K 时,氢气压力为 100 kPa,pH=7 中性溶液中 H^+/H_2 的电极电势的大小。并分析氢电极电势的大小与 pH 的关系。

10. 请查阅标准电极电势数值,并根据这些数值计算反应 $Zn+Fe^{2+}(aq)\!\!=\!\!=\!\!Zn^{2+}(aq)+Fe$ 在 298.15 K 时的标准平衡常数。实验中将过量的锌粉加入 Fe^{2+} 溶液中,请计算达到平衡时 Fe^{2+}/Zn^{2+} 浓度的比值。

11. 在 298.15 K 下,下列反应在各离子浓度均为 $1.0 \ mol \cdot dm^{-3}$ 时为自发的氧化还原反应,因而可以设计成原电池:$2I^-(aq)+2Fe^{3+}(aq)\!\!=\!\!=\!\!I_2(s)+2Fe^{2+}(aq)$。

(1)请用图式表示此原电池;

(2)计算此原电池的标准电动势;

(3)计算反应的标准摩尔吉布斯函数变;

(4)如果离子浓度发生改变,如 $c(I^-)=1.0\times10^{-2} \ mol \cdot dm^{-3}$、$c(Fe^{3+})/c(Fe^{2+})=0.1$,请计算此时原电池的电动势。

12. 已知有如下原电池:$(-)Ag|Ag^+(0.001 \ mol \cdot dm^{-3}) \parallel Fe^{2+}(1.0 \ mol \cdot dm^{-3})$,$Fe^{3+}(1.0 \ mol \cdot dm^{-3}) | Pt(+)$

(1)请写出原电池中正极、负极的电极反应和电池的总反应方程式;

(2)计算此原电池的电动势;

(3)不用查阅其他数据,请计算此电池反应的标准平衡常数。

13. 在实验室常常使用 MnO_2 和浓盐酸在加热情况下制取氯气,请从标准电极电势值分析下列反应能不能自发进行? 并分析为何使用浓盐酸可以产生氯气。

$$MnO_2(s)+2Cl^-(aq)+4H^+(aq)\!\!=\!\!=\!\!Mn^{2+}(aq)+Cl_2(g)+2H_2O(l)$$

14. 已知在 298.15 K 时,Ag^+/Ag 氧化还原电对的标准电极电势如下:

$$Ag^+(aq)+e^-\!\!=\!\!=\!\!Ag(s); \ \varphi^\ominus(Ag^+/Ag)=0.7996 \ V$$

在 $AgNO_3$ 的溶液中加入 KBr 使之生成 AgBr 沉淀,当溶液中 Br^- 浓度达到 $1.0 \ mol \cdot dm^{-3}$ 时,请计算此时 $\varphi(Ag^+/Ag)$ 的大小。已知 AgBr 的溶度积为 $K_s(AgBr)=5.35\times10^{-13}$。

15. 写出下列原电池的电池反应,并计算其电池的电动势。

(1)$(-)Pt|Fe^{2+}(0.01 \ mol \cdot dm^{-3})$,$Fe^{3+}(0.001 \ mol \cdot dm^{-3}) \parallel$

$$Cl^-(2.0 \ mol \cdot dm^{-3})|Cl_2(p^\ominus)|Pt(+)$$

(2)$(-)Pt|Cl_2(p^\ominus)|Cl^-(2.0 \ mol \cdot dm^{-3}) \parallel Cl^-(0.1 \ mol \cdot dm^{-3})|Cl_2(p^\ominus)|Pt(+)$

16. 如以如下自发反应 $Zn(s)+Ni^{2+}\!\!=\!\!=\!\!Zn^{2+}+Ni(s)$ 为基础构成一电化学电池,若测得原电池的电动势为 0.54 V,且 Ni^{2+} 的浓度为 $1.0 \ mol \cdot dm^{-3}$。

(1)请写出电池的正、负极反应式;

(2)请写出此电池图式;

(3)Zn^{2+} 的浓度为多少?

(4)计算该电池反应的 $K^\ominus$。

17. 已知如下自发反应：$Fe + Cu^{2+} \!=\!=\!= Fe^{2+} + Cu$

(1)请将此反应设计成原电池，并写出其图式。

(2)请计算该原电池的标准电动势和反应的平衡常数。

(3)若 $c(Cu^{2+}) = 0.10\ mol \cdot dm^{-3}$，$c(Fe^{2+}) = 0.20\ mol \cdot dm^{-3}$，请计算此时原电池的电动势。

18. 已知氧化还原反应 $IO_3^- + 5I^- + 6H^+ \!=\!=\!= 3I_2 + 3H_2O$：

(1)在标准状态下，请计算由此电对组成的原电池电动势的大小。

(2)其他条件不变，若 H^+ 浓度减小，例如 $c(H^+) = 0.01\ mol \cdot dm^{-3}$ 时，对电动势有何影响？

第5章

物质结构基础

内容提要

物质的微观结构决定了物质性质变化的本质。物质的微观结构一般包含以下几个层次，即电子与原子核组成原子，原子组成分子，分子组成物质。本章简要介绍与物质微观结构相关的基本概念和理论，例如电子在原子核外的排布及其与元素周期表的关系、化学键的本质及其与分子结构的关系、分子间作用力以及晶体结构基本类型等，而不涉及近代物质结构理论中比较深奥的量子力学和晶体学等。此外，还分别简单介绍了基于原子和分子结构的原子光谱和分子光谱。

学习要求

(1)了解电子在原子核外运动的基本特征，明确量子数的取值规则，初步了解原子轨道波函数以及电子云。

(2)掌握原子核外电子排布的一般规律及其与元素周期表的关系，并了解元素周期表中元素性质递变的一般规律。

(3)了解化学键的本质及键参数的意义。

(4)熟悉杂化轨道理论的要点，能应用该理论判断常见分子的空间构型、极性等。

(5)理解分子间作用力的基本概念，以及晶体结构与其物质物理性质的关系。

(6)了解原子光谱和分子光谱的基本原理及应用。

5.1 原子结构

5.1.1 原子结构的基本概念

5.1.1.1 波函数

在 20 世纪初，物理学家们发现，原先被公认为是电磁波的光，其实还具有粒子性。在光的波粒二象性的启发下，1924 年德布罗意(de Broglie)提出了一个全新的假设，即粒子也具有波粒二象性，这里所说的粒子是指具有静止质量的电子、原子、质子等微观粒子，并预言微观粒子的波长 λ、质量 m 和运动速率 v 有如下关系：

$$\lambda = \frac{h}{mv}$$

$$(5.1)$$

式中，h 为普朗克常数，数值为 $6.626×10^{-34}$ J·s。例如，对于围绕原子核运动的电子（质量为 $9.1×10^{-31}$ kg），若运动速率为 $1.0×10^6$ m·s^{-1}，则可通过式(5.1)计算得出其波长为 0.73 nm，这是明显的波的特征，称为**德布罗意波**或者**物质波**。而对于较大的宏观物质，因其质量大，所显示的波动性是微乎其微的，可以不予考虑。

1927 年，德布罗意的假设被电子衍射实验所证实。该实验是将一束很弱的电子束投射到极薄的金属箔上，电子穿透金属箔后，会在后方的照相底片上形成分散的感光斑点，这正是电子的微粒性质所导致的。当电子束投射时间较长时，底片上会出现环状的衍射条纹，这显示出电子的波动性。由此可见，电子的波动性是电子多次行为的统计结果，仅就电子的一次行为来看，并不能确定它将会出现的具体位置。也就是说，电子具有的是一种遵循一定统计规律的概率波。

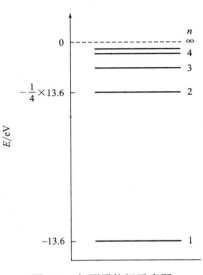

图 5.1　氢原子能级示意图

既然原子核外的电子具有波的性质，就可以用波动方程来描述电子的运动规律。物理学家早已发现，像电子这样的微观粒子的运动规律并不符合牛顿力学，而应该用量子力学来描述。量子力学与牛顿力学的最显著区别在于，量子力学认为微观粒子的能量是量子化的，粒子可以处于不同级别的能级上。当粒子从一个能级跃迁到另一个能级上时，粒子能量的改变是跳跃式的，而不是连续的。图 5.1 就是氢原子的能级示意图。

在用量子力学描述原子核外电子的运动规律时，也不可能像牛顿力学描述宏观物体那样，明确指出物体某瞬间处于什么位置，而只能描述某瞬间电子在某位置上出现的概率为多大。这种概率与描述电子运动情况的波函数(用希腊字母 ψ 表示)的数值的平方有关，而波函数本身是原子周围空间位置(用空间坐标 x、y、z 表示)的函数。对于最简单的氢原子，描述其核外电子运动状态的波函数 ψ 是一个二阶偏微分方程，称为**薛定谔(Schrödinger)**方程，形式如下：

$$\frac{\partial^2\psi}{\partial x^2}+\frac{\partial^2\psi}{\partial y^2}+\frac{\partial^2\psi}{\partial z^2}+\frac{8\pi^2 m}{h^2}(E-V)\psi=0 \tag{5.2}$$

式中，m 为电子的质量；E 为核外电子的总能量；V 为核外电子的势能。

因为波函数表示了核外电子在原子核周围某个位置出现的概率或者核外电子存在的能态，所以又被形象地称为**"原子轨道"**，核外电子可以看作是在这种原子周围的轨道上围绕原子核运动的。"原子轨道"与经典力学的轨道是完全不同的两个概念，实际上原子核外的电子并非沿着某条"轨道"运动，因此，用"原子轨道"一词来代替"波函数"并不是很合适。但是，用"原子轨道"这样形象的名词来理解"波函数"这样抽象的概念还是有一定帮助的。

氢原子中代表电子运动状态的波函数可以通过求解薛定谔方程而得到，但求解过程很复杂，本书暂不涉及，只简单介绍求解所得到的一些重要概念。

(1)量子数

求解薛定谔方程可得到氢原子中核外电子的总能量 E 与主量子数 n 的相关计算公式，并自然地导出主量子数 n、角量子数 l 和磁量子数 m 的定义。所以波函数 ψ 的具体表达式与上述三个量子数有关。这三个量子数的含义如下：

主量子数 n 表示核外的电子层数，代表了电子到核的平均距离的远近，是决定能级的主要参数，n 值越大，说明电子离核的平均距离越远，所处状态的能级就越高。n 可取的数值为 1、2、3、4、…，分别称为 K、L、M、N、…层。

角量子数 l 表示核外电子亚层，基本上反映了波函数（即原子轨道，简称轨道）的形状。l 可取的数值为 0、1、2、…、$(n-1)$，共可取 n 个数值。例如，当 $n=1$ 时，l 只可取 0；当 $n=2$ 时，l 可取 0 和 1；当 $n=3$，l 可取 0，1 和 2；以此类推。$l=0$、1、2、3 的轨道分别称为 s、p、d、f 轨道。对于多电子原子，角量子数 l 与主量子数 n 共同决定了原子轨道的能量，但主要决定因素还是主量子数 n。

一组确定的 n、l 值代表一组轨道的能量，称为能级，也叫能态。能级一般用 ns、np、nd 表示。

磁量子数 m 基本上反映波函数（原子轨道）的空间伸展方向。m 可取的数值为 0、±1、±2、±3、…、$\pm l$，共可取 $(2l+1)$ 个数值。例如，当 $l=0$、1、2、3 时，m 依次可取 1、3、5、7 个数值。每一种 m 的取值，对应了原子轨道的一种空间取向。

当三个量子数的数值确定时，波函数的数学式也就随之确定。例如，当 $n=1$ 时，l 只可取 0，m 也只可取 0，这时三个量子数的组合形式表示为 $(1,0,0)$，对应的波函数的数学式也只有一种，这就是氢原子基态的波函数；当 $n=2$、3、4 时，n、l、m 三个量子数的组合形式分别有 4、9、16 种，分别对应于相应数目的波函数或原子轨道。氢原子轨道与 n、l、m 三个量子数的关系列于表 5.1 中。

表 5.1　氢原子轨道与三个量子数的对应关系

n	l	m	轨道名称	轨道数	最多容纳电子数
1	0	0	1s	1	2
2	0	0	2s	1 ⎫4	2
	1	$0,\pm1$	2p	3 ⎭	6
3	0	0	3s	1 ⎫	2
	1	$0,\pm1$	3p	3 ⎬9	6
	2	$0,\pm1,\pm2$	3d	5 ⎭	10
4	0	0	4s	1 ⎫	2
	1	$0,\pm1$	4p	3 ⎪16	6
	2	$0,\pm1,\pm2$	4d	5 ⎬	10
	3	$0,\pm1,\pm2,\pm3$	4f	7 ⎭	14

自旋量子数 m_s 是在研究原子光谱线的精细结构时提出来的一个概念，但是从量子力学的观点来看，电子并不存在像地球那样绕自身轴而旋转的经典的自旋概念，所以这里只是借用了"自旋"这个名词，以便更好地描述电子的状态。m_s 可以取的数值只有 $+1/2$ 和 $-1/2$，通常可用向上的箭头 ↑ 和向下的箭头 ↓ 来表示电子的两种所谓自旋状态。如果两个电子处于不同的自旋状态则称为自旋反平行，用符号 ↑↓ 或 ↓↑ 表示；处于相同的自旋状态则称为自旋平行，用符号 ↑↑ 或 ↓↓ 表示。

综上所述，电子在核外的任一运动状态可以用确定的四个量子数来描述。同一原子中，没有四个量子数完全相同的两个电子存在。

（2）波函数（原子轨道）的角度分布图

三维空间的位置除了可以用直角坐标参数 x、y、z 来描述外，还可以用球坐标参数 r、θ、φ 来表示。用球坐标 (r,θ,φ) 来表示原子核外电子运动状态的波函数更为方便。

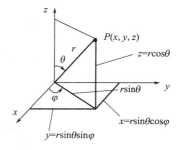

图 5.2　直角坐标与球坐标的关系

直角坐标和球坐标的转换关系如下（见图 5.2）：

$$x = r\sin\theta\cos\varphi$$
$$y = r\sin\theta\sin\varphi$$
$$z = r\cos\theta$$

$$(5.3)$$

经坐标系变换后，相应的氢原子薛定谔方程形式如下：

$$\frac{1}{r^2}\frac{\partial}{\partial r}\left(r^2\frac{\partial\psi}{\partial r}\right) + \frac{1}{r^2\sin\theta}\left(\sin\theta\frac{\partial\psi}{\partial\theta}\right) + \frac{1}{r^2\sin^2\theta}\frac{\partial^2\psi}{\partial\varphi^2} + \frac{8\pi^2 m}{h^2}(E-V)\psi = 0 \qquad (5.4)$$

由此可见，以直角坐标所描述的波函数 $\psi(x,y,z)$ 可以很容易地转化为以球坐标描述的波函数 $\psi(r,\theta,\varphi)$（见表 5.2）。在数学上，可将氢原子的波函数 $\psi(r,\theta,\varphi)$ 表示为径向分布函数 R 和角度分布函数 Y 的乘积：

$$\psi(r,\theta,\varphi) = R(r)\cdot Y(\theta,\varphi) \qquad (5.5)$$

式中，$R(r)$ 表示波函数的径向部分；变量 r 即电子离原子核的距离；$Y(\theta,\varphi)$ 表示波函数的角度部分，它是两个角度变量 θ 和 φ 的函数，若将 $Y(\theta,\varphi)$ 随 θ、φ 角而变化的规律作图，可以获得波函数（原子轨道）的角度分布图，如图 5.3 所示。图像中的正、负号是函数值的符号，代表角度函数的对称性，并不代表正、负电荷。

表 5.2　氢原子的波函数（a_0 = 玻尔半径）

n,l,m	轨道	$\psi(r,\theta,\varphi)$	$R(r)$	$Y(\theta,\varphi)$
1,0,0	1s	$\sqrt{\dfrac{1}{\pi a_0^3}}\,e^{-r/a_0}$	$2\sqrt{\dfrac{1}{a_0^3}}\,e^{-r/a_0}$	$\sqrt{\dfrac{1}{4\pi}}$
2,0,0	2s	$\dfrac{1}{4}\sqrt{\dfrac{1}{2\pi a_0^3}}\left(2-\dfrac{r}{a_0}\right)e^{-r/2a_0}$	$\sqrt{\dfrac{1}{8a_0^3}}\left(2-\dfrac{r}{a_0}\right)e^{-r/2a_0}$	$\sqrt{\dfrac{1}{4\pi}}$
2,1,0	2p$_z$	$\dfrac{1}{4}\sqrt{\dfrac{1}{2\pi a_0^3}}\left(\dfrac{r}{a_0}\right)e^{-r/2a_0}\cos\theta$	$\left.\begin{array}{c}\\\\\sqrt{\dfrac{1}{24a_0^3}}\left(\dfrac{r}{a_0}\right)e^{-r/2a_0}\\\\\end{array}\right\}$	$\sqrt{\dfrac{3}{4\pi}}\cos\theta$
2,1,±1	2p$_x$	$\dfrac{1}{4}\sqrt{\dfrac{1}{2\pi a_0^3}}\left(\dfrac{r}{a_0}\right)e^{-r/2a_0}\sin\theta\cos\varphi$		$\sqrt{\dfrac{3}{4\pi}}\sin\theta\cos\varphi$
	2p$_y$	$\dfrac{1}{4}\sqrt{\dfrac{1}{2\pi a_0^3}}\left(\dfrac{r}{a_0}\right)e^{-r/2a_0}\sin\theta\sin\varphi$		$\sqrt{\dfrac{3}{4\pi}}\sin\theta\sin\varphi$

以下分别对 s 轨道、p 轨道和 d 轨道加以简要说明。

s 轨道是角量子数 $l=0$ 时的原子轨道，此时主量子数 n 可以取 1、2、3、…数值，对应的 s 轨道分别称为 1s 轨道、2s 轨道、3s 轨道等。各 s 轨道的角度分布都和 1s 轨道相同，其值为 $Y_s = \sqrt{\dfrac{1}{4\pi}}$，是一个与角度无关的常数，所以它的角度分布是一个半径为 $\sqrt{\dfrac{1}{4\pi}}$ 的球面

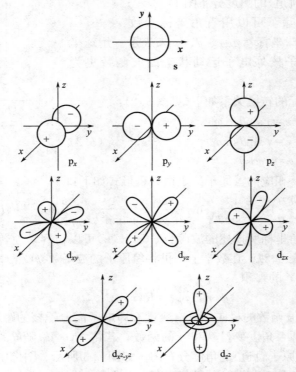

图 5.3　s，p，d 原子轨道角度分布示意图

（见图 5.3）。

　　p 轨道是角量子数 $l=1$ 时的原子轨道，此时主量子数 n 可以取 2、3、4，…数值，对应的 p 轨道分别称为 2p 轨道、3p 轨道、4p 轨道等。p 轨道的角度分布是有方向性的，根据空间取向可分为 p_x、p_y、p_z 三种不同的 p 轨道（图 5.3）。例如，所有 p_z 轨道的角度分布函数为 $Y_{p_z}=\sqrt{\dfrac{3}{4\pi}}\cos\theta$，其函数值只与 θ 角度有关。如果以 Y_{p_z} 对 θ 作图，可以得到一个沿 z 轴分布的互切双球面（图 5.3）。在 z 轴正向，函数值大于 0，在 z 轴反向，函数值小于 0。由于在 z 轴正向上 θ 角为 0°，$\cos\theta=1$，所以 Yp_z 在沿 z 轴正向出现极大值，也就是说 p_z 轨道的极大值沿 z 轴取向。从图 5.3 看到，p_x、p_y、p_z 轨道角度分布的形状相同，只是空间取向不同，它们的极大值分别沿 x、y、z 三个轴取向。

　　d 轨道是角量子数 $l=2$ 时的原子轨道，此时主量子数 n 可以取 3、4、5，…数值，对应的 d 轨道分别称为 3d 轨道、4d 轨道、5d 轨道等。d 轨道的角度分布也是有方向性的，根据空间取向可分为 d_{xy}、d_{yz}、d_{xz}、d_{z^2}、$d_{x^2-y^2}$ 五种不同的 d 轨道（图 5.3）。其中，d_{z^2} 和 $d_{x^2-y^2}$ 两种轨道的角度分布函数 Y 的极大值分别在沿 z 轴和 x、y 轴的方向上，d_{xy}、d_{yz}、d_{xz} 三种轨道的 Y 的极大值都在沿两个轴间（x 和 y，y 和 z，z 和 x）45°夹角的方向上。除 d_{z^2} 轨道外，其余四种轨道的角度分布形状相同，只是空间取向不同。

　　上述这些原子轨道的角度分布图在说明化学键的形成中有着重要意义。

5.1.1.2　电子云

（1）电子云与概率密度

波函数 ψ 本身虽不能与任何可以观察的物理量相联系，但波函数的平方 ψ^2 可以反映电子在原子核外某位置上单位体积内出现的概率，称之为**概率密度**。

电子与光子一样具有波粒二象性，所以可与光波的情况做比较。从光的波动性分析，光的强度与光波振幅的平方成正比；从光的粒子性分析，光的强度与光子密度成正比。若将波动性和粒子性统一起来，则光波振幅的平方与光子密度成正比。以此类推，电子的波函数平方 ψ^2 与电子出现的概率密度有着正比的关系。若 ρ 为电子在核外空间某处出现的概率密度，则 $\psi^2 \propto \rho$，所以可以认为波函数的平方 ψ^2 可用来反映电子在空间某位置上单位体积内出现的概率大小，即电子的概率密度。例如，由表 5.2 中的波函数可以写出氢原子基态的波函数的平方为：

$$\psi_{1s}^2 = \frac{1}{\pi a_0^3} e^{-2r/a_0} \tag{5.6}$$

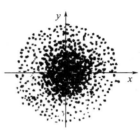

图 5.4　氢原子基态 1s 电子云

式(5.6)表明 1s 电子在原子核外出现的概率密度是电子离核的距离 r 的函数。r 越小，即电子离原子核越近，出现的概率密度越大；反之，r 越大，即电子离原子核越远，则概率密度越小。若以黑点的疏密程度来表示空间各点的概率密度，则 ψ^2 大的地方黑点较密，ψ^2 小的地方黑点较疏。这种以黑点的疏密表示概率密度分布的图形就叫作**电子云**。需要注意的是，图中黑点的数目并不代表电子的具体数目，而是代表某个电子在瞬间可能出现的位置，是反映电子运动轨迹的统计性规律。氢原子基态的 1s 电子云呈球形(见图 5.4)。当氢原子处于激发态时，也可以按上述规则画出各种电子云的图形，例如 2s、2p、3s、3p、3d 等，但要复杂得多。

(2)电子云的角度分布图

电子云的角度分布图是波函数角度部分的平方 Y^2 随 θ、φ 角变化而形成的图形(见图 5.5)，其画法与波函数角度分布图相似。这种图形反映了电子出现在原子核外各个空间位置上的概率密度的分布规律。从外形上看，s、p、d 电子云的角度分布图与波函数角度分布图相似，但电子云角度分布图形状较瘦，且图中无正、负号。

电子云角度分布图和波函数角度分布图只与 l 和 m 两个量子数有关，而与主量子数 n 无关。电子云角度分布图反映的是电子在核外空间不同角度所出现的概率密度，并不反映电子出现的概率与电子离核远近的关系。

(3)电子云的径向分布图

电子云的径向分布指的是在离原子核一定距离 r 的单位厚度 dr 的球壳内电子出现的概率 ρ。所以电子云的径向分布图反映的是电子出现的概率与电子离核远近的关系，不能反映概率与角度的关系。

从电子云的径向分布图(图 5.6)可以看出，当主量子数增大时，例如，从 1s、2s 到 3s 轨

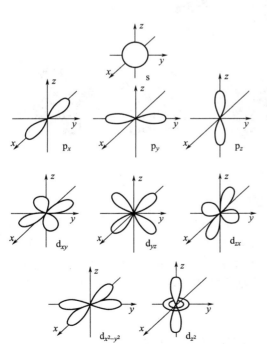

图 5.5　s, p, d 电子云角度分布示意图

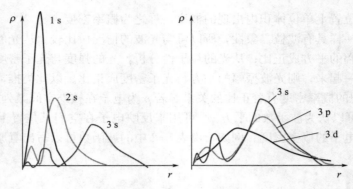

图 5.6　电子云径向分布示意图

道，电子离原子核的平均距离 r 越来越远。当主量子数相同而角量子数增大时，例如从 3s、3p 到 3d，电子离原子核的平均距离变化不大。所以习惯上将主量子数 n 相同的轨道称为同一电子层，而在同一电子层中将角量子数 l 相同的轨道称为同一电子亚层。

上述电子云的角度分布图和径向分布图，分别反映了电子云图像的两个方面，而完整的电子云的形状如图 5.7 所示。

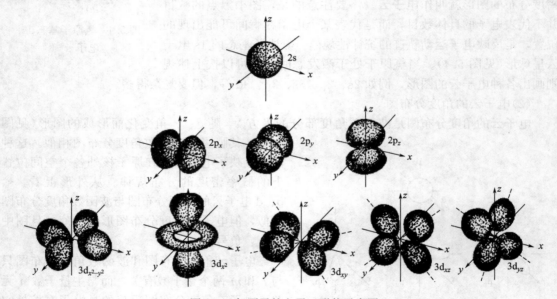

图 5.7　氢原子的电子云形状示意图

5.1.2　原子核外的电子排布方式和元素周期律

在已发现的 118 种元素中，除氢以外，其他原子都是多电子原子。在多电子原子中，电子不仅受到原子核的吸引，而且电子之间还存在着相互排斥，作用于电子上的核电荷数以及原子轨道的能级也远比氢原子的要复杂。现有的数学方法只能精确求解氢原子和类氢离子体系（如 He^+）的薛定谔方程，对于多电子原子体系则只能求得薛定谔方程的近似解，过程也比较复杂，本书只介绍其求解结果的应用。

5.1.2.1　多电子原子轨道的能级

氢原子轨道的能量取决于主量子数 n，而多电子原子的轨道能量不但与主量子数 n 有关，还与角量子数 l 有关。根据光谱实验结果，可归纳出多电子原子轨道能级的三条规律。

① 主量子数 n 相同时，随着角量子数 l 值的增大，轨道能量增加。例如，$E_{ns}<E_{np}<E_{nd}<E_{nf}$。

② 角量子数 l 相同时，随着主量子数 n 值的增大，轨道能量增加。例如，$E_{1s}<E_{2s}<E_{3s}$。

③ 当主量子数 n 和角量子数 l 都不相同时，可能会出现能级交错的现象。例如，在某些元素中，$E_{4s}<E_{3d}$，$E_{5s}<E_{4d}<E_{6s}<E_{4f}<E_{5d}$ 等。

n 和 l 都相同的轨道，能量相同，称为简并轨道或等价轨道。所以同一电子层的 p、d、f 亚层各有 3、5、7 个等价轨道。

影响多电子原子能级的因素较为复杂，随着原子序数的递增，各元素原子轨道的能级变化规律还会发生改变。1939 年，鲍林以大量光谱实验结果为依据，通过理论计算得出多电子原子中轨道能量的近似高低顺序，这就是**鲍林近似能级图**（图 5.8）。按照这张图的能级顺序，可以发现，自 19 号元素钾（K）开始，4s 轨道能量低于 3d 轨道能量，出现了能级交错现象。其余如 4d 和 5s 轨道，5d 和 6s、4f 轨道等也有类似情况。

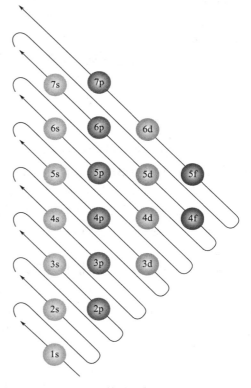

图 5.8　鲍林近似能级图

5.1.2.2　核外电子分布的原理和方式

（1）核外电子分布的三个原理

原子核外电子的分布情况可根据光谱实验数据来确定，各元素原子核外电子的分布规律，基本上遵循三个原理，即泡利（Pauli）不相容原理、能量最低原理和洪特（Hund）规则。

泡利不相容原理指的是同一个原子中，不允许出现四个量子数完全相同的两个电子，也就是说一个原子轨道中最多只能容纳两个电子，且自旋相反。由这一原理可以推导出各电子层最多可容纳的电子数为 $2n^2$。

能量最低原理是指核外电子在原子轨道上排布时，必须尽量占据能量较低的轨道，使整个原子系统能量处于最低。它明确了在 n 或 l 值不同的轨道中电子的排布规律。按照鲍林近似能级图（图 5.8）的能级高低顺序，多电子原子的核外电子优先排布在能量较低的轨道，从而可以确定各原子核外电子的一般排布规律如下：

$1s^1$		$1s^2$	第 1 能级组
$2s^{1\sim2}$		$2p^{1\sim6}$	第 2 能级组
$3s^{1\sim2}$		$3p^{1\sim6}$	第 3 能级组
$4s^{1\sim2}$	$3d^{1\sim10}$	$4p^{1\sim6}$	第 4 能级组
$5s^{1\sim2}$	$4d^{1\sim10}$	$5p^{1\sim6}$	第 5 能级组
$6s^{1\sim2}$ $4f^{1\sim14}$	$5d^{1\sim10}$	$6p^{1\sim6}$	第 6 能级组
$7s^{1\sim2}$ $5f^{1\sim14}$	$6d^{1\sim10}$	$7p^{1\sim6}$	第 7 能级组

能量相近的能级划为一组，称为能级组，上述共有七个能级组，对应于元素周期表中的七个周期。

　　洪特规则表明在主量子数 n 和角量子数 l 相同的等价轨道上排布的电子，将尽可能分占磁量子数 m 不同的轨道，而且自旋量子数相同，即自旋平行。例如，7 号元素氮原子的核外电子分布为 $1s^2 2s^2 2p^3$，其中 3 个 p 电子应分别占据不同的 p 轨道，且自旋平行，如下图所示。洪特规则虽然是一个经验规律，但量子力学理论也证明了电子按洪特规则排布可使原子的系统能量最低。

$$\uparrow \quad \uparrow \quad \uparrow$$

2p

　　此外，还有一些其他的**补充规则**，用于解释以上三个原理不足以说明的一些实验事实特例。例如，当相同能量的轨道为电子全充满状态（p^6，d^{10}，f^{14}）、半充满状态（p^3，d^5，f^7）或全空状态（p^0，d^0，f^0）时，原子比较稳定。

　　按上述核外电子分布的三个基本原理和近似能级顺序，可以确定大多数元素原子核外的电子分布方式（见书末元素周期表）。

　　（2）核外电子分布的方式

　　多电子原子核外电子分布的表达式叫作**电子分布式**，又称**电子构型**。例如，钒（V）原子有 23 个电子，按上述三个原理和近似能级顺序，其电子分布为 $1s^2 2s^2 2p^6 3s^2 3p^6 4s^2 3d^3$。但在书写时，一般习惯将同一电子层写在一起，所以 3d 轨道写在 4s 轨道前，即钒原子的电子分布式应为 $1s^2 2s^2 2p^6 3s^2 3p^6 3d^3 4s^2$。根据洪特规则，3d 轨道上的 3 个电子应分别分布在 3 个等价的 3d 轨道上，且自旋平行。

　　此外，铬、钼、铜、银、金等原子的 $(n-1)$ 电子层的 d 轨道上的电子都处于半充满状态或全充满状态（见书末元素周期表），是能量较低的状态。例如 Cr 和 Cu 的电子分布式分别为 $1s^2 2s^2 2p^6 3s^2 3p^6 3d^5 4s^1$ 和 $1s^2 2s^2 2p^6 3s^2 3p^6 3d^{10} 4s^1$。

　　对于原子序数大于 18 的元素，其原子核外的电子分布式可以用更简单的方法来表达，即用相应的惰性气体加外层电子构型的方法表示。例如，钙（Ca）和硫（S）的电子分布式可表示为 $[Ar]4s^2$ 和 $[Ne]3s^2 3p^4$。$[Ar]$ 和 $[Ne]$ 称为原子实，分别表示 Ar 和 Ne 这两种惰性气体的电子分布式。

　　在化学反应中，通常只涉及原子外层电子的改变，所以一般只需要写出外层电子的分布式（外层电子构型）即可，也称为特征电子构型。对于主族元素，特征电子构型需要写出最外层的 s 轨道和 p 轨道上的电子分布。例如，9 号元素氟（F）原子的最外层电子分布式为 $2s^2 2p^5$。对于副族元素，则需要写出最外层的 s 轨道和次外层的 d 轨道上的电子分布。例如，钒原子的外层电子分布式为 $3d^3 4s^2$。对于镧系和锕系元素，一般需要写出 $(n-2)$ 层的 f 轨道和最外层的 s 轨道上的电子分布，少数元素还要写出次外层的 d 轨道上的电子分布。对于离子，要写出同一电子层的全部电子分布。

　　需要注意的是，当原子失去电子而成为正离子时，一般是能量较高的最外层电子先失去，而且往往引起电子层数的减少。例如，Ni^{2+} 的外层电子构型是 $3s^2 3p^6 3d^8$，而不是 $3s^2 3p^6 3d^6 4s^2$ 或 $3d^6 4s^2$，也不能只写成 $3d^8$。又如，Fe^{3+} 的外层电子构型是 $3s^2 3p^6 3d^5$。当原子得到电子而成为负离子时，原子所得的电子总是分布在它的最外电子层上。例如，Br^- 的外层电子分布式是 $4s^2 4p^6$。

　　多电子原子存在能级交错的现象，那么如何估算主量子数 n 和角量子数 l 不相同的两个能级的能量高低呢？我国化学家徐光宪教授根据原子轨道能量与量子数 n 和 l 的关系，归纳得到了一个近似的规律，即轨道能量 E 与 $(n+0.7l)$ 的值成正比，并将 $(n+0.7l)$ 值的整数位相同的原子轨道归纳为一个能级组，如表5.3所示，这个分组与鲍林近似能级图的能级分组结果相同。徐光宪教授还提出，离子外层电子的能量高低可根据$(n+0.4l)$值来判断。例如，4s 和 3d 轨道的$(n+0.4l)$值分别为 4.0 和 3.8，即离子中 $E_{4s} > E_{3d}$。故 Ni^{2+} 是由 Ni 原子失去 $4s^2$ 电子而得到，这也较好地解释了原子总是先失去最外层电子的客观规律。

表 5.3　原子轨道能级分组

$(n+0.7l)$	能级组	能级组中的原子轨道	元素数目	周期数
$1.x$	1	1s	2	1
$2.x$	2	2s,2p	8	2
$3.x$	3	3s,3p	8	3
$4.x$	4	4s,3d,4p	18	4
$5.x$	5	5s,4d,5p	18	5
$6.x$	6	6s,4f,5d,6p	32	6
$7.x$	7	7s,5f,6d(未满)	未满	7

5.1.2.3　原子的结构与性质的周期性规律

元素原子的基本性质，如原子半径、氧化值、电离能、电负性等，取决于原子的外层电子构型，而后者具有周期性，因此元素的性质也呈现出明显的周期性变化。

（1）原子核外电子分布与元素周期律

原子核外电子分布的周期性是元素周期律的基础，而元素周期表是元素周期律的表现形式。元素周期表有多种形式，常用的是长式周期表（见书末所附元素周期表）。

原子核外电子层数相同的元素排在同一行，称为周期，其序号等于最外层轨道的主量子数 n。而外层电子构型相同的元素排在同一列，称为元素周期表中的族，其序号与外层电子构型相关，主族元素以及第ⅠB、第ⅡB 族元素的族数等于最外层的电子数；第ⅢB 至第ⅦB 族元素的族数等于最外层的电子数与次外层的 d 电子数之和。第Ⅷ族元素包括三个纵行，分别对应于最外层电子数与次外层 d 电子数之和为 8、9 和 10 的元素。零族元素最外层电子数除了氦（He）是 2 以外，均为 8。

根据原子的外层电子构型，可将长式周期表分成 5 个区，即 s 区、p 区、d 区、ds 区和 f 区。表5.4 反映了原子外层电子构型与周期表分区的关系。

表 5.4　原子外层电子构型与周期表分区

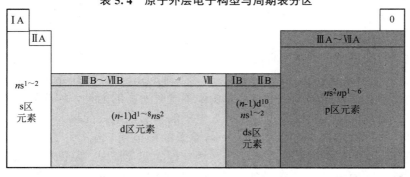

（2）元素的原子半径与周期律

元素的原子半径也呈现出周期性的变化，并且主族元素的变化比副族元素的更为明显。在同一周期中，原子半径从左到右逐渐减小（零族元素除外），这是因为随着核电荷数的增加，核外电子受到的核的引力增大，导致原子半径减小。其中，短周期元素原子半径的变化尤为显著。在同一族中，原子半径从上到下逐渐增大。对于主族元素来说，由于主量子数 n 的增加，原子半径增加明显。而副族元素的原子半径，会出现前后两个周期接近的现象，例如第六周期与第五周期的同族元素的原子半径就相差不大。

（3）元素的氧化值与周期律

同周期主族元素从左至右最高氧化值逐渐升高，并等于元素的最外层电子数，即族数（F、O 除外）。副族元素的原子中，除最外层的 s 电子外，次外层的 d 电子也可全部或部分参加反应，因此，d 区副族元素的最高氧化值一般等于最外层的 s 电子数与次外层的 d 电子数之和（但不大于 8），且大多有可变价态。其中第ⅢB 至第ⅦB 族元素与主族元素相似，同周期从左至右最高氧化值逐渐升高，并等于所属的族数。第Ⅷ族中，只有钌（Ru）和锇（Os）的最高氧化值为 +8 价。ds 区第ⅡB 族元素的最高氧化值为 +2，即等于最外层的 s 电子数。而第ⅠB 族中 Cu 和 Au 的最高氧化值分别为 +2 和 +3，高于其族数。此外，副族元素与 p 区元素一样，其主要特征是大多有可变氧化值。表 5.5 中列出了第四周期副族元素的主要氧化值。

表 5.5　元素的氧化值

IA	IIA	IIIB	IVB	VB	VIB	VIIB	VIII	IB	IIB	IIIA	IVA	VA	VIA	VIIA
						变价元素中，下划线的较稳定								
										+3	-4 +4	-3 +1 +3 +5	-2 +4 +6	-1 +1 +5 +7
+1	+2	+3	+2 +4	+3 +5	+3 +6	+2 +7	+2 +3 +8	+1 +2 +3	+2	+3 +1	+4 +2	+5 +3	+6 +4	

（4）电离能

金属元素易失去电子变成正离子，非金属元素易得到电子变成负离子。因此常用金属性表示原子在化学反应中失去电子的能力，非金属性表示原子在化学反应中得到电子的能力。

原子在气态时失去电子的难易程度，可以用电离能来衡量。处于基态的气态原子失去一个电子成为气态一价阳离子时所需的能量，称为该元素的第一电离能，常用单位为 $kJ \cdot mol^{-1}$。气态一价阳离子再失去一个电子成为气态二价阳离子时所需的能量，称为该元素的第二电离能，以此类推。电离能的大小反映了原子得失电子的难易，电离能越大，失电子越难，对于金属来说，其活泼性就越弱。电离能的大小与原子的核电荷、半径以及电子构型等因素有关。图 5.9 是各元素的第一电离能随原子序数周期性的变化情况。从图中可以看出，在同一周期中，从左至右，原子核电荷数增加，原子核对外层电子的吸引力也增加，原子半径减小，元素的第一电离能随之增大，相应的元素的金属活泼性逐渐减弱，但有一些特例，例如当外层电子结构为全充满或半充满时，其第一电离能相应较大。在同一主族和ⅢB 族中，从

上到下，电子层数增加，原子核对外层电子的吸引力减小，原子半径随之增大，元素的第一
电离能逐渐减小，相应的元素的金属活泼性逐渐增强。在同一副族中，元素的第一电离能自
上而下变化缓慢，规律性不明显，这是因为周期表从左到右，副族元素新增加的电子依次填
入次外层的 d 轨道，而最外层的电子数基本相同。

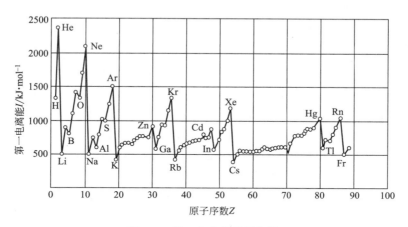

图 5.9　第一电离能的周期性

（5）电负性

电负性代表的是元素的原子在分子中吸引电子的能力，这一概念是由鲍林（Pauling）在
1932 年提出的，并规定氟（F）的电负性为 4.0，其他元素的电负性以此为参照得出，所以电
负性是一个相对的数值。电负性数值越大，表明原子在分子中吸引电子的能力越强；电负性
数值越小，表明原子在分子中吸引电子的能力越弱。元素的电负性较全面地反映了元素的金
属性和非金属性的强弱。一般金属元素（除铂系外）的电负性数值小于 2.0，而非金属元素
（除 Si 外）的电负性则大于 2.0。鲍林根据热化学数据，得到了不同元素的电负性数值，如图
5.10 所示。

周期＼族	IA	IIA	IIIB	IVB	VB	VIB	VIIB	VIII			IB	IIB	IIIA	IVA	VA	VIA	VIIA	0
1	H 2.1																	He
2	Li 1.0	Be 1.5											B 2.0	C 2.5	N 3.0	O 3.5	F 4.0	Ne
3	Na 0.9	Mg 1.2											Al 1.5	Si 1.8	P 2.1	S 2.5	Cl 3.0	Ar
4	K 0.8	Ca 1.0	Sc 1.3	Ti 1.5	V 1.6	Cr 1.6	Mn 1.5	Fe 1.8	Co 1.9	Ni 1.9	Cu 1.9	Zn 1.6	Ga 1.6	Ge 1.8	As 2.0	Se 2.4	Br 2.8	Kr
5	Rb 0.8	Sr 1.0	Y 1.2	Zr 1.4	Nb 1.6	Mo 1.8	Tc 1.9	Ru 2.2	Rh 2.2	Pd 2.2	Ag 1.9	Cd 1.7	In 1.7	Sn 1.8	Sb 1.9	Te 2.1	I 2.5	Xe
6	Cs 0.7	Ba 0.9	La～Lu 1.0～1.2	Hf 1.3	Ta 1.5	W 1.7	Re 1.9	Os 2.2	Ir 2.2	Pt 2.2	Au 2.4	Hg 1.9	Tl 1.8	Pb 1.9	Bi 1.9	Po 2.0	At 2.2	Rn
7	Fr 0.7	Ra 0.9	Ac～No 1.1～1.4															

注：引自参考文献［1］。

图 5.10　元素的电负性数值

从表中可以看出，主族元素的电负性具有较明显的周期性变化，同一周期中从左到右电负性递增，同一族中从上到下电负性递减。而副族元素的电负性值则较接近，变化规律不明显，f 区的镧系元素的电负性值比较接近。以金属性和非金属性来比较，主族元素显示较明显的周期性变化规律，副族元素的变化规律则不明显。

5.1.3 原子光谱

5.1.3.1 电子跃迁

根据以上对量子力学结果的简要说明，可以知道原子核外的电子在各自的原子轨道上运动着，且处于不同轨道上的电子能量也大小不同。当原子中所有电子都处于最低能量的轨道上时，我们称原子处于基态。如果原子中某些电子处于能量较高的轨道，则称为激发态。显然，原子的基态只有一个，但可以有许多个能量高低不同的激发态，分别被称为第一激发态、第二激发态等。图 5.1 中 $n>2$ 的能级均为氢原子的激发态。

处于低能量轨道的电子，如果接受外界提供的适当大小的能量，就会跃迁到较高能量的轨道上，两轨道能量之差等于电子所接受的外界能量。反过来，如果处在较高能量轨道上的电子返回到低能量的轨道上，则向外界释放能量。这种能量的变化是跳跃式的，而不是连续的，称为轨道能量量子化。电子在不同能级的轨道之间发生跃迁时所吸收或释放的能量，表现为一定波长的电磁波。

若以 ν 代表吸收或释放的电磁波的频率，ΔE 代表不同能级之间的能量差，则

$$\Delta E = h\nu \tag{5.7}$$

式中，h 为普朗克常数。

5.1.3.2 原子光谱

对于不同种类的原子来说，电子能级是不同的。如果能够测量出电子从一个能级跃迁到另一个能级时所吸收或释放的电磁波的频率，就可据此分析出原子的种类。电子在不同能级之间跃迁所发射或吸收的电磁波的频率，大致处于可见光的波段范围内，被称为原子光谱。根据实验的条件不同，原子光谱分为原子发射光谱和原子吸收光谱两类。

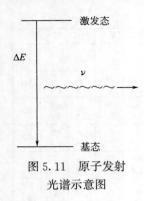

图 5.11 原子发射光谱示意图

(1)原子发射光谱

若对样品加热，处于基态的原子就会吸收外界能量，原子核外低能级的电子可跃迁到高能级上，成为激发态的电子。但是，激发态的电子极不稳定，在很短的时间内就会返回低能级，同时以电磁波的形式向外释放能量(图 5.11)。通过分析原子所发射的电磁波的频率及强度，可以分析物质中元素的种类(即元素的定性分析)和含量(元素的定量分析)，这就是原子发射光谱分析。

原子发射光谱最早被应用于原子结构的研究。19 世纪末，瑞典科学家里德伯(Rydberg)测定了氢原子的发射光谱频率，并总结出著名的里德伯光谱经验式：

$$\nu = R_\infty c \left(\frac{1}{n_1^2} - \frac{1}{n_2^2} \right) \tag{5.8}$$

式中，n_1、n_2 为正整数，且 $n_2 > n_1$；R_∞ 为里德伯常数，值为 $1.097 \times 10^7 \ m^{-1}$。

一般外层电子跃迁能量的波长范围为 $200 \sim 750 \ nm$，处于近紫外和可见光区，这些电磁波按波长顺序排列即为原子光谱。由于原子核外电子的能量是量子化的，因此原子发射光谱为非连续的线状光谱。

在进行原子发射光谱测定时，经常将样品直接放到激发光源上。例如，用电弧光源时，可将固体待测样品直接作为电极，或将样品粉碎后放入电极小孔中；液体样品可蒸发浓缩后滴入电极小孔；有机化合物可通过干燥灰化后放置在电极上。原子的外层电子在高温下跃迁到高能级，成为激发态原子。当从激发态回到基态时辐射出特征谱线，经分光系统滤除其他干扰光后，被检测器检测，信号经放大后被记录。

焰色反应就是利用原子发射光谱对金属原子或其化合物进行定性分析的化学实验方法。当金属或者其可燃化合物在无色火焰中灼烧时，会呈现出不同颜色的火焰，这种颜色的波长对应的就是金属中电子从不稳定的高能量轨道跃迁回低能量轨道时所放出的能量。

理论上，原子光谱中谱线的强度与样品中元素的含量成正比。因此，在固定的条件下，通过比较同一谱线的强度，可以分析试样中元素的含量，这就是定量分析。应用原子发射光谱进行元素定量分析的研究受到仪器激发光源、检测装置等的制约，发展较为缓慢，但随着新技术的应用，这方面的短板正日益补齐。

（2）原子吸收光谱

用待测元素为灯丝，制成光源（灯泡）。根据原子发射光谱的原理可以知道，此光源工作时发射的光线中，必定含有能量等于第一激发态与基态能级差的特征光。让这样的特征光照射到含待测元素的样品上，根据待测样品对特征光的吸收情况，可以判断出样品中待测元素的含量（即元素的定量分析），这就是原子吸收光谱分析的基本原理，本书不做深入介绍。

5.2　分子结构

物质并不是原子的简单堆积，绝大多数物质以多原子分子形式存在。在分子内部，原子以强作用力化学键结合，而分子则以较弱的分子间作用力聚集在一起。

5.2.1　化学键

除稀有气体外，大多数分子是依靠原子（或离子）间的某种强作用力而将多个原子（或离子）结合在一起的，分子中原子（或离子）之间的这种强作用力称为化学键。化学键主要有金属键、离子键和共价键三类。

5.2.1.1　离子键

当电负性较小的活泼金属原子（如ⅠA族的 K、Na 等）和电负性较大的活泼非金属原子（如ⅦA族的 F、Cl 等）相互靠近时，原子间发生电子转移，金属原子失去电子生成正离子，而非金属原子得到电子生成负离子。正、负离子之间由于静电作用而结合在一起，就形成了离子型化合物。这种由正、负离子之间的静电作用而形成的化学键叫作**离子键**。形成离子键一般要求金属原子和非金属原子之间的电负性相差 1.7 以上。离子键的特点是没有饱和性和方向性。

能形成典型离子键的正、负离子的外层电子构型一般都是 8 电子的，称为 8 电子构型（ns^2np^6）。例如，在离子型化合物 KF 中，K^+ 和 F^- 的外层电子构型分别是 $3s^23p^6$ 和 $2s^22p^6$。

对于正离子来说，8 电子构型主要包括某些主族元素正离子和副族元素高价态正离子，如 Na^+、Al^{3+}、Sc^{3+}、Ti^{4+} 等。除了 8 电子构型外，正离子还有如下几类外层电子构型。

① 18 电子构型 ($ns^2np^6nd^{10}$)，主要包括 p 区长周期元素的族数价正离子，如 Ga^{3+}、Sn^{4+}、Sb^{5+} 等，以及 ds 区元素的族数价正离子，如 Ag^+、Zn^{2+} 等。

② 9～17 电子构型 ($ns^2np^6nd^{1\sim9}$)，主要包括 d 区元素的低价态正离子，如 Fe^{3+}、Mn^{2+}、Ni^{2+} 等，以及 ds 区元素的高于族数价的正离子，如 Cu^{2+}、Au^{3+} 等。

③ 18+2 电子构型 $[(n-1)s^2(n-1)p^6(n-1)d^{10}ns^2]$，主要包括 p 区长周期元素的低价态正离子，如 Pb^{2+}、Bi^{3+} 等。

④ 2 电子构型 ($1s^2$)，包括第二周期元素的高价态正离子，如 Li^+、Be^{2+} 等。

由这些非 8 电子构型的正离子与一些负离子（如 F^-、Br^- 等）形成的化学键并不是典型的离子键，可以认为是一类由离子键向共价键过渡的化学键。

5.2.1.2 金属键

金属的电离能较小，因此其最外层的价电子容易脱离原子的束缚而成为自由电子，并生成金属离子。金属离子是紧密堆积的，所有的自由电子会在整个堆积体内自由运动，形成**金属键**。所以金属键的本质是金属离子与自由电子之间的库仑引力。金属键的特点是没有饱和性和方向性。

金属离子紧密堆积的方式有很多种，比较典型的是立心堆积、面心堆积和体心堆积（如图 5.12）。这些紧密堆积方式决定了金属的共性，比如金属一般具有特殊的光泽和较大的密度，以及良好的导热性和导电性，金属的机械延展性也相对较好。

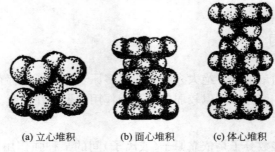

(a) 立心堆积　　(b) 面心堆积　　(c) 体心堆积

图 5.12　金属离子紧密堆积的方式

5.2.1.3 共价键

共价键是指分子中的原子之间通过共用电子对结合的一种强烈的分子内作用力。同种非金属元素原子，或者电负性相差不大的不同元素原子（一般均为非金属，有时也有金属与非金属）之间可以形成共价键，所得到的分子称为共价型单质或共价型化合物。共价键中成键的共用电子对可以由两个原子共同提供，也可以由一个原子单独提供，后者又称为**配位键**。一般用短线表示共价键，例如 H—Cl、O=C=O。

为了解释共价型分子中共价键的形成过程，人们在量子力学的近似处理基础上，提出了价键理论和分子轨道理论。

（1）价键理论

价键理论以相邻原子之间共用成键电子对为基础来说明共价键的形成。当两个相邻原子各有一个自旋方向相反的未成对电子时，电子不再局限于各自原先的轨道，还可以出现在对方的轨道中。这样，相互配对的两个电子就为两个原子轨道所共用，形成一个共价键。如果相邻原子各有两个或三个未成对电子，则自旋相反的未成对电子可两两配对，形成共价双键或叁键。所以，一个原子可以与多个其他原子之间形成共价键，形成的共价（单）键的数目等于该原子的未成对电子数，也称为**共价数**。例如，H—H、Cl—Cl、H—Cl 等双原子分子中，2 个原子各有 1 个未成对电子，可以相互配对，形成 1 个共价（单）键；又如，H_2O 分子中的 1 个氧原子有 2 个未成对电子，可以分别与 1 个氢原子的未成对电子配对，形成 2 个共价（单）键。没有未成对电子的原子不能成键，例如，惰性元素氩（Ar）只能以单原子分子形式存在。

当形成共价键时，原来的两个原子轨道发生重叠，在重叠部分电子出现的概率密度增大，从而增加了两个原子核对电子的吸引，导致系统能量降低，形成了稳定的共价型分子。两个原子轨道之间的有效重叠越大，共价键就越强，分子就越稳定。为了获得两个原子轨道之间的最大重叠，相邻原子总是沿着一定的方向重叠。

当两个相邻原子各有一个自旋方向平行的未成对电子时，这两个原子轨道不能重叠，即不能形成共价键，因为根据泡利不相容原理，重叠的轨道中不可能出现两个自旋方向平行的电子。

综上所述，价键理论的主要内容有以下两点。

共价键具有饱和性。分子中的两个相邻原子必须具有未成对的电子，且它们的自旋方向相反，才有可能配对形成共价键。所以，共价键的成键数目取决于成键原子所拥有的未成对电子数，具有饱和性。

共价键具有方向性。原子轨道相互重叠形成共价键时，原子轨道要沿着一定的方向重叠，以获得最大的重叠。即自旋相反的未成对电子相互接近时，首先必须考虑其波函数的正、负号，只有符号相同的轨道（即对称性匹配）才能实现有效的重叠。同时，原子轨道重叠时，总是沿着重叠最大的方向进行，重叠部分越大，共价键越牢固。在前边介绍过，除了 s 轨道以外，其他原子轨道均有方向性，即有不同的空间取向，所以共价键具有方向性。例如，水分子中氢原子的 1s 轨道与氧原子的 $2p_x$ 轨道之间有四种可能的重叠方式，如图 5.13 所示，其中，(a) 有同号和异号两种重叠，相互抵消而为零，(c) 为异号重叠，所以 (a) 和 (c) 两种都不能有效重叠而成键。(b) 和 (d) 为同号重叠，但当两原子核间距一定时，(d) 的重叠比 (b) 的要多。所以，水分子中氢原子的 1s 轨道与氧原子的 $2p_x$ 轨道之间只有采用 (d) 重叠方式成键，才可达到轨道的最大有效重叠。

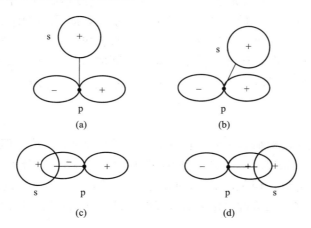

图 5.13　s 轨道和 p 轨道重叠方式示意

根据上述原子轨道重叠的原则，s 轨道和 p 轨道有两类不同的重叠方式，即可形成重叠方式不同的两类共价键，一类称为 σ 键，另一类称为 π 键（见图 5.14）。

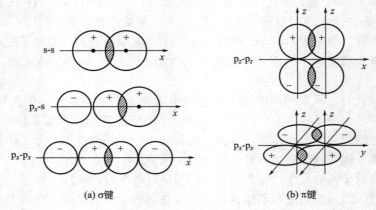

(a) σ键　　　　　　(b) π键

图 5.14　σ 键和 π 键重叠方式示意

σ 键是两个原子轨道沿着两个原子核间连线的方向，以"头碰头"的方式进行同号重叠所形成的共价键，轨道重叠部分沿着键轴（两核间连线）呈圆柱形对称。σ 键的特点是轨道重叠程度大，所形成的共价键比较强，所以比较稳定。

π 键是两个原子轨道垂直于两个原子核间连线的方向，以"肩并肩"的方式进行同号重叠所形成的共价键，轨道重叠部分以通过键轴的一个平面为参照，具有镜面反对称，即形状相同，符号相反。π 键的特点是轨道重叠程度较小，所形成的共价键上的电子能量较高，易发生变化。π 键的强度一般不及 σ 键。

若两个成键原子均只有一个未成对电子，则优先生成 σ 键，称为共价单键。若两个原子

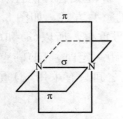

图 5.15　N_2 分子中 σ 键
和 π 键示意

有多个未成对电子，则先生成一个 σ 键，其他的生成 π 键，包括共价双键和共价叁键。例如，N_2 分子中的 N 原子有 3 个未成对的 p 电子，分别在 p_x、p_y 和 p_z 轨道上。当 2 个 N 原子结合生成 N_2 时，N 原子间除了两个同号 p 轨道头碰头重叠形成的 σ 键外，还有另外两组同号 p 轨道肩并肩重叠形成的 2 个 π 键，如图 5.15 所示。σ 键比 π 键更牢固，所以含双键或叁键的分子，π 键更容易断裂。

原子间如果存在着多重键，原子间的结合就更紧密，原子间的距离就更近，相应的键长就更短。分子结构测定的实验已经表明，通常情况下碳原子之间的共价单键、双键和叁键的键长分别为 0.154 nm、0.133 nm 和 0.120 nm。这样，价键理论就合理地解释了化学键的键长规律。

(2) 分子轨道理论

价键理论采用电子配对概念，简单直观地说明了共价键的形成。但是，实验中某些分子的结构和性质对价键理论提出了挑战。例如，按照价键理论，O_2 分子中的电子都是成对的，形成一个 σ 键和一个 π 键。但是，对 O_2 的磁性研究表明，O_2 为顺磁性物质，意味着分子中含有未成对电子。这个是价键理论无法解释的。价键理论的局限性促使了分子轨道理论的发展。

分子轨道理论是目前发展较快的一种共价键理论，它将分子作为一个整体来讨论。这一理论的主要观点为：当原子形成分子后，电子不再局限于原来原子的轨道，而是属于整个分子的分子轨道。

分子轨道可以近似地通过原子轨道的适当组合而得到。以双原子分子为例，两个原子轨道可以组成两个分子轨道。当两个原子轨道（即波函数）以相加的形式组合时，可以得到成键分子轨道；当两个原子轨道（即波函数）以相减的形式组合时，可以得到反键分子轨道。在成键分子轨道中，两原子核间的电子云密度比原来的原子轨道中的电子云密度大，轨道能量降低；反键分子轨道中两原子核间的电子云密度变小，轨道能量升高。例如，氢分子中，两个氢原子的 1s 轨道经组合后形成两个能量高低不同的分子轨道，一个为成键分子轨道，另一个为反键分子轨道，如图 5.16 所示。

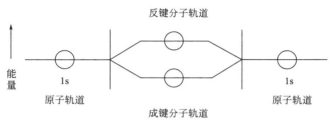

图 5.16 氢分子轨道

分子轨道中电子的分布也与原子轨道中电子的分布一样，需服从泡利不相容原理、能量最低原理和洪特规则。因此，氢分子中的 2 个电子应分布在成键分子轨道上，并且自旋反平行。

5.2.2 分子的极性和空间构型

5.2.2.1 共价键参数

表征共价键特性的物理量称为共价键参数，包括键长、键角和键能等。这些物理量可以通过实验测得，并由此确定共价型分子的空间构型、分子的极性以及稳定性等性质。

① **键长**：分子中两个成键原子的原子核之间的距离叫作键长。键长与键的强度（或键能）有关。由不同种类的原子所形成的共价键的键长是不同的。在原子种类确定的情况下，键长较小的分子比较稳定。

② **键角**：分子中两个相邻共价键之间的夹角叫作键角。分子的空间构型与键长和键角有关。

③ **键能**：共价键的强弱可以用键能数值的大小来衡量。一般规定，在 298.15 K 和 100 kPa 下的气态物质中，断开单位物质的量的化学键而生成气态原子所需要的能量叫作键解离能，以符号 D 表示。例如：

$$H—Cl(g) \longrightarrow H(g) + Cl(g)；D(H—Cl) = 432 \ kJ \cdot mol^{-1}$$

对于双原子分子来说，键解离能可以认为就是该气态分子中共价键的键能 E，即

$$E(H—Cl) = D(H—Cl) = 432 \ kJ \cdot mol^{-1}$$

对于两种元素组成的多原子分子来说，可取键解离能的平均值作为键能。例如，水分子中含有两个 O—H 键，但这两个键的解离有先后，所以它们的解离能并不相同。实验测得水分子中先后两个 O—H 键的解离能分别为：

$$H_2O(g) \longrightarrow H(g) + OH(g)；D_1 = 498 \ kJ \cdot mol^{-1}$$

$$OH(g) \longrightarrow H(g) + O(g)；D_2 = 428 \ kJ \cdot mol^{-1}$$

则 O—H 键的键能 $E(O—H) = (498+428) \ kJ \cdot mol^{-1}/2 = 463 \ kJ \cdot mol^{-1}$。

表 5.6　298.15 K 时一些共价键的键能　　　　　单位：kJ·mol^{-1}

单键								双键		叁键	
H—H	435	C—H	413	N—N	159	F—F	158	C=C	598	N≡N	946
H—N	391	C—C	347	N—O	222	F—Cl	253	C=O	803	C≡C	820
H—F	567	C—N	293	N—Cl	200	Cl—Cl	242	O=O	498	C≡O	1076
H—Cl	431	C—O	351	O—H	463	Cl—Br	218	C=S	477		
H—Br	366	C—S	255	O—O	143	Br—Br	193	N=N	418		
H—I	298	C—Cl	351	O—F	212	I—Cl	208				
		C—Br	293	S—H	339	I—Br	175				
		C—I	234	S—S	268	I—I	151				
		Si—Si	226								
		Si—O	368								

注：引自参考文献[2]。

表 5.6 中列出了一些共价键的键能数值。键能习惯上取正值，一般来说，键能数值越大表示共价键强度越大，越不易断开。

5.2.2.2　键能的热化学计算

化学反应过程实质上是反应物化学键的断裂和产物化学键的生成的过程。因此，气态物质化学反应的热效应就是化学键重新组合前后键解离能或键能总和的变化。利用键能数据，可以估算一些反应的热效应或反应的标准焓变。

例 5.1　用键能数据估算下列反应的 $\Delta_r H_m^\ominus$(298.15 K)。

$$H_2(g) + Cl_2(g) \longrightarrow 2HCl(g)$$

解　此反应包括原有化学键的断裂和新的化学键的生成两个步骤，如图中的(1)和(2)所示。

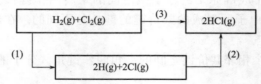

根据盖斯定律可得：

$$\Delta_r H_{m,3}^\ominus(298.15\ K) = \Delta_r H_{m,1}^\ominus(298.15\ K) + \Delta_r H_{m,2}^\ominus(298.15\ K)$$
$$= [E(H-H) + E(Cl-Cl)] + 2[-E(H-Cl)]$$
$$= [(435+242) - 2\times431]\ kJ\cdot mol^{-1}$$
$$= -185\ kJ\cdot mol^{-1}$$

此值与按标准热力学数据所得：$\Delta_r H_m^\ominus$(298.15 K) $= 2\times(-92.3\ kJ\cdot mol^{-1}) = -184.62\ kJ\cdot mol^{-1}$ 基本相符。一般来说，气态反应的标准焓变可以利用反应物的键能总和减去生成物的键能总和，从而求得一个近似值（注意，这里的计算是反应物在前，生成物在后），即

$$\Delta_r H_m^\ominus(298.15\ K) \approx \sum E_{反应物} - \sum E_{生成物}$$

从键能或键解离能估算所得到反应的 $\Delta_r H_m^\ominus$(298.15 K)，虽然没有热力学数值精确，但有利于从微观角度来理解反应热效应的本质，并可估算一些实验较难测量的反应热效应。

5.2.2.3 分子的极性和电偶极矩

在分子中，由于原子核所带正电荷的电量和电子所带负电荷的电量是相等的，所以整个分子是电中性的。但从分子内部这两种电荷的分布情况来看，可把分子分为极性分子和非极性分子两类。

假定分子中正、负电荷各有一个"电荷中心"，那么正、负电荷中心重合的分子叫作非极性分子，正、负电荷中心不重合的分子叫作极性分子。分子的极性可以用偶极矩来表示。若分子中正、负电荷中心所带的电量各为 q，两中心距离为 l，则二者的乘积称为偶极矩，以符号 μ 表示，SI 单位为 C·m(库·米)，即

$$\mu = q \times l \tag{5.9}$$

虽然极性分子中 q 和 l 的数值难以测量，但 μ 的数据可通过实验方法测出。表 5.7 中列出了一些物质分子的偶极矩和空间构型。分子偶极矩的数值可用于判断分子极性的大小，偶极矩越大表明分子的极性也越大，偶极矩为零的分子即为非极性分子。

表 5.7 一些分子的偶极矩和空间构型

分子		偶极矩 $\mu/10^{-30}$C·m	空间构型
双原子分子	HF	6.07	直线形
	HCl	3.6	直线形
	HBr	2.74	直线形
	HI	1.47	直线形
	CO	0.37	直线形
	N_2	0	直线形
	H_2	0	直线形
三原子分子	HCN	9.94	直线形
	H_2O	6.17	V 字形
	SO_2	5.44	V 字形
	H_2S	3.24	V 字形
	CS_2	0	直线形
	CO_2	0	直线形
四原子分子	NH_3	4.9	三角锥形
	BF_3	0	平面三角形
五原子分子	$CHCl_3$	3.37	四面体形
	CH_4	0	正四面体形
	CCl_4	0	正四面体形

注：引自参考文献[3]。

对双原子分子来说，分子极性和键的极性是一致的。例如，H_2、N_2 等分子由非极性共价键组成，整个分子的正、负电荷中心是重合的，μ 值为零，所以是非极性分子。又如，卤化氢分子由极性共价键组成，整个分子的正、负电荷中心是不重合的，μ 值不为零，所以是极性分子。在卤化氢分子中，从 HF 到 HI，氢与卤素之间的电负性差值依次减小，共价键的极性也逐渐减弱，而从表 5.7 中的数值也可看出，这些分子的电偶极矩逐渐减小。在多原子分子中，分子的极性和键的极性往往不一致。例如，H_2O 分子和 CH_4 分子中的 O—H 键

和 C—H 键都是极性键，但从 μ 的数值来看，H_2O 分子是极性分子，CH_4 是非极性分子。所以分子的极性不但与键的极性有关，还与分子的空间构型（对称性）有关。

5.2.2.4 分子的空间构型和杂化轨道理论

共价型分子中，各原子在空间排列所构成的几何形状，叫作分子的空间构型。例如，甲烷（CH_4）分子为正四面体，水（H_2O）分子为"V"字形，氨（NH_3）分子为三角锥形等。1931 年鲍林等以价键理论为基础，提出了化学键的杂化轨道理论，用于解释各种分子不同的空间构型。该理论从电子具有波动性且可以叠加的观点出发，认为若干个能量相近的原子轨道可以混合杂化成同样数目的能量完全相等的新的原子轨道，这种新的原子轨道称为**杂化轨道**。形成杂化轨道的过程称为**原子轨道杂化**（简称杂化）。我国物理化学家唐敖庆院士团队在 1953 年对 s-p-d-f 轨道杂化进行了系统研究，概括了杂化轨道的一般方式，进一步丰富了杂化轨道理论的内容。杂化轨道理论较成功地解释了多原子分子的空间构型，以及用普通的价键理论无法解释的某些共价型分子（如 CH_4）的形成方式。

杂化轨道按其组成成分可以分类如下。

sp 杂化轨道：由 1 个 s 轨道和 1 个 p 轨道混杂而成，s 成分和 p 成分分别占 1/2；

sp^2 杂化轨道：由 1 个 s 轨道和 2 个 p 轨道混杂而成，s 成分和 p 成分分别占 1/3 和 2/3；

sp^3 杂化轨道：由 1 个 s 轨道和 3 个 p 轨道混杂而成，s 成分和 p 成分分别占 1/4 和 3/4。

杂化轨道有**等性杂化**和**不等性杂化**。当所有杂化轨道均等价（即能量相同）时，称为等性杂化，反之则为不等性杂化。

用杂化轨道理论可以解释一些典型分子的空间构型。

$BeCl_2$ 分子：$BeCl_2$ 分子是直线型结构（见图 5.17），中心原子是第 ⅡA 族的铍（Be），其外层电子分布式为 $2s^2$，没有未成对电子。按照价键理论，铍原子是不能与 2 个氯原子形成共价键的。但实验事实表明，1 个铍原子与 2 个氯原子以 2 个完全相同的共价键结合生成了直线形的 $BeCl_2$ 分子，这就需要用杂化轨道理论来解释了。在 $BeCl_2$ 分子中，铍原子参与成键的轨道已不是原来原子的 2s 轨道和 2p 轨道，而是由 1 个 s 轨道与 1 个 p 轨道"混杂"组成的 2 个 **sp 杂化轨道**，每个 sp 杂化轨道中含有 1/2 的 s 轨道成分和 1/2 的 p 轨道成分，2 个 sp 杂化轨道的性质完全相同。铍原子外层原来的 2 个 s 电子分别进入这 2 个 sp 杂化轨道，并以这 2 个 sp 杂化轨道分别与 2 个氯原子的 3p 轨道（有 1 个电子）重叠，形成直线形 $BeCl_2$ 分子，成键轨道的夹角为 180°。此类空间构型的分子还包括 $HgCl_2$、CO_2、$HC{\equiv}CH$ 等。

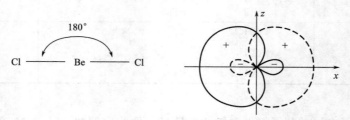

图 5.17 $BeCl_2$ 分子的空间构型和 sp 杂化轨道角度分布示意图

BF_3 分子：BF_3 是平面三角形结构的分子（见图 5.18），中心原子是第 ⅢA 族的硼（B），其外层电子分布式为 $2s^2 2p^1$。在成键过程中，B 原子的 1 个 s 轨道与 2 个 p 轨道进行杂化，形成 3 个互成 120°角的 **sp^2 杂化轨道**，对称地分布在 B 原子周围。每一个 sp^2 杂化轨道含有 1/3 的 s 轨道成分和 2/3 的 p 轨道成分。硼原子外层原来的 3 个电子分别进入这 3 个 sp^2 杂化轨道，并以这 3 个杂化轨道分别与 3 个 F 原子的 2p 轨道(有 1 个电子)重叠，形成平面三角形的 BF$_3$ 分子。此类空间构型的分子还包括 BCl$_3$、AlCl$_3$、H$_2$C═CH$_2$ 等。

图 5.18　BF$_3$ 分子的空间构型和 sp^2 杂化轨道角度分布示意图

　　CH$_4$ 分子：CH$_4$ 是正四面体结构的分子(见图 5.19)，中心原子是第ⅣA 族的碳(C)，其外层电子分布式为 2s^{2}2p^2。成键过程中，碳原子的 1 个 s 轨道与 3 个 p 轨道进行杂化，形成 4 个互成 109°28′的 **sp^3 杂化轨道**，对称地分布在碳原子周围。每一个 sp^3 杂化轨道含有 1/4 的 s 轨道成分和 3/4 的 p 轨道成分。碳原子以 4 个 sp^3 杂化轨道各与 1 个氢原子的 1s 轨道重叠，形成正四面体的 CH$_4$ 分子。此类空间构型的分子还包括 CCl$_4$、CBr$_4$、C(金刚石)、SiC 等。

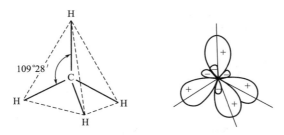

图 5.19　CH$_4$ 分子的空间构型和 sp^3 杂化轨道角度分布示意图

　　在上述 sp、sp^2 和 sp^3 杂化轨道中，中心原子分别为第Ⅱ族(主族或副族)，第ⅢA 和第ⅣA 族的元素，所形成杂化轨道的夹角(分别为 180°、120°、109°28′)随着杂化轨道中包含的 s 轨道成分的减少而减小。同时，在同一类杂化中形成的杂化轨道的性质完全相同，所以这类杂化均为等性杂化。

　　NH$_3$ 分子和 H$_2$O 分子：NH$_3$ 为三角锥形结构的分子，H$_2$O 为 V 字形结构的分子(见图 5.20)，中心原子分别为第ⅤA 族的氮(N)和第ⅥA 族的氧(O)。N 原子若以 3 个相互垂直的 p 轨道各与 1 个 H 原子的 1s 轨道重叠，则 NH$_3$ 分子中的键角应为 90°，但根据实验测定

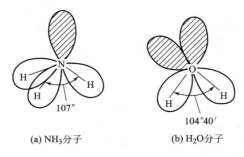

(a) NH$_3$分子　　　　(b) H$_2$O分子

图 5.20　NH$_3$ 分子和 H$_2$O 分子的空间构型示意图

其键角为 107°。氧原子若以 2 个相互垂直的 p 轨道各与 1 个 H 原子的 1s 轨道重叠，则 H_2O 分子中的键角也应为 90°，但实验测定其键角为 104°40′。

杂化轨道理论认为，NH_3 分子中的氮原子和 H_2O 分子中的氧原子在成键过程中，都形成 4 个 sp^3 杂化轨道。如果这 4 个杂化轨道是等性的，则和 CH_4 分子一样，键角∠HNH 和 ∠HOH 都应是 109°28′，但事实并非如此。杂化轨道理论对此现象的解释是，NH_3 分子中的一个 sp^3 杂化轨道由氮原子的孤对电子所占据(图 5.20 中用阴影表示孤对电子所占据的杂化轨道)，其他 3 个 sp^3 杂化轨道与氢原子 s 轨道重叠形成共价键。由于孤对电子比成键电子更靠近原子核，占据的角度空间比单键更大一些，使得 3 个单键之间的夹角比正四面体时的 109°28′小一些。H_2O 分子中有 2 个 sp^3 杂化轨道分别由氧原子的两对孤对电子所占据，使得剩下的两个杂化共价键间的夹角较小。NH_3 分子和 H_2O 分子中中心原子的轨道杂化属于 **sp^3 不等性杂化**。因此，氨和水分子的空间构型与等性 sp^3 杂化的 CH_4 分子不同，为不完全对称。这一结构性质反映在分子的极性上，就表现出显著的差异，CH_4 为非极性分子，而氨和水分子为极性分子。

上述由 s 轨道和 p 轨道所形成的杂化轨道和分子空间构型归纳于表 5.8 中。

表 5.8　一些杂化轨道的类型与分子的空间构型

杂化轨道类型	sp	sp^2	sp^3	sp^3	
参加杂化的轨道	1 个 s,1 个 p	1 个 s,2 个 p	1 个 s,3 个 p	1 个 s,3 个 p	
杂化轨道数	2	3	4	4	
成键轨道夹角 θ	180°	120°	109°28′	90°<θ<109°28′	
空间构型	直线形	平面三角形	(正)四面体形	三角锥形	V 字形
实例	$BeCl_2$,$HgCl_2$	BF_3,BCl_3	CH_4,$SiCl_4$	NH_3,PH_3	H_2O,H_2S
中心原子	Be(ⅡA),Hg(ⅡB)	B(ⅢA)	C,Si(ⅣA)	N,P(ⅤA)	O,S(ⅥA)

对杂化轨道理论，应注意以下几点。
① 形成的杂化轨道的数等于参加杂化的原子轨道数。
② 杂化轨道角度分布的图形与原来的 s 轨道和 p 轨道不同。
③ 由杂化轨道形成的共价键比较牢固。

5.2.3　分子间作用力

分子间相互作用力，其性质与化学键相似，均属电磁力，但要弱得多。它一般可分为取向力、诱导力、色散力、氢键和疏水作用等，前三者通常称为范德华力。液体的表面张力、蒸发热、物质的吸附能等性质常随分子间力的增大而增加。量子力学理论使人们能够正确理解分子间力的来源和本质，而超分子化学的兴起又极大地推动了对分子间力的研究。

5.2.3.1　分子间作用力

前面讨论的离子键、共价键和金属键，都是原子间比较强的作用力，原子依靠这种作用力而形成分子或晶体。分子间还存在一些比较弱的相互作用力，称为**分子间力**。气体分子能够凝聚成液体和固体，主要就是靠这种分子间力。分子间力的大小，对于物质的许多性质有影响。我国物理化学家唐敖庆院士等在 20 世纪 60 年代就对分子间力做过完整的理论研究，在国际上处于领先地位。

（1）取向力

当两个极性分子相互靠近时，因为电偶极的相互作用，极性分子在空间会按照异极相吸的状态取向。由固有电偶极之间的作用而产生的分子间力叫作**取向力**。因此，取向力存在于极性与极性分子之间。

（2）诱导力

在相邻分子的固有偶极或外电场作用下，分子的原子核和电子会产生相对位移，正、负电荷中心的位置改变，分子发生形变，产生了诱导偶极。诱导偶极与极性分子的固有偶极之间产生的分子间力叫作**诱导力**。因此，诱导力存在于极性分子与其他任何分子之间。

（3）色散力

分子瞬间的正、负电荷中心不重合（电子高速运动）会导致瞬间偶极。瞬间偶极之间的异极相吸而产生的分子间作用力，称为**色散力**。色散力存在于任何分子之间，分子中所含原子数目越多，原子序数越大，色散力越强。

上述三种分子间力统称为**范德华力**，是分子与分子之间的静电引力。范德华力没有方向性和饱和性，是永远存在于分子间的短程弱相互作用，随着分子之间距离的增加而迅速减弱。在不同的分子之间，分子间力的种类和大小不相同。概括来说，在极性分子之间存在着色散力、诱导力和取向力，在极性分子与其他分子之间存在着色散力和诱导力，在非极性分子之间只存在着色散力。很明显，色散力在各种分子之间都存在，而且一般也是最主要的分子间力。只有当分子的极性很大（如 H_2O 分子）时，才以取向力为主，而诱导力一般较小，如表 5.9 所示。

表 5.9　分子间作用能 E 的分配（单位为 $kJ \cdot mol^{-1}$）

分子	取向力	诱导力	色散力	总能量
H_2	0	0	0.17	0.17
Ar	0	0	8.48	8.48
Xe	0	0	18.40	18.40
CO	0.003	0.008	8.79	8.79
HCl	3.34	1.1003	16.72	21.05
HBr	1.09	0.71	28.42	30.22
HI	0.58	0.295	60.47	61.36
NH_3	13.28	1.55	14.72	29.65
H_2O	36.32	1.92	8.98	47.22

从表 5.9 可见，分子间作用能很小（一般为 $0.2 \sim 50 \ kJ \cdot mol^{-1}$），与共价键键能（一般为 $100 \sim 450 \ kJ \cdot mol^{-1}$）相比，相差 1~2 个数量级。分子间力的作用范围也很小，所以气体在压力较低的情况，因分子间距离较大，可以忽略分子间的作用力。

（4）氢键

除上述分子间力之外，在某些化合物的分子之间或分子内还存在着与分子间力大小接近的另一种作用力，叫**氢键**。氢键是指氢原子与电负性较大的 X 原子（如 F、O、N 原子等）以极性共价键相结合的同时，还能吸引另一个电负性较大而半径又较小的 Y 原子，其中 X 原子与 Y 原子可以相同，也可不同。氢键可简单示意如下：

$$X—H\cdots Y$$

能形成氢键的物质相当广泛，例如，HF、H_2O、NH_3、无机含氧酸和有机羧酸、醇、胺、蛋白质以及某些合成高分子化合物等，在这些物质的分子结构中，都含有 F—H 键、O—H 键或 N—H 键。

氢键与分子间力最大的区别在于氢键具有饱和性和方向性。在大多数情况下，一个连接在 X 原子上的 H 原子只能与一个电负性大的 Y 原子形成氢键，键角大多接近 180°。氢键的键能虽然比共价键要弱得多，但分子间存在氢键时，加强了分子间的相互作用，使物质的性质会发生某些改变。氢键在生物化学中有着重要意义，例如，蛋白质分子中存在着大量的氢键，有利于蛋白质分子空间结构的稳定存在；DNA 中碱基配对和双螺旋结构的形成也依靠氢键的作用。

5.2.3.2　分子间力和氢键对物质性质的影响

由共价型分子组成的物质的物理性质，如熔点、沸点、溶解性等，与分子的极性、分子间力以及氢键有关。

（1）物质的熔点和沸点

共价型分子之间如果只存在较弱的分子间力，则熔点较低。从表 5.10 中可以看出，对于同类型的单质（如卤素或惰性气体）和化合物（如直链烷烃），其熔点一般随分子量的增大而升高。这主要是由于在同类型的这些物质中，分子的变形程度一般随分子量的增加而增大，从而使分子间的色散力随分子量的增大而增强。这些物质的沸点变化规律与熔点类似。

表 5.10　部分物质的分子量对其熔点、沸点的影响

物质	分子量	熔点/℃	沸点/℃
CH_4（天然气主要组分）	16.04	−182.0	−164
C_8H_{18}（汽油组分）	114.23	−56.8	125.7
$C_{13}H_{28}$（煤油组分）	184.37	−5.5	235.4
$C_{16}H_{34}$（柴油组分）	226.45	18.1	287

注：引自参考文献[3]。

按照这一规律，第ⅦA 族元素的氢化物的熔点、沸点应该随分子量的增大而升高。但事实上，HF、HCl、HBr、HI 的沸点分别为 20 ℃、−85 ℃、−67 ℃、−36 ℃，很明显，HF 并不符合上述规律。这是因为 HF 分子间存在着强的氢键，使其熔点、沸点比同类型氢化物更高。第ⅤA、ⅥA 族元素的氢化物的情况也类似。所以，含有氢键的物质，熔点、沸点一般相对较高。

（2）物质的溶解性

影响物质溶解性的因素较复杂。一般来说，"相似相溶"是一个简单有用的经验规律，即极性溶质易溶于极性溶剂，非极性（或弱极性）溶质易溶于非极性（或弱极性）溶剂。溶质与溶剂的极性越相近，越易互溶。例如，碘易溶于苯或四氯化碳，而难溶于水。这主要是碘、苯和四氯化碳等都为非极性分子，分子间存在着相似的作用力（都为色散力），而水为极性分子，分子之间除存在分子间力外还有氢键，因此碘难溶于水。若溶质与溶剂分子间能形成氢

键，则溶解度将大大增加。

通常用的溶剂一般有水和有机物两类。水是极性较强的溶剂，它既能溶解多数强电解质，如 HCl、NaOH、K_2SO_4 等，又能与某些极性有机物，如丙酮、乙醚、乙酸等互溶。这主要是由于这些强电解质（离子型化合物或极性分子化合物）与极性分子 H_2O 能相互作用而形成正、负水合离子；而乙醚和乙酸等分子不仅有极性，且其结构中的氧原子能与水分子中的 H 原子形成氢键，因此它们也能溶于水。但强电解质却难被非极性的有机溶剂所溶解。

有机溶剂主要有两类，一类是非极性和弱极性溶剂，如苯、甲苯、汽油以及四氯化碳、三氯甲烷、三氯乙烯、四氯乙烯和其他某些卤代烷烃。它们一般难溶或微溶于水，但都能溶解非极性或弱极性的有机物，如机油、润滑油等。因此，在机械和电子工业中，此类有机溶剂常用来清洗金属部件表面的润滑油等矿物性油污。另一类是极性较强的有机溶剂，如乙醇、丙酮以及分子量低的羧酸等。这类溶剂的分子中，既包含有羟基、羰基、羧基这些极性较强的基团，还含有烷基类基团，前者能与极性溶剂如水相溶，而后者则能溶解极性或非极性的有机物，如汽油等。根据这一特点，在金属部件清洗过程中，往往先以甲苯、汽油或卤代烷烃等去除零件表面的油污（主要是矿物油），然后再以极性有机溶剂（如丙酮）洗去残留在部件表面的非极性或弱极性溶剂，最后以水洗净。为使其尽快干燥，可将经水洗后的部件用少量乙醇擦洗表面，以加速水分挥发。这一清洗过程主要依赖于分子间相互作用力的相似，即"相似相溶"规律。金属在切削等机械加工过程中，除会沾有矿物性油脂（润滑油等）外，往往还残留有动物性油脂，对于这类油脂一般可用碱液去除。

5.2.4　超分子化学

超分子化学是近三十年发展起来的化学分支。它所研究的内容是分子如何利用相互间的非共价键作用，聚集形成有序的空间结构，以及具有这样有序结构的聚集体所表现出来的特殊性质。因此超分子化学也被称为分子以上层次的化学。

以前人们曾认为，分子是体现物质化学性质的最小微粒。随着近年来对生命体系的深入研究，人们已经开始认识到，许多复杂的生物化学反应并非可以由单一的分子来完成，而必须由许多按一定规律聚集在一起的分子集合体的相互协同作用才能完成。分子通过相互间的非共价键作用，聚集形成有序的空间结构，表现出既不同于单一分子，也不同于无序排列的分子聚集体的性质。细胞膜就是由许多类磷脂分子依靠分子间力有序聚集的典型例子，细胞膜所具有的许多生物功能，都与分子的有序聚集有关。显然，超分子化学的研究，对于人类更深入地认识生命现象是极为重要的。

超分子一词，并非指单个"分子"，而是指由许多分子形成的有序体系，体系中分子间存在着氢键、范德华作用力以及疏水作用等分子间力。分子间力虽然是一种较弱的相互作用，但是在超分子体系中所产生的加成效应和协同效应，使超分子体系具有自组装、自组织和自复制的重要特征。

图 5.21 是分子通过氢键自组装成超分子的一个例子。质子化的双乙酰基胍先通过分子内氢键形成空间结构（**1**），然后与磷酸二酯（**2**）磷酸基上的 3 个氧原子形成氢键，自组装成超分子结构。这样的结构促进了磷酸酯中一个酯键的水解断裂，水解产物为对硝基苯酚。在化学和生物领域中广泛存在的分子识别机制，主要就是这种自组装作用。

自组装在自然界中的最典型例子是细胞膜。在水的环境中，磷脂分子依靠范德华作用力和疏水作用，自动组装形成如图 5.22 的双层结构，即细胞膜。依靠疏水作用和范德华作用，

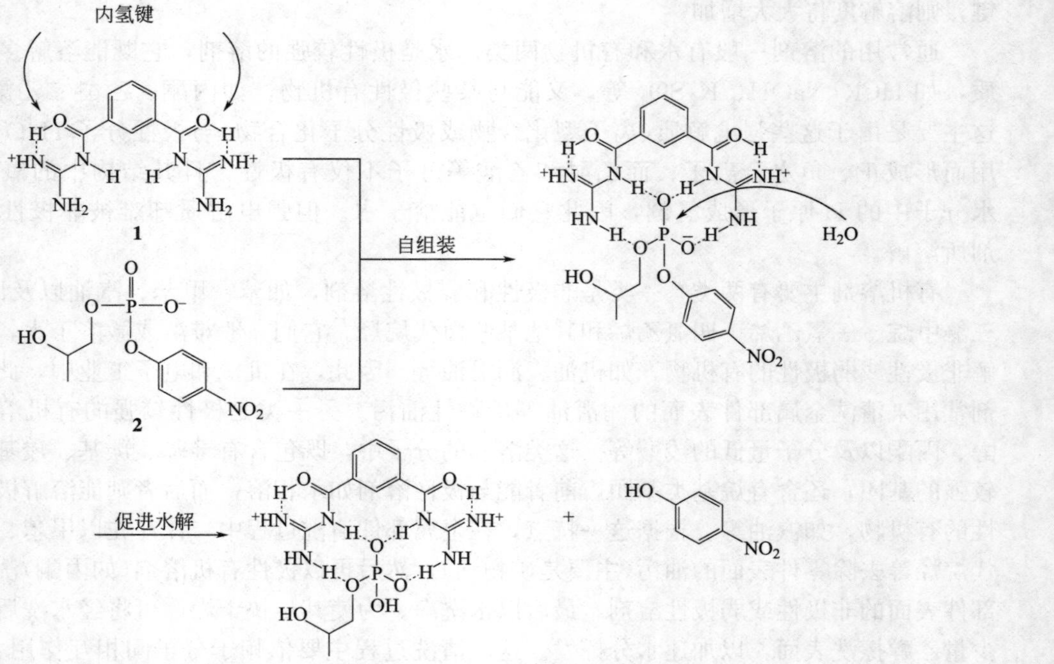

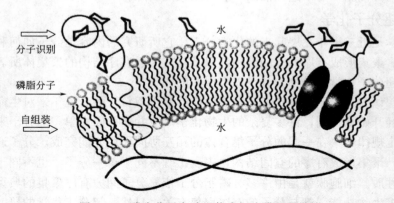

图 5.21　双乙酰基胍(1)与磷酸二酯(2)的自组装

图 5.22　磷脂分子自动组装成细胞膜双层结构

细胞膜的双层结构中还镶嵌着蛋白质和糖脂等大分子，它们在生命过程中发挥着各种各样的作用。

5.2.5　分子光谱

组成物质的分子是在不停运动的，分子在空间的平移运动不会产生光谱，而分子的内部运动，即组成分子的原子和电子的运动，会产生分子光谱。通常认为分子内部的运动有转动、振动、电子运动等几种形式。这几种运动的能量都是量子化的，即运动具有不同的能级，能量的变化是不连续的。图 5.23 表示了这几种运动能级间隔的情况。

从图中可以看到，转动能级间隔较小，振动能级间隔其次，电子运动的能量间隔最大。当分子的内部运动从一个能级跃迁到另一个能级时，分子就会吸收或释放能量，这种能量以电磁波(光)的形式出现，就产生了分子光谱。

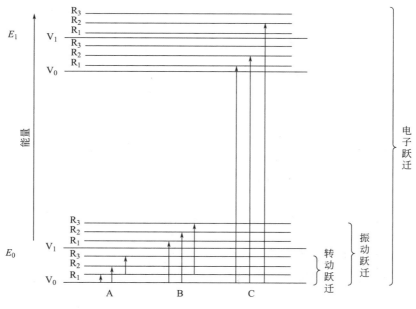

图 5.23 分子能级示意图

分子转动能级之间的跃迁所产生的分子光谱称为**分子转动光谱**。分子转动能级之间的间隔较小，转动能级之间跃迁所吸收的光的波长为 $0.01 \sim 1$ cm，这种波长位于远红外光区域，故称为远红外光谱。图 5.24 是 HCl 的远红外光谱。

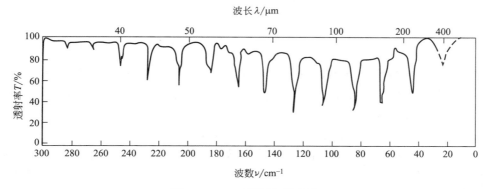

图 5.24 HCl 的远红外光谱

分子振动能级之间的跃迁所产生的分子光谱称为**分子振动光谱**。分子振动能级之间的间隔比分子振动能级的大，所对应的吸收光的波长为 $1000 \sim 25000$ nm，位于红外光区域，故称为红外（Infrared，IR）光谱。图 5.25 显示了两种化合物的红外光谱图。

分子的电子运动能极之间跃迁所产生的分子光谱称为**电子光谱**，电子光谱位于紫外线和可见光区域，故常称为紫外-可见光谱。分子吸收能量引起电子能级跃迁的同时，不可避免地会引起分子振动能级和转动能级的改变。因此，两个电子能级之间的跃迁所得到的不是一条谱线，而是一个谱带，所以紫外光谱实际上是分子的电子-振动-转动光谱。由于仪器分辨率等原因，紫外光谱往往只能得到宽的吸收峰。

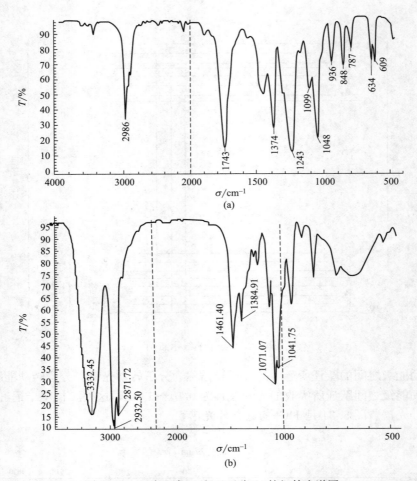

图 5.25 乙酸乙酯(a)和正丁醇(b)的红外光谱图

分子光谱包括**发射光谱**和**吸收光谱**，主要是应用吸收光谱，所用仪器为分光光度仪。光源发射连续波长的光照射到样品上，一部分被样品吸收，另一部分透过样品进入分光器，分光器将各种波长的光分开，在检测器上测出各种波长的光被吸收的量，便得到吸收光谱。

分子光谱涉及很大的波长范围，在不同波长区域所使用的仪器技术差别很大，每个光谱区的光源、分光器和检测器的材料各不相同。例如，紫外光谱仪需要用石英来制造光源、样品池和分光器，以便能让紫外线通过；而可见光谱的测量用普通玻璃做样品池和分光器即可；红外光谱的光源一般用碳化硅棒，检测则用热电偶或热敏电阻，利用它们接收红外线（受热）后所产生的电势差或电阻变化来测量光的强度，样品池等也需要用能透过红外线的材料，如 KBr、NaCl 晶体等来制造。由于这些材料易溶于水，所以仪器必须避免受潮。

分子光谱技术可以帮助人们分析物质的结构和组成。人们在总结大量红外光谱实验数据的基础上，发现在不同的化合物中，同一种化学基团或化学键会呈现大致相同波长的吸收峰，这些吸收峰所对应的频率称为基团或化学键的特征振动频率。人们总结了各种基团或化学键的特征振动频率，汇编成多种图表，例如，图 5.26 列出了部分具有代表性的化学键的特征振动频率范围。在得到某一种化合物的红外光谱以后，可以利用这些特征振动频率图表来判断某种基团或化学键是否存在，由此帮助判断分子的组成和结构。红外光谱已被广泛应用于无机物、有机物和高分子化合物的结构分析。

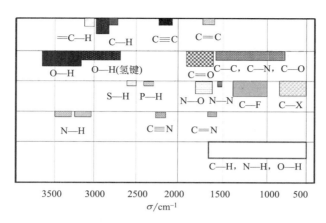

图 5.26　某些化学键和基团的特征振动频率

5.3　晶体结构

物质通常以气态、液态和固态三种形式存在。固态物质又可分为晶体和非晶体两类。晶体中的组成微粒(分子、原子或离子)在空间中的排列，表现出周期性和对称性的特点。为了研究方便，通常在晶体中划分出许多晶胞，晶胞是晶体中最小的周期单位。晶体具有规则的几何外形和固定的熔点，还常表现出各向异性的物理特征。非晶体则没有规则的几何外形和固定的熔点，只有软化温度范围，即加热时先软化，随着温度的升高，固体流动性逐渐增大，直至熔融状态。非晶体的物理性质往往是各向同性的。

5.3.1　晶体的基本类型

根据晶体点阵点上微粒间相互作用力的不同，晶体可分为四种基本类型。

5.3.1.1　离子晶体

离子晶体点阵点上的物质微粒是正离子和负离子，微粒之间的作用力是离子键(静电引力)。典型的离子晶体是由活泼金属元素，如 Na、K、Ba 等离子，与非金属元素离子形成的卤化物、氧化物、含氧酸盐等，例如氯化钠($NaCl$)。由于离子键不具有方向性和饱和性，所以在离子晶体中，各个离子将与尽可能多的异号离子接触，以使系统尽可能处于最低能量状态而形成稳定的结构。因此在离子晶体中，与每一个离子邻近的异种离子的数目(有时称为配位数)较多。例如，在氯化钠晶体中，每个离子的配位数为 6(见图 5.27)。

多数离子晶体易溶于水等极性溶剂，它们的水溶液或熔融液都具有很好的导电性。在离子晶体中，由于离子间以较强的离子键相互作用，所以离子晶体一般具有较高的熔点和较大的硬度，而延展性较差，通常比较脆。离子晶体的熔点、硬度等物理性质与晶体的晶格能大小有关。**晶格能**是指在 298.15 K 时的标准状态下，由气态正、负离子形成单位物质的量的离子晶体所释放的能量，可粗略地认为晶格能 E_L 与正、负离子所带的电荷(分别以 Z_+、Z_- 表示)及正、负离子之间的距离(即正、负离子半径 r_+ 与 r_- 之和)有关：

● 氯原子　● 钠原子

图 5.27　氯化钠离子晶体结构

$$E_L \propto \frac{|Z_+ Z_-|}{r_+ + r_-} \tag{5.10}$$

一些正、负离子的半径列于表 5.11 中。

表 5.11　部分离子半径(单位为 nm)

			Li^+ 0.068	Be^{2+} 0.044	B^{3+} 0.023	C^{4+} 0.016	N^{5+} 0.013		
N^{3-} 0.171	O^{2-} 0.132	F^- 0.133	Na^+ 0.097	Mg^{2+} 0.066	Al^{3+} 0.051	Si^{4+} 0.042	P^{5+} 0.035		
S^{2-} 0.184	Cl^- 0.181	K^+ 0.133	Ca^{2+} 0.099	Sc^{3+} 0.073	Ti^{4+} 0.068	V^{5+} 0.059			
								Cr^{6+} 0.044	Mn^{7+} 0.046
Se^{2-} 0.191	Br^- 0.196	Rb^+ 0.148	Sr^{2+} 0.112	Y^{3+} 0.0893				Mo^{6+} 0.062	
Te^{2-} 0.221	I^- 0.220	Cs^+ 0.167	Ba^{2+} 0.135	La^{3+} 0.1032				W^{6+} 0.062	

外层 8 个电子(第一行外层 2 个电子)

Mn^{2+} 0.080	Fe^{2+} 0.074	Co^{2+} 0.072	Ni^{2+} 0.072	Cu^{2+} 0.072	Cu^+ 0.096	Zn^{2+} 0.074	Ga^{3+} 0.062	Ge^{4+} 0.053	As^{5+} 0.046	Ge^{3+} 0.073	As^{3+} 0.038
Cr^{3+} 0.063	Fe^{3+} 0.064	Co^{3+} 0.063									
				Ag^+ 0.126	Cd^{2+} 0.097	In^{3+} 0.081	Sn^{4+} 0.071	Sb^{5+} 0.062		Sn^{2+} 0.093	Sb^{3+} 0.076
			Au^{3+} 0.085	Au^+ 0.137	Hg^{2+} 0.110	Tl^{3+} 0.095	Pb^{4+} 0.084	Bi^{5+} 0.074	Tl^+ 0.147	Pb^{2+} 0.120	Bi^{3+} 0.095

外层 9~17 个电子	外层 18 个电子	外层 18+2 个电子

注：引自参考文献[3]。

从式(5.10)可以看出，离子的电荷数越多，离子的半径越小，离子晶体的晶格能也就越大，晶体也越稳定，熔点和硬度就相应较高。因此，当离子的电荷数相同时，晶体的熔点和硬度随着正、负离子间距离的增大而降低(见表 5.12)。当正、负离子间距离相近时，则晶体的熔点和硬度取决于离子的电荷数(见表 5.13)。

表 5.12　离子半径对一些氧化物熔点的影响

氧化物	MgO	CaO	SrO	BaO
$(r_+ + r_-)$/nm	0.198	0.231	0.244	0.266
熔点/℃	2352	2614	2430	1918
莫氏硬度	5.5~6.5	4.5	3.8	3.3

表 5.13　离子电荷对晶体的熔点和硬度的影响

离子化合物	NaF	CaO
$(r_+ + r_-)/\text{nm}$	0.23	0.231
$|Z_+ Z_-|$	1	4
熔点/℃	993	2614
莫氏硬度	3.2	4.5

5.3.1.2　原子晶体

原子晶体点阵点上的物质微粒是原子，微粒之间的作用力是共价键。常见的原子晶体有金刚石和可用作半导体材料的单晶硅、锗、砷化镓（GaAs）以及碳化硅和方石英等。由于共价键具有饱和性和方向性，所以在原子晶体中，围绕着一个原子排列的其他原子的数目不会很多，取决于该原子能够形成共价键的数目。以典型的金刚石原子晶体为例，每 1 个碳原子在成键时形成 4 个 sp^3 杂化轨道，因此，金刚石晶体中每 1 个碳原子与邻近 4 个碳原子以共价键结合，构成正四面体的晶体结构[见图 5.28(a)]。

原子晶体也可以由不同种类的原子构成，例如，Si 原子和 C 原子可以形成 SiC 原子晶体，Ga 原子和 As 原子也可以形成 GaAs 原子晶体。SiC 和 GaAs 晶体的结构与金刚石相似，相邻的原子以共价键形式互相结合成一个整体。方石英（SiO_2）的晶体也是原子晶体，结构如图 5.28(b)所示。晶体中每 1 个硅原子位于四面体的中心，与四个相邻的氧原子相结合，每 1 个氧原子位于四面体顶端，与 2 个相邻的硅原子相结合。在原子晶体中不存在独立的原子或分子，化学式 SiC、SiO_2 等只表示了晶体中两种原子数之比。

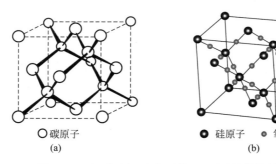

○碳原子　　　● 硅原子　　● 氧原子
(a)　　　　　　　　　(b)

图 5.28　金刚石(a)和方石英(b)原子晶体结构

5.3.1.3　分子晶体

分子晶体点阵点上的物质微粒是分子，微粒之间的作用力是分子间力（范德华力和氢键），而微粒（分子）内的原子则通过共价键相互结合。大多数以共价键结合的单质和化合物的晶体，都是分子晶体。例如，低温下的 CO_2 晶体是分子晶体，其晶体结构如图 5.29 所示。在晶体中 CO_2 分子占据立方体的 8 个顶角和 6 个面中心位置。

在分子晶体中存在着独立的分子。由于分子间力没有方向性和饱和性，所以分子晶体中的分子尽可能趋于紧密堆积的形式，配位数可高达 12。因分子间力较弱，所以分子晶体硬度较小，熔点较低（一般低于 400 ℃）。有些分子

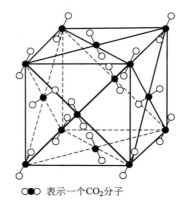

●○● 表示一个CO_2分子

图 5.29　二氧化碳分子晶体结构

晶体还具有较大的挥发性，如碘晶体和萘晶体。分子晶体在固态和熔融态一般不导电，但有些极性分子的晶体，如冰醋酸，溶于水后会生成水合离子，因此其水溶液能够导电。

值得注意的是二氧化碳(CO_2)和方石英(SiO_2)这两种化合物。虽然 C 和 Si 都是第ⅣA族元素，但它们的氧化物，前者是分子晶体，而后者为原子晶体。由于晶体结构不同，导致它们的物理性质有很大差别，CO_2 晶体在 -78.5 ℃时即升华，而 SiO_2 的熔点却高达 1610℃。这说明在晶体结构中微粒间作用力不同会导致晶体物理性质存在很大差异。

5.3.1.4 金属晶体

金属晶体点阵点上的物质微粒是金属原子或金属正离子，微粒之间的作用力是金属键力。绝大多数金属元素的单质和合金都属于金属晶体。金属元素的电负性较小，电离能也较小，最外层的价电子容易脱离原子的束缚而在金属晶粒间比较自由地运动，形成"自由电子"或称为离域电子。这些在三维空间运动、离域范围很大的"自由电子"，把失去价电子的金属正离子吸引在一起，形成金属晶体。金属中这种自由电子与金属原子(或正离子)间的作用力称为金属键。金属的一般特性都和金属中存在着这种自由电子有关。由于自由电子可以比较自由地在整个金属晶体中运动，使得金属具有良好的导电性与传热性。

自由电子能吸收可见光，并将能量向四周散射，使得金属不透明，具有金属光泽。由于自由电子的流动性，当金属受到外力时，金属原子间容易相对滑动，表现出良好的延展性。

金属晶体中金属原子一般也尽可能采取密堆积的形式，配位数较高，可达 12。由于金属键没有方向性和饱和性，所以金属晶体中没有单独存在的原子，通常以元素符号代表金属单质的化学式。金属单质的熔点、硬度等差异较大，这主要与金属键的强弱有关，具有高的价电子/半径比的金属一般具有较高的熔点、强度和硬度。

以上四种晶体基本类型的特征概括在表 5.14 中。

表 5.14 晶体的基本类型

晶体的基本类型	离子晶体	原子晶体	分子晶体	金属晶体
实例	NaCl	金刚石(C)	CO_2	Fe
微粒间作用力	离子键	共价键	分子间力	金属键
熔、沸点	较高	高	低	一般较高,部分低
硬度	较大	大	小	一般较大,部分小
导电性	水溶液或熔融液易导电	绝缘体或半导体	一般不导电	电导体

5.3.1.5 混合型晶体

许多物质的晶体结构，往往不能简单地归属于上述四种基本晶体类型，而是属于更复杂的混合型，主要有链状和层状晶体结构。

(1)链状结构晶体

天然硅酸盐晶体的基本结构单位是 1 个硅原子和 4 个氧原子所组成的四面体，根据这种四面体的连接方式不同，可以得到不同结构的硅酸盐。若将各个四面体通过两个顶角的氧原子分别与另外两个四面体中的硅原子相连，便构成链状结构的硅酸盐负离子，如图 5.30 所示，图中虚线表示四面体，实线表示共价键。这些硅酸盐负离子具有由无数硅、氧原子通过共价键组成的长链形式，链与链之间充填着金属正离子(如 Na^+、Ca^{2+} 等)。由于带负电荷的长链与金属正离子之间的静电作用能比链内共价键的作用能要弱，因此，若沿平行于链的方向用力，晶体往往易裂开成柱状或纤维状。石棉就是类似这类结构的双链状结构晶体。

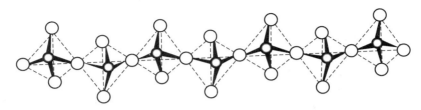

图 5.30 硅酸盐负离子单链结构

（2）层状结构晶体

石墨是典型的层状结构晶体。在石墨中每个
碳原子以 sp^2 杂化形成 3 个 sp^2 杂化轨道，分别与
相邻的 3 个碳原子形成 3 个 sp^2-sp^2 重叠的键，键
角为 120°，从而得到由许多正六边形构成的平面
结构，如图 5.31 所示。在平面层中的每个碳原子
还有 1 个 2p 原子轨道垂直于 sp^2 杂化轨道，每个
2p 轨道中各有一个电子，由这些相互平行的 2p 轨
道相互重叠可以形成遍及整个平面层的离域大 π
键。由于大 π 键的离域性，电子能沿着平面层方
向移动，使石墨具有良好的导电性和传热性。

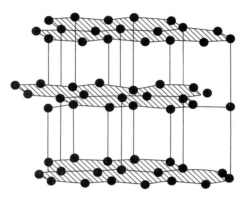

图 5.31 石墨的层状结构

在石墨晶体中，同一平面层内相邻碳原子间
的距离为 0.142 nm，而相邻平面层间的距离为 0.335 nm，因而层间的作用力为分子间力，
远弱于共价键，所以石墨的层间易滑动，工业上常用作固体润滑剂和铅笔芯的原料。类似石
墨结构的六方氮化硼（BN）为白色粉末状，有"白色石膏"之称，是一种比石墨更耐高温的固
体润滑剂。

层状结构的鳞片石墨（似鱼鳞的片状石墨）在常温下与浓硝酸和浓硫酸的混合酸或高锰酸
钾溶液等强氧化剂作用，可以形成结构较复杂的层间化合物，可使石墨层间距增大一倍左
右。这些层间化合物在高温条件下大部分分解成气体逸出，所产生的气体足以克服石墨层间
作用力，从而使石墨层间距大大增加，石墨体积可增大几十乃至上百倍，所以这种石墨称为
膨胀石墨或柔性石墨。膨胀石墨很轻，密度是原来的 1‰ 左右。但膨胀石墨仍具有六方晶格
结构，既保留了普通石墨所具有的稳定化学性质和耐高温、耐腐蚀、自润滑等特性，又具备
普通石墨所没有的独特的柔软性和弹性。膨胀石墨的耐温范围较宽（200～3600 ℃），能在高
温、高压以及辐射条件下工作，且不发生分解、变形和老化。因此，近年来国内外常用压缩
的膨胀石墨制品作为新颖的密封材料、隔声和防震材料、催化剂载体等，已广泛用于石油、
化工、机械、电力和宇航等方面。

5.3.2 晶体结构的测定

晶体是由原子、离子等物质微粒在三维空间中周期性、对称性地聚集而成的固体。晶体
结构的测定，就是要测量上述周期性和对称性，以及物质微粒在一个周期内分布的情况。晶
体结构通常可以用 X 射线衍射（XRD）实验来测定。

晶体结构中最基本的周期性几何单元称为晶胞，其形状、大小与空间格子的平行六面体
单位相同，保留了整个晶体的所有特征。晶胞的外形和尺寸可以通过晶体对 X 射线衍射产
生的图形来测定。晶体结构中存在的某些对称性，能够在衍射产生的 X 射线的强度规律上

得到反映。一般需要测量晶体产生的大量(数千个)衍射光的强度,才能总结出其强度规律的特点,进而判断出晶体中可能存在的对称性。

为了确定晶胞内部结构,即晶胞中原子(离子)的位置分布,需要从衍射产生的 X 射线的强度出发,经过相当复杂的计算才能完成。这些计算已经被编写成现成的程序,利用现代迅速发展的计算机技术,上述复杂的计算已变得不再那么困难了。

在计算得到晶胞中所有原子(离子)的位置(几何坐标)后,就可以方便地计算出分子中的键长(成键原子间的距离)、键角等结构参数,彻底了解分子的空间结构。目前所知道的分子的立体结构,包括蛋白质、核酸等生物大分子的立体结构,以及本节中所列举的晶体结构图,大部分都是根据这样的方法得到的。

5.3.3 晶体的缺陷与非整比化合物

5.3.3.1 晶体的缺陷

实际晶体大都存在着结构缺陷。晶体缺陷通常有点缺陷、线缺陷、面缺陷和体缺陷,下边分别简单介绍。

(1)点缺陷

在晶体中,构成晶体的微粒在其平衡位置上做热振动。当温度升高时,有些微粒获得足够能量,使振幅增大,以致脱离原来的位置而"逃脱",从而在晶格中造成了空缺[见图 5.32(a)中的 M 处]。另一方面,从晶格中"逃脱"的粒子又可进入晶格的空隙,形成间隙粒子。这类缺陷在实际晶体中普遍存在。此外,晶体中某些位置能被杂质原子所取代,这样就使规整的晶体出现了无序的排列,如图 5.32(b)、(c)所示。上述三种缺陷都属于点缺陷。

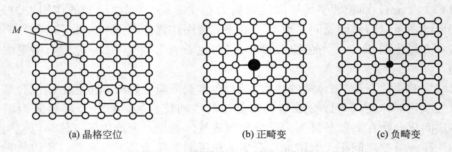

(a) 晶格空位　　　　　　　(b) 正畸变　　　　　　　(c) 负畸变

图 5.32　晶体中的点缺陷示意图

(2)线缺陷

在晶体中出现线状位置的短缺或错乱的现象叫作线缺陷,如图 5.33 所示。线缺陷又称位错。位错是晶体的某一部分相对于另一部分发生了位移。

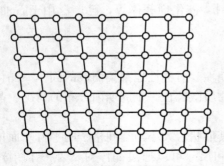

图 5.33　晶体中的线缺陷示意图

(3)面缺陷和体缺陷

如果将点缺陷和线缺陷推及平面和空间,即构成面缺陷和体缺陷。面缺陷主要指晶体中缺少一层粒子而形成了"层错"现象,体缺陷则指完整的晶体结构中存在着空洞或包裹了杂质。

总之,在实际晶体中普遍存在着各种缺陷。由于晶体缺陷,使正常晶体结构受到了一定程度的破坏或搅乱,从而导致晶体的某些性质发生变化。例如,晶体缺陷会使晶体的机械强度降低,同时对晶体的韧性、脆性等性能也会产生显著的影响。但当大量的位错(线缺陷)存在时,由于位错之间的相互作用阻碍了位错运动,也会提高晶体的强度。此外,晶体的导电性与缺陷密切相关。例如,离子晶体在电场的作用下,离子会通过缺陷的空位而移动,从而提高离子晶体的电导率;对于金属晶体来说,缺陷会使晶体电阻率增大,导电性能降低;对于半导体材料而言,晶体的某些缺陷将会增加半导体的电导率。

实际上有的晶体材料需要克服晶体缺陷,更多的晶体材料需要人们有计划、有目的地制造晶体缺陷,使其性质产生各种变化,以满足多种需要。如掺杂百万分之一 AgCl 的 ZnS 可作蓝色荧光粉,掺杂半导体的晶体应用则更广泛。

5.3.3.2　非整比化合物

我们通常所讨论的化合物,其组成元素的原子数都具有简单的整数比。例如,纯的二组分化合物 A_aB_b,其中 A 原子数与 B 原子数之比为整数比 $a:b$。然而,随着对晶体结构和性质的深入研究,一系列原子数目非整比的无机化合物被发现,也称为非计量式化合物。它们的组成可以用化学式 $A_aB_{b+\delta}$ 来表示,其中 δ 为一个小的正值或负值。1987 年发现的高温超导体 $YBa_2Cu_3O_{7-\delta}$ 就是一种非整比化合物,只有 $0<\delta<0.5$ 时,才具有超导性。非整比化合物的整个分子是电中性的,但是其中某些元素可能具有混合的化合价态,例如在 $YBa_2Cu_3O_{7-\delta}$ 中,部分 Cu 为 +2 价,部分为 +3 价,随着 +2 价与 +3 价铜离子数比值的改变,δ 也就有着不同的数值。

非整比化合物的存在,与实际晶体的缺陷也有关系。当晶体中存在着大量缺陷或大量杂质时,就会形成非整比化合物。晶格的空位与间隙粒子的存在,都能导致原子数目非整比。例如,将普通氧化锌 ZnO 晶体放在 $600\sim1200\ ℃$ 的锌蒸气中加热,可以得到非整比氧化锌 $Zn_{1+\delta}O$,晶体变为红色,且具有半导体的性质。这是由于晶体中的锌原子进入普通氧化锌的晶格,成为间隙原子而形成的。非整比氧化锌的导电能力比普通氧化锌强得多,可归因于间隙锌原子的存在。

非整比化合物中元素的混合价态,可能是该类化合物具有催化性能的重要原因。非整比化合物中的晶体缺陷,可能对化合物的电学、磁学等物理性能有大的影响,因此,研究非整比化合物的组成、结构、价态及性能,对于探索新的无机功能材料是很有帮助的。熟练掌握晶体掺杂技术,生成各种各样的非整比化合物,可以获得各种性能各异的晶体材料。

5.3.4　非线性光学晶体

通常,当一束光线射入某种物质后,从该物质中会产生与入射光频率相同的光,这种光学效应称为线性效应。但是,当强度很高的激光束射入某些特殊的物质时,该物质除了产生与入射光频率相同的光以外,还会产生二倍、三倍于原频率的光,这种现象分别称为二级、三级非线性光学效应。非线性光学晶体就是这样一种特殊的物质。非线性光学晶体能够对激光进行调频、调相、调偏振方向等技术处理,在激光领域中有广泛的应用。

非线性光学晶体,在结构上必须是非中心对称的。晶体的非线性光学效应,其实质是入射光与组成晶体的不对称阴离子基团的电子之间相互作用的结果。不对称阴离子基团在晶体中按非中心对称排列。目前化学家们已经制备出一些具有实用价值的氧化型非线性晶体材料,在这些晶体中,通常含有 MO_6 或 M_3O_4 等阴离子基团(其中 M 为金属元素)。如 $KTiOPO_4$(磷酸钛氧钾)是高效率的激光倍频材料,广泛应用于 Nd:YAG(掺钕的钇铝石榴石)激光倍频器。$\beta\text{-}BaB_2O_4$(β-偏硼酸钡)是我国化学家在 20 世纪 80 年代首先发现并研制成功的新型非线性光学晶体,其倍频系数很高,晶体热稳定性很好,是非常理想的高功率脉冲激光器倍频材料。

 选读材料

1. 科学家故事

鲍林(L. Pauling)

鲍林是世界著名的美国现代化学家，提出了元素电负性标度，是杂化轨道理论的创建人，也是键参数方法的开创者。由于他对化学键本质，特别是对复杂分子结构研究的卓越贡献，而获得1954年诺贝尔化学奖；1962年又获得诺贝尔和平奖，是世界上至今唯一一个单独获得两次诺贝尔奖的人。在50年的科学生涯中，在化学学科及与化学相关的边缘学科方面，鲍林都取得了极为丰富的研究成果。鲍林所取得的巨大成就，与他独特的研究方法是密切相关的。

(1)实践与理论相结合的方法

鲍林比一般化学家具有更多的数学与物理知识，他从欧洲的新物理学家那里了解到物理学理论和实验的新发展，深信物质性质与物质结构有关，物质结构问题可以用现代物理学理论来解决。把化学实验所得到的大量结果，用物理学理论来深入探讨，是鲍林的基本研究方法。目前还在广泛使用的离子半径表，就是鲍林把量子力学的理论与实验数据结合的研究成果。

(2)采用移植方法，开拓边缘学科

鲍林所从事的结构化学研究，可以看作是现代物理学与化学结合的边缘学科。用X射线衍射测定晶体中的分子结构和用电子衍射测定气态分子的结构，是鲍林的两大专长。概括这两方面研究所得到的键长、键角等实验数据，是他建立与发展化学键理论的经验基础。在对化学键有了本质上的认识之后，鲍林开始把结构化学的理论和实验方法移植到生命科学领域。例如，从三电子键和杂化轨道理论出发，探讨血红蛋白的结构；根据分子结构具有互补性的规律，研究血清中抗体与抗原的特异性；根据化学上的氢键理论，和他人一起提出蛋白质分子的螺旋结构模型。鲍林的研究极富进取精神，他不断地把自己的专长用于其他学科的研究，在多个领域取得了卓著的成果。

唐敖庆(1915—2008)

唐敖庆是我国化学教育家，江苏宜兴人。1940年毕业于西南联合大学化学系，1949年获美国哥伦比亚大学化学博士学位。回国后，历任北京大学教授，吉林大学教授、副校长、校长，中国科学院主席团成员，国务院学位委员会委员兼第一届化学学科评议组组长，国家自然科学基金委员会主任，中国化学会第二十一届理事长，《高等学校化学学报》主编，国际量子和分子科学研究学会成员，中国科学院化学部委员(1955年)，中国科协第三届全国委员会副主席。

唐敖庆院士是一位理论化学家，被誉为中国量子化学之父。他在分子内旋转势能函数等研究领域取得了重要成果，主持的"配位场理论研究"获1982年国家自然科学奖一等奖。在"分子轨道对称守恒原理"的研究中，唐敖庆院士提出了"局部对称性"的新概念，为"分子轨道图形理论"的发展作出了重要的贡献。在发表论文署名问题上，唐院士的原则很值得向大家推荐——"是我的主要思想，并付出了劳动，我的名字可以放在前面；在我指导下完成的，我的名字放在后面；我只提了些意见，不能写我的名字。"由于名师出高徒和正确的署名原则，巨星的影子没有挡住唐院士的学生，他的一大批弟子都先后当选为中科院院士，"一门八院士"传为美谈。合著有《配位场理论方法》《分子轨道图形理论》《量子化学》《高分子反应统计理论》等。

2. 科技进展论坛

奇异的石墨烯

石墨烯是 21 世纪的重大发现之一，它是从石墨中剥离出来的单原子层二维材料。石墨是一种具有层状晶体结构的材料，即由一层又一层的二维平面碳原子网络有序堆叠而形成的。由于碳层之间的作用力为分子间力，比较弱，因此石墨层间很容易互相剥离开来，从而形成很薄的石墨片层。如果将石墨逐层地剥离，直到最后只形成一个单层，即厚度只有一个碳原子的单层石墨，这就是石墨烯。2004 年，英国物理学家安德烈•海姆和康斯坦丁•诺沃肖洛夫偶然中发现了一种简单易行的新途径：将较薄的石墨薄片用普通的塑料胶带粘住薄片的两侧，撕开胶带，薄片也随之一分为二，不断重复这一过程，就可以得到石墨烯。安德烈•海姆和康斯坦丁•诺沃肖洛夫因他们在石墨烯材料方面的卓越研究获得2010 年诺贝尔物理学奖。

石墨烯是由碳原子以 sp^2 杂化连接形成的单原子层二维自由态原子晶体，其厚度仅为 0.34 nm，约为头发直径的二十万分之一，具有很好的柔性，但它的强度却可以达到钢铁的 200 倍。由于石墨烯具有高导热性、高弹性和机械强度、超强的黏附性、大的比表面积以及独特的载流子特性，其在电子器件、复合材料、储能材料等领域得到广泛的研究，成为全世界科学家关注的焦点。

石墨烯由于碳原子间的作用力很强，因此即使经过多次的剥离，石墨烯的晶体结构依然相当完整，这就保证了电子能在石墨烯平面上畅通无阻地迁移，其迁移速率为传统半导体硅材料的数十至上百倍。这一优势使得石墨烯很有可能取代硅成为下一代超高频率晶体管的基础材料而广泛应用于高性能集成电路和新型纳米电子器件中。目前科学家们已经研制出了石墨烯晶体管的原型，并且乐观地预计不久就会出现全由石墨烯构成的全碳电路并广泛应用于人们的日常生活中。此外，二维石墨烯材料中的电子行为与三维材料截然不同，无法用传统的量子力学加以解释，而必须运用更为复杂的相对论量子力学来阐释。因此石墨烯为相对论量子力学的研究提供了很好的平台，而在这之前科学家们只能在高能宇宙射线或高能加速器中对该理论进行验证，如今终于可以在普通环境下轻松开展研究了。

石墨烯超级电容器，为纯粹的物理充放电，受温度影响小，大大提高了存储电荷的容量、缩小了电池的体积。研究人员利用锂离子可在石墨烯表面和电极之间快速大量穿梭运动的特性，开发出一种新型储能设备，可以将充电时间从过去的数小时之久缩短到不到一分钟。电池技术是电动汽车大力推广和发展的最大门槛，而目前的电池产业正处于铅酸电池和传统锂电池发展均遇瓶颈的阶段，石墨烯储能设备研制成功后，若能批量生产，则将为电池产业乃至电动车产业带来新的变革。特斯拉创始人马斯克预测，用石墨烯制作的电池将使电动汽车续航里程达到 $800 \sim 1000$ km，完全可以替代传统汽车。更有人预言，未来用石墨烯电池做的手机，5 s 就可以充满电，并可以连续使用半个月，这些疯狂的预言和畅想也让人们对石墨烯充满了无尽期待。

石墨烯的研究和应用渗透的领域相当广泛，有些相关产品已进入实际应用。利用石墨烯的轻薄、柔韧、高强度的特性，将其作为微量添加剂添加到防弹衣里，可以显著地提高防弹效果，由原来防手枪子弹提升至防步枪子弹。石墨烯导电性好又很柔软，可用作柔性的透明电极材料、手机触摸屏材料、柔性传感器等。其比表面积大、导热性高，可用作半导体芯片、手机散热材料。石墨烯防腐涂料已大面积应用。不久的将来石墨烯在能源、可穿戴设备、智能终端等领域一定能得到重要应用。

习题

1. 是非题(对的在括号内填"＋"号，错的填"－"号)

(1)当主量子数 $n=1$ 时，角量子数 l 只能取 0。(　　)

(2)s 轨道的角度分布图为球形，这表明电子是沿圆形轨迹运动的。(　　)

(3)多电子原子轨道的能级与主量子数 n 和角量子数 l 有关。(　　)

2. 选择题

(1)已知某元素＋2 价离子的电子分布式为 $1s^2 2s^2 2p^6 3s^2 3p^6$，该元素在周期表中所属的分区为(　　)。

(a)s 区　　　　(b)d 区　　　　(c)ds 区　　　　(d)f 区　　　　(e)p 区

(2)下列各晶体中熔化时只需要克服色散力的是(　　)。

(a)$MgCl_2$　　(b)CH_3CH_2OH　　(c)SiO_2　　(d)CH_3COOH　　(e)CO_2

(3)下列各分子中，中心原子在成键时以 sp^3 不等性杂化的是(　　)。

(a)$HgCl_2$　　(b)NH_3　　(c)H_2O　　(d)CCl_4

(4)下列各种含氢的化合物中不含有氢键的是(　　)。

(a)HCl　　　　(b)HBr　　　　(c)CH_4　　　　(d)HCOOH

3. 符合下列电子结构的元素，分别是哪一区的哪些(或哪一种)元素？

(1)最外层具有两个 s 电子的元素

(2)外层具有 5 个 3d 电子和 1 个 4s 电子的元素

(3)3d 轨道全充满；4s 轨道有 2 个电子的元素

4. 下列各种元素各有哪些主要氧化值？

(1)Br　(2)Pt　(3)Cr　(4)Mn　(5)Au

5. 列表写出外层电子构型分别为 $2s^2$、$2s^2 2p^2$、$3d^5 4s^2$、$3d^2 4s^2$、$4s^2 4p^3$ 的各元素的最高氧化值以及元素的名称。

6. 填空题

(1)填充下表

原子序数	外层电子构型	未成对电子数	周期	族	所属区
17					
22					
34					
43					
47					

(2)下列各物质的化学键中，只存在 σ 键的是_____，同时存在 σ 键和 π 键的是_____。

(a)NH_3　　　　(b)苯乙烯　　　　(c)丙烷　　　　(d)CO_2　　　　(e)H_2

7. 写出下列各种离子的外层电子构型。

(1)Mn^{4+}　(2)Fe^{3+}　(3)Au^{3+}　(4)Ag^+　(5)O^{2-}　(6)Zn^{2+}　(7)V^{5+}

8. 一氧化碳在氧气中燃烧，其反应式如下：

$$2CO(g)+O_2(g)\!=\!\!=\!\!=\!2CO_2(g)$$

试用键能数据，估算该反应在 298.15 K 时的标准摩尔焓变。

9. 试写出下列各化合物分子的空间构型和成键时中心原子的杂化轨道类型，并判断分子的偶极矩是否为零。

(1)CH_4　(2)H_2O　(3)$AlCl_3$　(4)$HgCl_2$　(5)NH_3　(6)BBr_3　(7)PBr_3

10. 比较并简单解释 BBr_3 与 NBr_3 分子的空间构型。

11. 下列各物质的分子之间，存在何种类型的分子间作用力？

(1)Cl_2　(2)SiH_4　(3)CH_3CH_2OH　(4)CBr_4　(5)CH_3COOH

12. 乙醇和甲醚(CH_3OCH_3)的组成相同，但前者的沸点为 78.5 ℃，而后者的沸点为 −23 ℃，试用分子间作用力来解释。

13. 下列各物质中哪些可溶于水？哪些难溶于水？并简单解释。

(1)乙醇(CH_3CH_2OH)　(2)丙酮(CH_3COCH_3)　(3)二氯甲烷(CH_2Cl_2)

(4)甲醚(CH_3OCH_3)　(5)乙醛(CH_3CHO)　(6)乙烷(CH_3CH_3)

14. 比较下列各组中两种物质的熔点高低。

(1)NaCl 和 CaO　(2)MgO 和 CaO　(3)SiO_2 和 $SiBr_4$　(4)NH_3 和 PH_3

15. 试判断下列各组物质熔点的高低顺序，并简单说明。

(1)CF_4，CCl_4，CBr_4，CI_4　(2)NF_3，NCl_3，NBr_3，NI_3

16. 试判断下列各种物质各属何种晶体类型，并写出熔点从高至低的顺序。

(1)NaBr　(2)SiO_2　(3)I_2　(4)MgO

第6章

化学与工程材料

内容提要

材料是人类生活和生存的重要物质基础，是一切科学和技术发展必不可少的基石。而化学对材料的发展起着非常关键的作用，是材料研究和生产的最坚实基础。机械、建筑等各类工程技术的发展必然以材料的发展为基础。材料的品种繁多，本章将按材料的基本化学组成分类，讨论一些合金材料、无机非金属材料、高分子材料和复合材料中的有关化学问题，重点讨论高分子化合物的基本概念及结构与性能的关系，并介绍一些重要的高分子材料的性能及应用。通过这些材料的讨论以扩大化学的基本知识，使读者体会到化学的实际应用。

学习要求

(1)了解金属元素的物化性质和重要金属合金材料的特性及应用。

(2)了解无机非金属材料的特性及应用。

(3)了解高分子化合物的基本概念、命名和分类。

(4)了解高分子化合物的合成反应及物理性能。

(5)了解几种重要高分子材料，如塑料、橡胶、纤维及各种功能高分子。

(6)了解复合材料的性能及其应用。

6.1 金属材料

6.1.1 金属元素概述

元素周期表中共有 118 种元素，除了 22 种非金属元素外都是金属元素。金属作为元素的一大类，和非金属元素的物理、化学性质有着明显的区别。但有些元素如硼、硅、锗、砷等兼有金属和非金属的性质，所以金属与非金属之间并没有严格的界限。

6.1.1.1 金属的物理性质

金属单质一般具有金属光泽、良好的导电性、导热性和延展性。固态金属单质属于金属晶体，排列在晶格结点上的金属原子或金属正离子依靠金属键结合构成晶体；金属键的键能较大，与离子键或共价键的键能相当。但对于不同的金属，金属键的强度仍有较大差别，这与金属的原子半径、价电子数以及原子核对外层电子的作用力等有关。

按照金属的化学活泼性，可分为活泼金属(在 s 区、ⅢB 族)、中等活泼金属(在 d、ds、

p 区)和不活泼金属(在 d 区)。按金属的熔点高低来划分，则有高熔点金属和低熔点金属。低熔点轻金属多数集中在 s 区，低熔点重金属多集中在 ⅡB 族以及 p 区，而高熔点重金属则多集中在 d 区。

在工程技术上，常把金属分为黑色金属和有色金属两大类。黑色金属通常指铁、锰、铬及其合金，它们是应用最广的金属材料。有色金属是指除黑色金属以外的所有金属及其合金。有色金属可分为以下五类：

轻金属：一般指密度小于 5 g•cm^{-3} 的金属，如铝、钠、钾、钙、锶、钡、钛等。

重金属：一般指密度在 5 g•cm^{-3} 以上的金属，如铜、镍、铅、锡等。其中锇(Os)的密度高达 22.59 g•cm^{-3}，是最重的金属。

贵金属：指金、银和铂族元素。这类金属的化学性质特别稳定，在地壳中含量少，开采和提取都比较困难，价格较高，所以称为贵金属。

稀有金属：通常指那些稀有的、难以获取的金属，如锂、铷、镓、钪、钛、铌等。实际上有些元素并不稀少，例如钪在地壳中丰度是汞的 260 倍，只是分布零散、提取分离困难而显得稀有。

放射性金属：这些金属的原子核能自发地放射出射线，包括钫、锝、钋、镭和锕系元素。

6.1.1.2　金属元素的化学性质

金属在发生化学反应时，它们的最外层电子较易失去或形成的共用电子对偏离金属元素而变成金属正离子，表现出还原性。

周期表中第 1 列和第 2 列为 s 区元素，除氢以外都是金属元素。s 区金属元素的化学性质都很活泼，除和氧作用外，还可以与许多非金属，如卤素、硫、磷、氮和氢等直接作用形成相应的化合物。除铍外，s 区的金属元素所形成的化合物都是离子化合物。它们的氢氧化物一般是碱，它们的盐都是强电解质。

d 区元素是指周期表中第 3~12 列的元素，共有 30 种金属元素。d 区元素和 f 区元素又称为过渡元素或过渡金属。d 区金属元素的外层电子结构中的 s 电子和 d 电子都能参与成键，在化合物中常见氧化态种类多，且化合物呈现多姿多彩的颜色，例如 TiO_2(白)、V_2O_5(红)、CrO_3(暗红)、Mn_2O_7(紫红)；同一种元素，氧化态不同颜色也不同，如 VO_2^+(黄)、VO^{2+}(蓝)、V^{3+}(绿)、V^{2+}(紫)；大多数过渡金属的水合离子都有颜色，因为过渡元素的原子或离子大多具有空的价电子轨道，很容易与具有孤对电子的配位体形成配位化合物。

f 区元素由镧系和锕系组成，共 30 种元素，其中 15 种镧系元素和钪(Sc)、钇(Y)共 17 种元素称为"稀土元素"。镧系和锕系元素都有重要的应用价值。镧系元素已经广泛应用于各种新材料和功能材料中，而锕系元素与核燃料有关，具有重要的战略意义。

6.1.2　合金材料

现代工程材料涉及了工程技术的各个领域，其中金属材料是最重要的工程材料，在国民经济及科学技术各领域中得到十分广泛的应用，即使在新材料发展层出不穷的今天，金属材料在产量和使用方面依然占有极为重要的地位。金属材料具有重要的使用性能和加工性能，其中包括良好的导电、传热性，高的机械强度，较为广泛的温度使用范围，良好的机械加工性能等。工程上实际使用的金属材料绝大多数是合金材料。这是因为单纯的一种金属远不能满足工程上提出的众多的性能要求，且价格较高。

下面首先介绍合金材料的基本结构类型，并根据用途介绍一些典型合金材料。

6.1.2.1　合金的基本结构类型

合金是由一种金属和另一种或几种其他金属元素或非金属熔合在一起，具有金属特征的物质。

合金的结构比单一金属复杂，但性能比单一金属优良。人类从很早就开始使用合金材料，如古代的青铜就是铜和锡的合金。建筑和工业生产中大量使用的钢也是合金，它是主要由铁和碳两种元素组成的合金。

根据合金中组成元素之间相互作用的情况不同，一般可将合金分为三种结构类型。

(1)机械混合物合金。

通过机械搅拌混合得到的合金，结构不均匀，混合物中的组分金属在熔融状态时可以完全或部分相溶，而在凝固时各组分金属又分别独自结晶出来。混合物合金的力学性能如硬度等性质一般是各组分的平均性质，但其熔点会降低。例如，焊锡就是一种由锡和铅形成的机械混合物合金，33% Pb(熔点327.5 ℃)与67% Sn(熔点232 ℃)组成的焊锡，其熔点为180 ℃。

(2)固溶体合金

金属固溶体合金是指一种含量较多的金属元素与另一种加入的金属或非金属元素相互溶解而形成一种结构均匀的固溶体。这种合金在液态时为均匀的液相，转变为固态后，仍保持组织结构的均匀性，且能保持溶剂元素原来的晶格类型。其中含量较多的金属可看作溶剂，含量少的其他元素可看作溶质。

按照溶质原子在溶剂原子格点上所占据的位置不同，又可将金属固溶体分为置换固溶体和间隙固溶体，见图6.1。

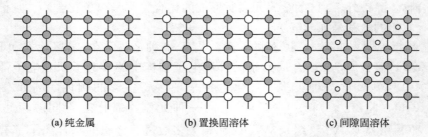

(a) 纯金属　　　　(b) 置换固溶体　　　　(c) 间隙固溶体

图6.1　金属固溶体与纯金属晶格结构对比

在置换固溶体中，溶质原子部分占据了溶剂原子格点的位置。当溶质元素与溶剂元素在原子半径、电负性及晶格类型等因素都相近时，易形成置换固溶体。在间隙固溶体中，溶质原子处于溶剂原子的间隙中，如图6.1(c)所示。氢、硼、碳和氮等一些原子半径特别小的元素与许多副族金属元素能形成间隙固溶体。

当溶质原子溶入溶剂原子后，多少能使原来的晶格发生畸变，它们能阻碍外力对材料引起的形变，因而使固溶体的强度提高，同时其延展性和导电性将会下降。固溶体的这种普遍存在的现象称为固溶强化。固溶体的强化原理对钢的性能和热处理具有重大意义。

(3)金属化合物合金

当两种金属元素原子的外层电子结构、电负性和原子半径差别较大时，所形成的金属化合物称为金属化合物合金。金属化合物与金属固溶体一样，是一种结构均匀的合金物质，但是金属化合物的晶格不同于原来的金属晶格。金属化合物合金通常具有某些独特的性能，对金属和合金材料的应用起着重要的作用。

　　硼、碳和氮等非金属元素与一些金属元素易形成金属化合物合金，分别称为硼化物、碳化物和氮化物。有些金属化合物成分固定，符合氧化数规则，如铁的碳化物 Fe_3C。但大多数金属化合物是成分可以在一定范围内变化的非整比化合物。如碳化钛的组分可在 $TiC_{0.5} \sim TiC$ 之间变动。

6.1.2.2　典型的合金材料

　　合金材料的种类非常多，也可以按用途、组成、性能等进行不同的分类，这里介绍几种典型的合金材料。

　　（1）轻质合金

　　轻质合金是由镁、铝、钛、锂等轻金属为主要成分形成的合金，轻质合金密度小，在交通运输、航空航天等领域有着广泛的应用。

　　铝合金和钛合金是两种较为重要的轻质合金。铝合金相对密度小、强度高、易成型，广泛用于飞机制造业。一架现代化超音速飞机，铝及铝合金占总质量的 $70\% \sim 80\%$，美国阿波罗 11 号宇宙飞船铝及铝合金占所使用金属材料的 75%。经过热处理使强度大为提高的铝合金称为硬铝合金。硬铝合金的强度和钢相近，而质量仅为钢的 1/4 左右。但硬铝合金的耐蚀性较差，在海水中易发生晶间腐蚀，不宜用于造船工业。钛合金是金属钛中加入铝、钒、铬、锰和铁等合金元素，形成的金属固溶体或金属化合物的合金。钛合金具有密度小、强度高、无磁性、耐高温、抗腐蚀等优点，是制造飞机、火箭发动机、人造卫星外壳和宇宙飞船船舱等的重要结构材料。在超音速飞机上，钛合金的使用量几乎占到整个机体结构总质量的 95%。

　　（2）耐热合金

　　以铁、钴、镍等Ⅷ族金属元素为基体，再与其他元素复合时可以形成熔点特别高的合金材料。它们广泛用来制造涡轮发动机、各种燃气轮机热端部件，涡轮工作叶片、涡轮盘、燃烧室等。例如，镍钴合金能耐 $1200\ ℃$ 高温，用于喷气发动机和燃气轮机的构件。镍铬铁非磁性耐热合金在 $1200\ ℃$ 时仍具有强度高、韧性好的特点，可用于航天飞机的部件和原子核反应堆的控制棒等。

　　（3）低熔合金

　　在某些技术应用领域，常常需要一些特殊的低熔点金属材料。常用的有汞、锡、铅、锑和铋等低熔金属及其合金。

　　汞是低熔金属，在室温时呈液态，而且在 $0 \sim 200\ ℃$ 时的体胀系数很均匀，又不浸润玻璃，因而常用作温度计、气压计中的液柱。汞也可用作恒温设备中的电开关接触液。当恒温器加热时，汞膨胀并接通了电路，从而使加热器停止加热；当恒温器冷却时，汞便收缩，断开电路使加热器再继续工作。镓也是低熔金属，在 $29.76\ ℃$ 时变为银白色液体。镓铟合金可用作汞的替代品。由质量分数 50% 铋、25% 铅、13% 锡和 12% 镉组成的伍德（Wood）合金，其熔点为 $71\ ℃$，应用于自动灭火设备、锅炉安全装置及信号仪表等。质量分数 77.2% 钾和 22.8% 钠形成熔点仅为 $-12.3\ ℃$ 的液体合金，目前用作原子能反应堆的冷却剂。

　　（4）形状记忆合金

　　形状记忆合金有一个特殊转变温度，在转变温度以下，金属晶体结构处于一种不稳定结构状态，在转变温度以上，金属结构是一种稳定结构状态。形状记忆合金在一定外力作用下发生几何形状改变后，再把它的温度加热到转变温度以上，它又能完全恢复到变形前的形状。即合金好像"记得"原先所具有的形状，故称这类合金为形状记忆合金，属于智能材料的一种。具有形状记忆效应的合金种类也很多，主要有 Ni-Ti 基、Cu 基和 Fe 基三种，但使用最广泛的还是 Ni-Ti 合金。形状记忆合金的这种特异性能在宇航、自动控制、医疗等多个领域中得到应用。

例如，为了将月球上收到的信息发回地球，需要在月球上架设好几米半月形天线，而宇宙飞船船舱又不能放下这么大的天线，于是美国宇航局用 Ni-Ti 记忆合金在 40 ℃ 以上制成半球形的月面天线，再把它折叠成一个小球放进宇宙飞船的船舱里。到达月球后，宇航员再将天线置于月球表面，当环境温度大于 40 ℃，天线就自动展开恢复到原来的形状。

记忆合金常用来连接零件。例如，用 Ni-Ti 形状记忆合金制成管接口，在室温下加工的管接口内径比管子外径略小，安装时在低温下将其机械扩张，套接完毕在室温下放置，由于管接口恢复原状而使接口非常紧密。这种管子固定法在 F14 型战斗机油压系统的接头及在海底输送管的接口固接均有很成功的实例，还可用于电子线路的连接器上及制备卡钳、紧固套、钢板铆钉等。

形状记忆合金在医疗器械方面也有广泛应用。如把冷却后稍加拉伸的镍钛合金板安装在骨折部位，再稍以加热让它收缩（恢复原状），可把骨折端牢固地接在一起，显著降低陈旧性骨折率。

形状记忆合金具有传感和驱动的双重功能，故可广泛应用于各种自动调节控制装置，在高技术领域中具有十分重要的作用，可望在核反应堆、加速器、太空实验室等高技术领域大显身手。

6.1.3　超导材料

一般金属材料的电导率将随温度的下降而增大。而当温度接近 0 K 时，某些纯金属或合金的电导率将突然增至无穷大（即电阻为零），这种现象称为超导电性。具有超导电性的材料称为超导材料。

1911 年，荷兰物理学家昂尼斯（H·K. Onnes，1913 年获得诺贝尔物理学奖）首次发现在 4.15 K 时，汞的电阻消失，电阻值为零，并把这种特殊的物质状态定名为超导态，把电阻发生突然转变时的温度 T_c 称为超导临界温度。现在已经发现大多数金属以及数千种合金、化合物都在不同条件下显示出超导性。例如钨的 T_c 为 0.012 K，锌为 0.75 K，铝为 1.196 K 等。但超导临界温度太低给超导材料的应用带来严重的障碍。科学家们一直在寻找具有更高 T_c 的超导材料。1987 年美国休斯敦大学朱经武等与中国科学院物理研究所赵忠贤等先后宣布制成临界温度约为 90 K 的超导材料钇钡铜氧（$YBa_2Cu_3O_7$，YBCO），其 T_c 已经到了液氮温区，这一类超导体称为高温超导体。高温超导体的进一步研究和发展有力地推动了超导应用研究的蓬勃发展。

在高温超导体发现 30 多年后，超导技术已经实现了规模化商业应用。利用超导材料的抗磁性，超导磁铁与铁路路基导体间所产生的磁性斥力，可制成超导磁悬浮列车。它具有阻力小、能耗低、无噪声和时速大（运行速度可达到 500～600 km·h^{-1}）等优点，是一种很有发展前途的交通工具。高温超导微波器件已经在移动通信、雷达和一些特殊通信系统中取得了规模化应用。超导量子干涉器件成为地质勘探、磁共振成像和生物磁成像等领域不可替代的手段。超导传感器/探测器可以探测全波段的电磁波及各种宇宙辐射，具有接近量子极限的超高灵敏度，在地球物理、天体物理、量子信息技术、材料科学及生物医学等众多前沿领域发挥越来越重要的作用。

6.2 无机非金属材料

无机非金属材料包括各种非金属单质材料、非金属元素间形成的无机化合物材料或金属与非金属元素间形成的无机化合物材料等。无机非金属材料使用历史悠久，古人使用的陶瓷、砖瓦等就是典型的无机非金属材料；金刚石、单晶硅、多晶硅等属于非金属单质材料。

无机非金属材料主要特点是耐高温、抗氧化、耐磨、耐腐蚀和硬度大，缺点是具有脆性。无机非金属材料通常分为传统硅酸盐材料和新型无机材料等。前者主要是指陶瓷、玻璃、水泥、耐火材料等以天然硅酸盐为原料的制品。新型无机材料是用人工合成方法制得的材料。

6.2.1 非金属元素概述

非金属元素共有 22 种，除 H 位于 s 区外都集中在 p 区，分别位于周期表ⅢA～ⅦA 及零族，其中砹、氡为放射性元素。

非金属元素单质的熔、沸点与其晶体类型有关。属于原子晶体的硼、碳、硅的熔点、沸点很高。碳的单质金刚石（3350 ℃）和石墨（3652 ℃）的熔点是所有单质中最高的。金刚石的硬度为 10，也是单质中最高的。根据这种性质，金刚石被用作钻探、切割和刻痕的硬质材料。非金属单质一般是非导体，但硅、硼、砷、磷、硒、碲等具有半导体的性质。在单质半导体材料中以硅和锗为最好，其他如碘易升华，硼熔点高（2300 ℃），白磷剧毒。

除零族的稀有气体，非金属元素大多具有较强获得或吸引电子的倾向。氧和卤素能与大多数的活泼金属直接反应，并放出大量热。非金属元素大多有可变的氧化数，最高正氧化数在数值上等于它们所处的族数。

6.2.2 胶凝材料

胶凝材料又称为胶结材料。在物理和化学作用下，胶凝材料能从浆状体变成石状体，并能胶结其他物料。胶凝材料按照硬化条件分为水硬性胶凝材料和气硬性胶凝材料两类。水硬性胶凝材料能在水中或空气中硬化，并保持其强度。水泥是典型的水硬性胶凝材料，水化过程中可将砂石等散颗粒材料胶凝成整体而形成各种水泥制品。气硬性胶凝材料只能在空气中硬化，也只能在空气中保持其强度。石灰、石膏等是主要的气硬性胶凝材料。

水泥的历史最早可以追溯到古罗马人在建筑中使用的石灰与火山灰的混合物，这种混合物与现代的石灰、火山灰、水泥相似。1824 年，英国工程师 Aspdin 获得第一份水泥专利，标志着水泥的发明。水泥作为无机非金属材料中最重要的一种建筑工程材料，广泛应用于工业与民用建筑、交通、水利电力、海港及国防工程。水泥与骨料及增强材料可制成混凝土、钢筋混凝土，也可配制成砌筑砂浆、饰面、抹面等。

水泥的品种很多，其中应用最多的是硅酸盐水泥。硅酸盐水泥泛指以硅酸钙为主要成分的水泥，亦称为波特兰水泥。它是将黏土、石灰石和少量铁矿粉以一定比例混合，磨细成水泥生料。生料的组成是 CaO（62%～67%）、SiO_2（20%～24%）、Al_2O_3（4%～7%）、Fe_2O_3（2%～5%）。生料经过均化后，高温煅烧成熔块，烧成的块状熟料再加入 0～5% 的混合材料和石膏，经混合磨细而成水泥。

水泥的高强度主要是水泥熟料中的主要成分遇水后发生水化反应、凝结、硬化的结果。水泥的水化是一系列复杂的化学反应，水化后的主要产物有：水化硅酸钙凝胶、水化铁酸钙凝胶、水化铝酸钙凝胶、水化硫铝酸钙晶体、氢氧化钙晶体。水泥的水化反应是放热反应，水化过程中放出的热量称为水泥的水化热。水化热的大小和水泥的矿物组成、水泥的细度等因素有关。铝酸三钙的水化速率最快，放热最多，对水泥的早期水化和浆体的流变性质具有重要作用。

6.2.3 陶瓷材料

陶瓷是指经高温烧结而成的一种各向同性的多晶态无机金属和非金属元素的固体化合物材料的总称。

传统陶瓷以氧化物为主，主要是天然硅酸盐矿物的烧结体，是将层状结构的硅酸盐（黏土）与适量水做成一定形状的坯体，经低温干燥、高温烧结、低温处理和冷却，最终生成以 $3Al_2O_3 \cdot 2SiO_2$ 为主要成分的坚硬固体。新型陶瓷则采用人工合成的高纯度无机化合物为原料，在严格控制的条件下经成型、烧结和其他处理而制成具有微细结晶组织的无机材料。它具有一系列优越的物理、化学和生物性能，其应用范围是传统陶瓷远远不能相比的，这类陶瓷又称为特种陶瓷或精细陶瓷。

精细陶瓷按照其应用情况可分为结构陶瓷和功能陶瓷两类。结构陶瓷具有高硬度、高强度、耐磨耐蚀、耐高温和润滑性好等特点，用作机械结构零部件；功能陶瓷具有诸如热、声、光、电、磁学等方面的特殊性能。下面主要介绍耐热高强结构陶瓷。

随着各种新技术的发展，特别是空间技术和能源开发技术的发展，对耐热高强结构材料的需要越趋迫切。例如，航天器的喷嘴、燃烧室内衬、喷气发动机叶片及能源开发等。目前已经使用的结构陶瓷材料主要有如下四种。

（1）氧化铝陶瓷

氧化铝（俗称刚玉）最稳定晶形是 α-Al_2O_3。致密的氧化铝陶瓷具有硬度大、耐高温、耐骤冷急热、耐氧化、使用温度高（达1980℃）、机械强度高、绝缘性高等优点。氧化铝陶瓷是使用最早的结构陶瓷，用于制作机械零部件、工具、刀具、喷砂用的喷嘴、火箭用导流罩及化工泵用密封环等。氧化铝陶瓷的缺点是脆性大。

（2）氮化硅陶瓷

氮化硅（Si_3N_4）组成的两种元素的电负性相近，属强共价键结合，所以氮化硅的硬度高（硬度为9），是最坚硬的材料之一。它的导热性好且膨胀系数小，可经低温、高温、急冷、急热反复多次而不开裂。因此，可用于制作高温轴承、炼钢用铁水流量计、输送铝液的电磁泵管道。用它制作的燃气轮机，效率提高30%，并可减轻自重，已用于发电站、无人驾驶飞机等，对航天航空事业也很有吸引力。

氮化硅可用多种方法合成，工业上普遍采用高纯硅与氮气在1300℃下反应获得。
$$3Si + 2N_2 == Si_3N_4$$
也可用化学气相沉积法，使卤化硅与氮气在氢气氛保护下反应：
$$3SiCl_4 + 2N_2 + 6H_2 == Si_3N_4 + 12HCl$$
产物 Si_3N_4 沉积在石墨基体上。

氮化硅陶瓷存在的一个缺陷是抗机械冲击强度偏低，容易发生脆性断裂。氮化硅陶瓷的韧化是材料科学工作者的一个新课题，添加 ZrO_2 或 HfO_2 等可制得增韧氮化硅陶瓷。增韧后的氮化硅陶瓷是一种在高温燃气轮机、高温轴承等领域应用的理想材料。

（3）氧化锆陶瓷

以 ZrO_2 为主体的增韧陶瓷具有很高的强度和韧度，能抗铁锤的敲击，可以达到高强度高合金钢的水平，故有人称之为陶瓷钢。

（4）碳化硅陶瓷

SiC（俗名金刚砂）熔点高（2450 ℃）、硬度大（9.2），是重要的工业磨料。SiC 具有优良的热稳定性和化学稳定性，热胀系数小，其高温强度是陶瓷中最好的，因此最适用于高温、耐磨和耐蚀环境。现已用于制作火箭喷嘴、燃气轮机的叶片、轴承、热电偶保护管、各种泵的密封圈、高温热交换器材和耐蚀耐磨的零件等。

6.2.4　半导体材料

半导体材料是导电能力介于导体与绝缘体之间的一类物质。半导体在一定条件下可以导电，其电导率随温度的升高而迅速增大。利用这个特点，可制作各种热敏电阻（如一些过渡金属的氧化物及硅等），用于制作测温元件。各种外界因素如光、热、磁、电等作用于半导体会引起一些特殊的物理效应和现象。例如光照射能使半导体材料的电导率增大，利用这一现象可制作各种光敏电阻，用于光电自动控制以及制作半导体光电材料（如 ZnO 和 Se 等），用于图像的静电复印。因而，半导体材料可以制作不同功能和特性的半导体器件和集成电路的电子材料，是最重要的信息功能材料，对信息技术的发展具有划时代的历史意义。

按半导体是否含有杂质可分为本征半导体和杂质半导体。本征半导体是高纯材料（如大规模集成电路用的单晶硅）；杂质半导体中还有一定量的掺杂物，通过控制掺杂物的浓度，可以提高和准确地控制电导率。按化学组成，半导体可分为单质半导体和化合物半导体。

（1）单质半导体

纯的单质硅或锗是本征半导体，但在电子工业中，使用的大多数是杂质半导体进行控制和调节。根据对导电性的影响，可将掺入杂质分为两种。若将一种能提供 5 个价电子的原子（如 ⅤA 族的 P、As）掺入 Si、Ge 晶体中，每个杂质原子比与之键合的 Si、Ge 原子将有一个多余的电子，载流子主要是电子，这类杂质半导体称为 n 型半导体。若将一种只能提供 3 个价电子的原子（如 ⅢA 族的 B、In）掺入 Si、Ge 晶体中，每个杂质原子比与之键合的 Si、Ge 原子少一个电子，此时主要是空穴参与导电，即载流子主要是空穴。这种杂质半导体称为 p 型半导体。

如果将一个 p 型半导体与一个 n 型半导体相接触，组成一个 p-n 结，利用 p-n 结形成的接触电势差可对交变电源电压起整流作用以及对信号起放大作用。整个晶体管技术就是在 p-n 结的基础上发展起来的。被誉为 21 世纪的新型光源的发光二极管（LED），是一种半导体组件，其核心也是 p-n 结。

（2）化合物半导体

除单质半导体外，还有许多合金及其化合物（包括某些有机化合物）具有半导体性质。无机化合物半导体有二元系统、三元系统等。二元系统如 SiC、GaAs、ZnS、CdTe、HgTe 等；三元系统如 $ZnSiP_2$、$ZnGeP_2$、$ZnGeAs_2$、$CdGeAs_2$、$CdSnSe_2$ 等。化合物半导体中以 GaAs 为代表，这类无机化合物的发现促进了微波器件和光电器件的迅速发展。

6.2.5　光导纤维材料

光导纤维是最近几十年来迅速发展起来的以传光和传像为目的的一种光波传导介质。光导纤维是一种特殊材料制成的"导线"，它可以使光束像电流一样在光导纤维中沿着"导线"弯弯曲曲地从一端传到另一端而不中途损耗。

光导纤维是根据光的全反射原理制成的，其最大应用是激光通讯，即光纤通信（用激光作为光源以光纤做成光缆）。光纤具有信息容量大、抗干扰、保密性好、耐腐蚀等优点，是一种极为理想的信息传递材料。此外，光纤还可用于电视、电脑视频、传真电话、光学、医学(如胃镜等各种人体内窥镜)、工业生产的自动控制、电子和机械工业等各个领域。

为了减少传光损耗,对光导纤维材料的纯度要求很高(比半导体材料的纯度还要高100倍),而且还要求材料具有光学均匀性。光导纤维多数由无机化合物制得。目前应用较广的是石英纤维,其组成以 SiO_2 为主,添加少量的 GeO_2、P_2O_3 及 F 等以控制纤维的折射率。

6.3　高分子材料

高分子材料也称为聚合物材料。其中除以高分子化合物作基本组分外,为了改善加工性能和使用性能,往往添加有多种助剂或添加剂。如加工之前的橡胶称为生胶,加工后则称为硫化胶;加工前的塑料和纤维常称为合成树脂,终产品则叫塑料和纤维。

6.3.1　高分子化合物的定义

高分子化合物,简称高分子,又称高聚物或聚合物(polymer),是由许多个结构和组成相同的单元以共价键连接而成的长链分子。例如,聚乙烯是由许多个—CH_2—CH_2—单元以共价键重复连接而成的高分子:

$$—CH_2—CH_2—CH_2—CH_2—CH_2—CH_2—CH_2—CH_2—CH_2—CH_2—$$

高分子的分子量要远远大于小分子有机化合物的分子量,一般小分子有机化合物的分子量在1000以下,而高分子的分子量一般在10000以上,有的可高达几百万。

高分子分子链中组成和结构相同的单元称为重复单元(repeating unit),也称为**链节**。例如,聚乙烯的重复单元为—CH_2—CH_2—。

能通过相互间的化学反应生成高分子的小分子有机化合物称为**单体**(monomer)。例如聚乙烯可以由乙烯通过加成聚合反应制得,如下所示,乙烯为聚乙烯的单体。由小分子单体合成高分子的反应称为**聚合反应**。

$$n CH_2 \!=\! CH_2 \longrightarrow —\!\!\!-\!\!\!\lbrack CH_2—CH_2 \rbrack_n \qquad\qquad (6.1)$$

高分子分子链中重复单元的数目称为**聚合度**(polymerization degree)。式(6.1)中聚乙烯分子链的聚合度为 n。高分子分子链的分子量可由聚合度乘以重复单元的分子量得到。

6.3.2　高分子的分类

(1)按来源分类

按来源高分子可以分为天然高分子和合成高分子。天然高分子又可分为无机高分子和有机高分子。我们熟悉的石棉、金刚石、云母等是无机高分子。天然有机高分子均由生物体内生成,与人类有着密切的联系。如用作织物材料的棉、麻、丝、毛等;用作建筑及日用品的木、竹等;用作食物的蛋白质、淀粉等。

(2)按物理结构分类

高分子可以分为线型高分子、支链高分子和交联高分子。其中,线型高分子指高分子的分子链是一根只有两个末端的分子链,如图6.2(a)所示;支链高分子指高分子的分子链具有多个末端,如图6.2(b)所示;交联高分子指高分子的分子链间由共价键连接在一起,这一类高分子具有三维网络结构,不能溶解于溶剂中,只能够溶胀,如图6.2(c)所示。

(3)按分子主链的组成分类

根据主链元素组成,高分子可以分为碳链高分子、杂链高分子和元素有机高分子三类。碳链高分子的主链全部由碳原子组成,如聚乙烯、聚丙烯、聚丙烯酸、聚氯乙烯、聚苯乙烯等。杂链有机高分子的主链除了碳原子外,还含有 N、O、S 原子,如聚碳酸酯、聚氨酯、

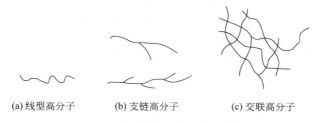

(a)线型高分子　　(b)支链高分子　　(c)交联高分子

图 6.2　高分子的物理结构分类

聚酯等。元素有机高分子的主链没有碳原子，完全由 Si、O、N 和 S 等原子组成，但是取代基或侧链可以是含碳原子的有机基团，如聚硅氧烷。

聚硅氧烷

（4）按应用性能分类

按照应用性能分类，高分子大致可分为通用高分子材料和功能高分子材料两大类。通用高分子材料如橡胶、纤维和塑料多用作结构材料。主要的橡胶品种有丁苯橡胶、顺丁橡胶、异戊橡胶等，主要的纤维品种有涤纶、尼龙、腈纶、丙纶等，主要的塑料品种有聚乙烯、聚丙烯、聚氯乙烯、聚苯乙烯等。胶黏剂和涂料等高分子也多用作结构材料。作为功能材料用的高分子称为功能高分子，可以根据其功能分为光电高分子、生物医用高分子、导电高分子和离子交换树脂等。

6.3.3　高分子的命名

高分子化合物通常有如下三种命名方法。

（1）按照单体结构特征来命名

由单体聚合而成的高分子，在单体名称前面冠以"聚"字，如由氯乙烯制得的聚合物叫聚氯乙烯，由己二酸和己二胺制得的聚合物叫聚己二酸己二胺，由乙二醇和对苯二甲酸制得的聚合物叫聚对苯二甲酸乙二醇酯等。

（2）按高分子结构特征来命名

例如，把主链中含有酰氨基的聚合物统称为聚酰胺，把主链中含有酯基的统称为聚酯等。

（3）按照商品名称命名

① 用后缀"纶"来命名合成纤维。如涤纶（聚酯纤维）、腈纶（聚丙烯腈纤维）、氯纶（聚氯乙烯）、丙纶（聚丙烯）、维尼纶（聚乙烯醇缩甲醛）、锦纶（聚己内酰胺）、氨纶（聚氨基甲酸酯）等。

② 用后缀"橡胶"来命名合成橡胶。如丁苯橡胶（丁二烯-苯乙烯共聚物）、乙丙橡胶（乙烯-丙烯共聚物）等。

③ 用后缀"树脂"来命名塑料。如由苯酚和甲醛合成的共聚物称为酚醛树脂，由环氧氯丙烷和双酚-A合成的共聚物叫环氧树脂。现在"树脂"这个名词的应用范围扩大了，未加工成型的聚合物往往都叫树脂，如聚氯乙烯树脂、聚丙烯树脂等。

（4）用英文缩写命名

为解决聚合物名称冗长读写不便的问题，可对常见的一些聚合物采用国际通用的英文缩写符号。常见的一些聚合物的英文缩写见表 6.1。

表 6.1 常见聚合物的名称、商品名称、符号及单体

聚合物			单体	
名称	商品名称	符号	名称	结构式
聚氯乙烯	氯纶	PVC	氯乙烯	$CH_2\!=\!CHCl$
聚丙烯	丙纶	PP	丙烯ʹ	$CH_2\!=\!CH\!-\!CH_3$
聚丙烯腈	腈纶	PAN	丙烯腈	$CH_2\!=\!CHCN$
聚己内酰胺	锦纶 6（或尼龙-6）	PA6	己内酰胺	
聚己二酰己二胺	锦纶 66（或尼龙-66）	PA66	己二酸 己二胺	$HOOC(CH_2)_4COOH$ $H_2N(CH_2)_6NH_2$
聚对苯二甲酸乙二醇酯	涤纶	PET	对苯二甲酸 乙二醇	$HOOC\!-\!\bigcirc\!-\!COOH$ $HOCH_2CH_2OH$
聚苯乙烯	聚苯乙烯树脂	PS	苯乙烯	$\bigcirc\!-\!CH\!=\!CH_2$
聚甲基丙烯酸甲酯	有机玻璃	PMMA	甲基丙烯酸甲酯	$CH_2\!=\!CCOOCH_3$ $\qquad\ \ CH_3$
聚丙烯腈-丁二烯-苯乙烯	ABS 树脂	ABS	丙烯腈 丁二烯 苯乙烯	$CH_2\!=\!CHCN$ $CH_2\!=\!CH\!-\!CH\!=\!CH_2$ $\bigcirc\!-\!CH\!=\!CH_2$

6.3.4 高分子的合成

日常生活中用的高分子材料大部分是通过人工合成方法得到的。高分子的合成属于高分子化学的重要内容。高分子化学研究高分子化合物的分子设计、合成及改性，它担负着为高分子科学研究提供新化合物、新材料及合成方法的任务。了解高分子的合成方法和原理，对于进一步设计和合成新型的高分子材料具有重要的意义。

下面简单介绍高分子的一些主要合成方法及其特点。按聚合机理，可将聚合反应分为链式聚合和逐步聚合两大类。按照单体和高分子结构单元的组成和共价键结构上的变化，聚合反应可分为加聚反应和缩聚反应两大类。

6.3.4.1 加聚反应

单体因相互加成而形成聚合物的反应称为加聚反应，加聚反应的产物称为加聚物。加聚物的化学组成与其单体相同，在加聚反应中没有其他副产物，加聚物分子量是单体分子量的整数倍。

由一种单体经加聚反应得到的高分子称为**均聚物**。其分子链中只包含一种单体构成的链节，这种聚合反应称均聚反应。如乙烯经加聚反应合成聚乙烯。

$$nCH_2\!=\!CH_2 \longrightarrow \left[\!CH_2\!-\!CH_2\!\right]_n$$

聚乙烯、聚氯乙烯、聚苯乙烯、聚异戊二烯等聚合物都是由均聚反应制得的。由两种或两种以上单体进行加聚，生成的聚合物含有多种单体构成的链节，这种聚合反应称为共聚反应，生成的高分子称为**共聚物**。

如 ABS 工程塑料，它是由丙烯腈（acrylonitrile，以 A 表示）、丁二烯（butadiene，以 B 表示）和苯乙烯（styrene，以 S 表示）三种不同单体共聚而成的。

$$nx\,CH_2=CHCN + ny\,CH_2=CH-CH=CH_2 + nz\,H_2C=CH \longrightarrow$$

$$\{(CH_2-CH)_x(CH_2-CH=CH-CH_2)_y(H_2C-CH)_z\}_n$$
$$\quad\quad\;CN$$

6.3.4.2　缩聚反应

带有多个可相互反应的官能团的单体可通过缩合反应消去小分子而形成聚合物的反应称为缩聚反应。缩聚反应的主产物称为缩聚物，此外还有水、醇、氨或氯化氢等小分子副产物产生。

一般含两个官能团的单体缩聚时，生成链型聚合物，含两个以上官能团的单体缩聚时可生成交联的体型聚合物。因为在缩聚反应中产生副产物，缩聚物的分子量不再是单体分子量的整数倍。

聚酯、聚酰胺（尼龙）、酚醛树脂、环氧树脂、醇酸树脂等杂链聚合物多由缩聚反应合成，分子链中含有原单体的官能团结构特征，如含有酰氨键—NHCO—、酯键—OCO—、醚键—O—等。因此，缩聚物容易在水、醇、酸性或碱性环境下发生分解。

例如，己二酸和己二胺缩聚得到尼龙-66 的反应。

$$n\,HOOC(CH_2)_4COOH + n\,H_2N(CH_2)_6NH_2 \longrightarrow$$

$$\{HN(CH_2)_6NH-\overset{O}{\overset{\|}{C}}-(CH_2)_4-\overset{O}{\overset{\|}{C}}\}_n + 2n\,H_2O$$

6.3.5　高分子的结构

高分子的结构主要分为链结构、聚集态结构和织态结构。了解高分子的结构特征，认识结构与性能的内在联系，可以进一步指导高分子的合成，得到具有特定结构与性能的新型高分子。因此，研究高分子的结构与性能间的关系具有重要的科学与实际意义，是高分子物理学的核心内容。

6.3.5.1　高分子的分子量及其分布

高分子聚合物之所以能作为材料使用，主要是它有一定的力学强度。聚合物的这种性能一方面由于以共价键相连的大分子链比小分子高得多的分子量，另一方面是由于链状大分子间的分子间作用力。因此，分子量是高分子最基本的结构参数之一，与高分子材料物理性能有着密切的关系，高分子的许多优良物理性能均由其分子量大而获得，因此在理论研究和生产实践中经常需要测定高分子的分子量。

同一种高分子中不同分子链所含的重复单元数目并不相同，即高分子的分子量具有不均一性，称为多分散性。我们平时所说的高分子的分子量实际上是指它的平均分子量。

高分子的平均分子量有几种不同的表示方法，有数均分子量、黏均分子量和重均分子量等。数均分子量是高分子样品的质量除以样品中所含的分子总数（物质的量）。

$$\overline{M_n} = \frac{m}{\sum N_i} = \frac{\sum N_i M_i}{\sum N_i} = \sum x_i M_i$$

式中，m 表示高分子样品的总质量，i 表示高分子中不同分子量的组分。分子量为 M_i 的第 i 种组分，其物质的量为 N_i，在整个样品中所占的物质的量分数为 x_i。

高分子的数均分子量可以采用沸点升高法、凝固点降低法、渗透压法、端基分析法、凝胶色谱法等方法测定。

采用稀溶液黏度法测得的高分子样品的分子量，称为黏均分子量。把高分子样品溶解在合适的溶剂中，测量该溶液的黏度，可以推算得到高分子的黏均分子量。黏均分子量是高分子样品中不同大小的分子对溶液黏度贡献的平均表现。

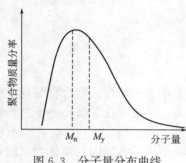

图 6.3　分子量分布曲线

高分子的分子量具有多分散性，因此有一定的分子量分布，如图 6.3 所示。平均分子量相同，其分布可能不同，因为同分子量部分所占的百分比不一定相等。

分子量及其分布是影响聚合物强度的重要因素，低分子部分将使聚合物固化温度和强度降低，分子量过高又使塑化成型困难。因此高分子化学的一个重要研究就是如何合成具有预定分子量和适当分子量分布的高分子聚合物。

6.3.5.2　高分子的链结构

高分子的结构主要分为链结构、聚集态结构和织态结构。

链结构是指单个高分子的结构与形态，包括近程结构和远程结构，其中近程结构属于化学结构，称为一级结构，即结构单元本身的结构。例如按主链结构分为碳链、杂链和元素有机三大类。而远程结构即二级结构，是描述单个高分子链在所处的条件下的相应状态，包括高分子的分子量和链构象。高分子的分子链由许多重复单元通过共价单键连接在一起，因此高分子的分子链具有一定的柔性，分子链一般可以在三维空间进行旋转，分子链的形状（构象）随时间而发生变化。

6.3.5.3　高分子的聚集态结构

高分子的性能不仅与高分子的分子组成、分子结构和分子量等有关，也和高分子链之间的堆砌结构即聚集态结构有关。

聚集态结构为三级结构，用于描述高聚物中许多高分子链之间的排列情况，可分为结晶态结构、无定形态结构、液晶态结构和取向态结构。

有些高分子能够结晶，如聚乙烯和聚丙烯等。其链段能够在三维空间产生周期性有序规则排列，成为结晶态。但由于高分子的分子链很长，要使分子链每一部分都作有序规则排列是很困难的，因此高分子的结晶度一般不能达到 100%，也就是说结晶态高分子中仍然存在许多无序排列的区域，即分子链为无定形态的区域。人们把高分子中结晶性的区域称为结晶区，无序排列的区域称为非晶区。高分子中结晶区域所占的比率称为结晶度。结晶态高分子有一定的熔点。

高分子的无定形态是指在聚集态结构中高分子分子链呈无规则的线团状，线团状分子之间呈无规则缠结的形态，也称为非晶态高分子。非晶态高分子的聚集态结构是均相的，如图 6.4 所示。

高分子的结晶态的有序度要小于小分子晶体的有序度，但无定形态的有序度则要大于非晶态小分子的有序度。

　　液晶态高分子受热熔融（热致性）或被溶剂溶解（溶致性）后，失去了固体的刚性，转变成液体，但其中晶态分子仍保留着有序排列，呈各向异性，形成兼有晶体和液体双重性质的过渡状态，称为液晶态。液晶态没有固态物质的刚性，具有液态物质的流动性，同时局部具有结晶态物质的分子有序排列，在物理性质上呈现各向异性。根据液晶形成条件，液晶可以分为热致型液晶和溶致型液晶，其中热致型液晶指升高温度而在某一温度范围内形成液晶态，而溶致型液晶指溶解于某种溶剂中在一定浓度范围内形成液晶态。

图 6.4　非晶态高分子的聚集态结构示意图

　　液晶包括高分子液晶和小分子液晶。不论高分子还是小分子，形成有序流体都必须具备一定条件。从结构上讲，称其为液晶基元。液晶基元通常是具有刚性结构的分子，呈棒状、近似棒状或盘状。对于棒状分子要求其长径比大于 4，对于盘状分子要求其轴比小于 1/4。例如，下面两种高分子均是液晶高分子。

芳纶 14　　　　　　　　芳纶 1414

　　高分子的取向态是指高分子的分子链、链段及结晶性高分子中的晶片等沿某一特定方向择优排列的聚集态结构。取向态的高分子，其分子链和链段在某些方向上择优排列，是各向异性的。取向态的有序程度比结晶态低，结晶态是分子链和链段在三维空间的有序排列，而取向态仅是在一维或二维空间上有一定的有序。高分子的取向态结构通常是在外力作用下形成的，在外力不存在时会发生解取向，因此高分子的取向态是热力学不稳定态。

6.3.5.4　高分子的织态结构

　　高分子的织态结构或高次结构，是更高级的结构，是高分子材料在应用过程中的实际结构，如描述聚合物的混合物之间或它们的界面上的连接状态。高分子的织态结构由其聚集态结构所决定，而聚集态结构又由其链结构所决定。

6.3.6　高分子的热转变

　　高分子的结构复杂，其分子热运动具有多样性和复杂性。在低温时通常只是链节和链段在局部的空间范围内进行运动，温度升高可以使链节、链段和整个分子链在较大的空间范围内产生运动。如线型高分子在熔融状态下整个分子链可以产生相对移动。

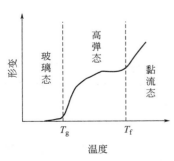

图 6.5　非晶态高分子的温度-形变曲线示意图

　　对于非晶态或无定形态高分子，随着温度的变化，会呈现三种物理形态：玻璃态、高弹态和黏流态，如图 6.5 所示。当温度较低时，由于分子热运动的能量很低，尚不足以使分子链节、链段或整个分子链产生运动，此时高分子呈现如玻璃体状的固态，称为**玻璃态**。当温度升高到一定程度时，链节和链段可以较自由地旋转和运动了，但高分子的整个分子链还是不能移动。此时在不大的外力作用下，可产生相当大的可逆性形变，当外力除去后，通过链节的旋转又恢复原状。这种受力能产生很大的形变，除去外力后能恢复原状的性能称高弹性，此高聚物的形态称为**高弹态**。当温度继续升高时，高分子得到的能量足够使整个分子链都可以自由运动，从而成为能流动的黏液，其黏度比液态低分子化合物的黏度要大得多，所以称为**黏流态**。此时，外力作用下的形变在除去外力后，变形不能再恢复原状。塑料等制品的加工成型，即利用此阶段软化而可塑制的特性。

玻璃态与高弹态之间的转变称为玻璃化转变，对应的转变温度称为**玻璃化温度**，用 T_g 表示。高弹态与黏流态之间的转变温度称为**黏流化温度**，用 T_f 表示。T_g 和 T_f 是表征聚合物聚集态的重要参数。非晶态高聚物在温度低于其玻璃化温度 T_g 时，处于玻璃态。这时它表现出一系列固体材料的力学性能，如有固定的外形、有较高的强度和弹性模量等。通常把 T_g 高于室温的高分子化合物称为塑料，如聚苯乙烯(PS)、聚甲基丙烯酸甲酯(PMMA)、聚碳酸酯(PC)等。一旦温度高于 T_g，它们就变软，失去了使用价值，可见 T_g 是塑料的最高使用温度。为了扩大使用温度范围，对塑料来说应尽量提高其 T_g。对橡胶来说，T_g 与 T_f 是其使用的温度区间。为了其在较大范围具有橡胶弹性态时的高形变率、低弹性模量、回弹性等特性，T_g 越低越好，而 T_f 则要高。T_g 的高低不仅可确定该高分子是适合作橡胶还是作塑料，而且还能显示材料的耐热、耐寒性能。

结晶聚合物的行为却有所不同。在玻璃化温度以上、熔点以下，晶态聚合物一直保持着橡胶高弹态或柔韧状态，熔点以上直接液化。晶态聚合物往往结晶不完全，存在缺陷，加上分子量有一定的分布，因此有一熔融温度范围，并不显示一定熔点。另外酚醛树脂等热固性塑料，则通常只有玻璃态一种力学状态。表 6.2 中列出了一些非晶态高分子的 T_g 和 T_f。

表 6.2　一些非晶态高分子的 T_g 和 T_f

高分子	T_g/℃	T_f/℃
聚氯乙烯	81	175
聚甲基丙烯酸甲酯	105	150
聚苯乙烯	100	135
聚碳酸酯	148	225
天然橡胶	−73	122
顺丁橡胶	−108	—
硅橡胶(聚二甲基硅氧烷)	−125	250
尼龙-66	50	280

6.3.7　高分子的一些物理性能

6.3.7.1　力学性能

材料的力学性能是指材料在外力作用下产生的可逆或不可逆形变，以及抗破坏的能力。力学性能是高分子各种优异性能的基础，也是高分子成型制品的质量指标。高分子的力学性能主要指标有弹性模量、拉伸强度、冲击强度和硬度等，它们主要与分子链结构、链间的作用力、分子量及其分布、接枝与交联、结晶与取向等因素有关。弹性模量是单位应变所需应力的大小，代表物质的刚性。拉伸强度又叫抗拉强度，是断裂前试样所承受的最大载荷和试样截面积的比值。

高分子的分子量增大，有利于增加分子链间的作用力，可使拉伸强度与冲击强度等有所提高。高分子分子链中含有极性取代基在链间能形成氢键时，都可因增加分子链之间的作用力而提高其强度。例如，聚氯乙烯因含极性基团—Cl，使其拉伸强度一般比聚乙烯高。又如，在聚酰胺的长链分子中存在着酰氨键（—CO—NH—），分子链之间通过氢键的形成增强了作用，使聚酰胺显示出较高的机械强度。适度交联有利于增加分子链之间的作用力。例如，聚乙烯交联后，冲击强度可提高 3～4 倍，但交联程度过高材料易变脆。一般来说，在结晶区内分子链排列紧密有序，可使分子链之间的作用力增大，机械强度也随之增高。结晶度增加对提高拉抻强度和弹性模量有好处。纤维的强度和刚性通常比塑料、橡胶都要好，其原因就在于制造纤维用的高聚物，特别是经过拉伸处理后，其结晶度是比较高的。但结晶度的增加也会使链节运动变得困难，从而降低高分子的弹性和韧性，影响其耐冲击强度。主链含苯环等的高聚物，其强度和刚性比含脂肪族主链的高分子要高。例如，聚苯乙烯的强度和刚性通常都超过聚乙烯。因此，新型的工程塑料大多是主链含芳环、杂环的。

6.3.7.2　电性能

高分子中一般不存在自由电子和离子，因此高分子通常是很好的电绝缘体，可作为电绝缘材料和电介质。高分子的绝缘性能与其分子极性有关。一般来说，高分子的极性越小，其绝缘性越好。分子链节结构对称的高分子为非极性高分子，如聚乙烯、聚四氟乙烯等。分子链节结构不对称的高分子为极性高分子，如聚氯乙烯、聚酰胺等。通常可按分子链节结构与电绝缘性能的不同，将作为电绝缘材料的高分子分为下列几种。

① 链节结构对称且无极性基团的高分子，如聚乙烯、聚四氟乙烯，对直流电和交流电都绝缘，可用作高频电绝缘材料。

② 虽无极性基团，但链节结构不对称的高分子，如聚苯乙烯、天然橡胶等，可用作中频电绝缘材料。

③ 链节结构不对称且有极性基团的高分子，如聚氯乙烯、聚酰胺、酚醛树脂等，可用作低频或中频电绝缘材料。

在强外电场中，随电场强度的升高，高分子的绝缘性能会逐渐下降。当电场强度超过某一临界值时，高分子局部发生化学结构的破坏，会丧失绝缘性，这种现象称为高分子的电击穿。

两种电性不同的物体相互接触或摩擦时，会有电子的转移而使一种物体带正电荷，另一种物体带负电荷，这种现象称为**静电现象**。高分子材料大多是不导电的绝缘体，静电现象极普遍。不论是加工过程或使用过程中，均可产生静电。例如，在干燥的气候条件下脱下合成纤维的衣裤时，常可听到放电而产生的轻微"噼啪"声，如果在暗处还可以看到放电的光辉；有些新塑料薄膜袋很不易张开，也是静电作用的结果。高分子一旦带有静电，消除便很慢，如聚四氟乙烯、聚乙烯、聚苯乙烯等带的静电可持续几个月之久。

高分子材料的这种现象已被应用于静电印刷、涂料喷涂和静电分离等。但静电往往是有害的，例如，聚丙烯腈纺织过程中，纤维与导丝辊摩擦产生静电荷，其电压可达 15000 V 以上，这些电荷又不易消除，使纤维的梳理、纺纱、拉伸、加捻等工序难以进行。某些干燥场合，静电会引起火灾、爆炸等，比如静电使塑料输送管道中的易燃品着火爆炸，矿井中的橡胶传送带造成的火花放电。因此，人们通常用一些抗静电剂来消除静电。常用的抗静电剂是一些表面活性剂，其主要作用是提高高分子表面的导电性，使之迅速放电，防止电荷积累。另外，在高分子中填充导电填料如炭黑、金属粉、导电纤维等也同样起到抗静电的作用。

近年来研究发现，由于分子链结构的特殊性，某些特殊的高分子具有半导体、导体的电导率。因此，现在高分子在电器工业上的应用，已不再局限作绝缘体或电介质，也可作高分子半导体和导体。

6.3.8　通用高分子材料

高分子材料大致可分为通用高分子材料和功能高分子材料。通用高分子材料又粗分成塑料(和合成树脂)、橡胶、纤维、涂料、胶黏剂五大类,其中塑料产量占 70%～80%。不少高分子可以有多种用途,如聚丙烯、涤纶聚酯可以分别加工成塑料和纤维制品;有些兼有塑料和橡胶的性能,如增塑聚氯乙烯、热塑性弹性体等;涂料和胶黏剂不过是合成树脂的另一种应用形式而已。

6.3.8.1 塑料

根据塑料制品的用途可分为通用塑料、工程塑料和特种塑料。

通用塑料是指产量大、价格低、日常生活中应用范围广的塑料,如聚乙烯、聚氯乙烯、聚丙烯和聚苯乙烯等。工程塑料是指力学性能好、能用作结构材料比如制造各种机械零件的塑料,主要有聚碳酸酯、聚酰胺、聚甲醛、聚苯醚、酚醛树脂和 ABS 塑料等。特种塑料是指具有特殊功能和特殊用途的塑料,主要有氟塑料、硅塑料、环氧树脂等。

根据塑料受热特性可分为热塑性塑料和热固性塑料。

热塑性塑料在加工过程中,一般只发生物理变化,受热变为塑性体,成型后冷却又变硬定型,若再受热还可改变形状重新成型。其优点是成型工艺简单,废料可回收重复使用。热塑性塑料占全部塑料的 60%以上,其中产量最大、应用最广的是聚乙烯、聚丙烯、聚氯乙烯、聚苯乙烯等通用塑料。热固性塑料多半是线型或支链低聚物或预聚体,受热后交联固化成型,不再塑化熔融,也不溶解,无法循环使用。优点是耐热性高,有较高的机械强度。表6.3 列出了几种常见塑料的性能及应用范围。

表 6.3　几种常见塑料的结构、性能及应用范围

名称	结构式、符号	性能	主要用途
聚氯乙烯	$\left[CH_2-CH\right]_n$ Cl PVC	强极性,绝缘性好。耐酸碱,难燃,具有自熄性。但介电性能差,在 100～120 ℃即可分解出氯化氢,热稳定性差	薄膜、人造革、电缆料、鞋料、泡沫塑料等软塑料以及水槽、下水管、板、型材等硬塑料
聚乙烯	$\left[CH_2-CH_2\right]_n$ PE	化学性质非常稳定,耐酸碱,耐溶剂性能好,吸水性低,无毒,受热易老化	可制造食品包装袋、各种饮水瓶、容器、玩具等;还可制各种管材、电线绝缘层等。高分子量的聚乙烯可做化工阀门、泵和密封填料
双酚 A 聚碳酸酯	$\left[C-O-\bigcirc-\overset{CH_3}{\underset{CH_3}{C}}-\bigcirc-O\right]_n$ PC	坚硬、耐高温、良好的力学性能、电绝缘性好、韧性好、抗冲击性好、透明度高	制造继电器盒盖、计算机和磁盘的壳体、荧光灯罩、汽车及透明窗的玻璃等
聚甲基丙烯酸甲酯	$\left[H_2C-\overset{C-OCH_3}{\underset{CH_3}{C}}\right]_n$ PMMA	其透明性在现有高聚物中是最好的,缺点是耐磨性差,硬度较低,易溶于有机溶剂等	广泛用于航空、医疗、仪器等领域

续表

名称	结构式、符号	性能	主要用途
聚四氟乙烯	$-[CF_2-CF_2]_n-$ PTFE	耐酸碱、耐腐蚀,化学稳定性好,耐寒,绝缘性好,耐磨。缺点是刚性差	可用作高温环境中化工设备的密封零件,无油润滑条件下作轴承、活塞等,还可作电容器、电缆绝缘材料
酚醛树脂	(结构式) PF	难溶、难熔耐热,机械强度高,刚性好,抗冲击性好	制造线路板、插座、插头、电话机、行李车轮、工具手柄、贴面板、三合板、刨花板等
聚丙烯腈-丁二烯-苯乙烯	(结构式) ABS	无毒、无味,易溶于酮、醛、酯等有机溶剂。耐磨性、抗冲击性能好	用于家用电器、箱包、装饰板材、汽车、飞机等的零部件

6.3.8.2　橡胶

橡胶制品的主要原料是生胶。生胶与硫化剂、促进剂、补强剂等助剂混合后,经过加工,才成橡胶制品。橡胶可分为天然橡胶和合成橡胶。天然橡胶的生胶主要取自三叶橡胶树,其化学组成是聚异戊二烯。聚异戊二烯的结构简式为:

$$-[CH_2-CH=C-CH_2]_n-$$
$$CH_3$$

天然橡胶制品具有良好的弹性、较高的机械强度、好的耐屈挠疲劳性能、优良的耐寒性、气密性、电绝缘性和绝热性能,是综合性能最好的橡胶。天然橡胶的缺点是耐油性差,耐臭氧老化和耐热氧老化性差。天然橡胶大量用来制造轮胎和工业橡胶制品,如胶管、胶带和橡胶杂品等。此外,还用来制备雨衣、雨鞋、医疗卫生制品等日常生活用品。

天然橡胶弹性虽好,但无论在数量上和质量上都满足不了现代工业对橡胶制品的需求。因此,人们仿照天然橡胶的结构,以低分子有机化合物为原料合成了各种合成橡胶。合成橡胶不仅在数量上弥补了天然橡胶的不足,而且各种合成橡胶在耐磨、耐油、耐寒等性能上往往优于天然橡胶。表 6.4 列举了几种常见的合成橡胶的性能及用途。

表 6.4　几种常见的合成橡胶的性能及用途

名称	结构式	性能	主要用途
丁苯橡胶	(结构式)	耐水、耐老化性能,特别是耐磨性和气密性高。缺点是不耐油和有机溶剂,抗撕强度小	合成橡胶第一大品种,广泛用于制造汽车轮胎、皮带等;与天然橡胶共混可作密封材料和电绝缘材料
氯丁橡胶	$-[CH_2-CH=C-CH_2]_n-$ Cl	耐油、耐氧化、耐燃、耐酸碱、耐老化性都很好;缺点是密度较大,耐寒性和弹性较差	制造运输带防毒面具、电缆外皮、轮胎等

续表

名称	结构式	性能	主要用途
顺丁橡胶	$\left[\begin{array}{c} CH_2 \quad CH_2 \\ C=C \\ H \quad\quad H \end{array}\right]_n$	弹性、耐老化性和耐低温性、耐磨性都超过天然橡胶；缺点是抗撕裂能力差，易出现裂纹	为合成橡胶的第二大品种，大约60%以上用于制造轮胎
丁腈橡胶	$\left[(CH_2-CH=CH-CH_2)_x(CH_2-CH)_y\right]_n$ 中CN	耐油性好，拉伸强度大，耐热性好；缺点是电绝缘性、耐寒性差，塑性低、难加工	用作机械上的垫圈及制备飞机和汽车等耐油零件
硅橡胶	$\left[\begin{array}{c} CH_3 \\ Si-O \\ CH_3 \end{array}\right]_n$	一种耐热性和耐老化性很好的橡胶。它的特点是既耐高温又耐低温，弹性好，耐油，防水，其制品柔软光滑，物理性能稳定，无毒、加工性能好；缺点是力学性能差、较脆、易撕裂	可用于医用材料，如导管、引流管、静脉插管、人造器官等；还可用于飞机、导弹上的一些零部件及电绝缘材料

6.3.8.3 纤维

纤维是指长径比大于 1000∶1 的纤细物质。纤维可分为天然纤维、人造纤维和合成纤维。天然纤维有棉、麻、羊毛、蚕丝等动植物纤维；人造纤维以天然聚合物为原料经过化学处理与机械加工而成，如黏胶纤维、醋酸纤维素等；合成纤维则由单体聚合而成和机械加工而制得的均匀线条或丝状高分子材料。

合成纤维具有优良的性能，例如强度大、弹性好、耐磨、耐腐蚀、不怕虫蛀等，因而广泛地用于工农业生产和日常生活中。在合成纤维中的六大纶是指：锦纶（尼龙）、涤纶、腈纶、维纶、丙纶和氯纶，其中最主要的是前三纶，其产量约占合成纤维总产量的 90% 以上。

随着高科技的发展，现在已制造出很多高功能性（如抗静电、吸水性、阻燃性、渗透性、抗水性、抗菌防臭性、高感光性）纤维及高性能纤维（如全芳香族聚酯纤维、全芳香族聚酰胺纤维、高强聚乙烯醇纤维、高强聚乙烯纤维等）。

（1）聚酯类纤维

聚酯（涤纶）是主链上有—COO—酯基团的杂链聚合物。聚酯纤维的品种很多，最常见的是由二元醇和芳香二羧酸缩聚而成的聚酯，主要包括聚对苯二甲酸乙二醇酯（PET）、聚对苯二甲酸丁二醇酯（PBT）、聚对苯二甲酸丙二醇酯（PTT）等。PTT 纤维综合了聚酰胺纤维和聚酯纤维的优异性能，可提供独特的舒适性和弹性。

聚酯纤维是产量最大的合成纤维，大多用作纺织品。其显著优点是抗皱、保型、挺括、美观，对热、光稳定性好；润湿时强度不降低，经洗耐穿，可与其他纤维混纺；年久不会变黄。缺点是不吸汗，需高温染色。

另一种得到广泛应用的酯基团的纤维是聚乳酸纤维。聚乳酸具有高的结晶性和取向性，因而有高耐热性和高强度，可和聚酯相媲美，还具有比较理想的透明性。聚乳酸纤维是一种可持续发展的生态纤维，由它制得的纤维、织物、无纺布除了具有良好的生物特性外，还具有良好的吸湿保湿性、高的弹性回复率、无毒、燃烧时不会放出有毒气体、发烟量低、耐紫外线、良好的手感及悬垂性。聚乳酸应用范围很广，纺织业中用于制外衣、内衣、运动衣、窗帘、装饰物等，农林业中用于制养护薄膜、种植业用网等，食品业中用作包装材料、过滤网等，渔业中用作养殖网、渔网、鱼线等，建筑业中用作地面覆盖增强材料、网、垫等，还可用于制造特殊用纸、卫生用品、手术线、纱布等。

（2）聚酰胺类纤维

聚酰胺（锦纶或尼龙）是主链中含有酰胺特征基团（—NHCO—）的含氮杂链聚合物。聚酰胺中一类是由二元胺和二元酸缩聚得到，另一类是由己内酰胺开环聚合得到，聚酰胺纤维的品种很多，典型的如聚己内酰胺纤维（锦纶 6、尼龙-6）、聚二酰二胺纤维（锦纶 66、尼龙-66）。尼龙-66 的耐热性比尼龙-6 高。

$$\pod{NH(CH_2)_5CO}_n \qquad \pod{HN(CH_2)_6NHCO(CH_2)_4CO}_n$$
尼龙-6   尼龙 66

聚酰胺纤维强韧耐磨、弹性高、质量轻、染色性好，较不易起皱，抗疲劳性好。吸湿性在合成纤维中是较大的。聚酰胺纤维一半作衣料用，一半用于工业生产。在工业生产应用中，约 1/3 用作轮胎帘子线。

芳族聚酰胺的熔点和强度更高，可作为特种纤维和特种塑料。如聚间苯二甲酰间苯二胺纤维（芳纶 1313），其独特的耐高温性能，适用于作耐高温过滤材料、防火材料、耐高温防护服、耐高温电缆、熨衣衬布等。

（3）聚丙烯腈纤维

聚丙烯腈（腈纶，俗名人造羊毛）是重要的合成纤维，其产量仅次于涤纶和聚酰胺，居第三位。聚丙烯腈纤维，具有与羊毛相似的特性、质轻、保温性和体积膨大性优良。强韧而富有弹性，软化温度高，但强度不如尼龙和涤纶，主要作衣料用。

（4）聚烯烃纤维

典型的如聚氯乙烯纤维（氯纶）、聚丙烯纤维（丙纶）。聚氯乙烯纤维拉伸强度与蚕丝、棉花相当，润湿时也完全不变。最大的优点是难燃性和自熄性。缺点是耐热性低，染色不好。常用作过滤网等工业产品以及室内装饰。

聚丙烯纤维质轻、强度高、耐磨、耐腐蚀、电绝缘性好、热导率低、保暖性好，但是熔点低，对光、热稳定性差，吸湿性和染色性在化学纤维中最差，可用作绳索及室内装饰。

6.3.8.4　涂料

涂料涂布在物体表面，干燥成膜，可起到保护、装饰或特殊功能的作用。涂料是以树脂或油为基料，配有（或不含）颜料和其他助剂的产品。所用树脂有天然树脂、人造树脂和合成树脂三大类。松香、虫胶等属于天然树脂。天然树脂经过化学改性即成人造树脂，如纤维类衍生物、橡胶衍生物、松香衍生物等。合成树脂是由单体合成的高分子，如醇酸树脂、聚氨酯、丙烯酸树脂等。目前，合成树脂已经成为涂料的主要成膜物质，所得涂膜性能也最佳。

涂料可分为溶剂型涂料（油漆）和水性涂料。下面将对涂料中常用的一些合成树脂做简单介绍。

（1）合成树脂漆

醇酸树脂是水乳漆开发以前应用得最广的涂料品种。由多元醇、多元酸和脂肪酸聚合而成。醇酸树脂漆具有附着力强、光泽度好、硬度大，保光性和耐候性好的特点，可制成清漆、磁漆、底漆和腻子，用途十分广泛。醇酸树脂可加入硝酸纤维素、氨基树脂、酚醛、苯乙烯、丙烯酸酯等制成改性的醇酸树脂。

氨基树脂有三聚氰胺甲醛树脂、脲醛树脂、烃基三聚氰胺甲醛树脂以及各种改性的和共聚的氨基树脂，属于热固性树脂。氨基树脂也可与醇酸树脂、丙烯酸树脂、环氧树脂、有机硅树脂等并用制得改性的氨基树脂漆，是应用最广的一种工业用漆。

环氧树脂是指由双酚 A 和环氧氯丙烷缩聚而成的树脂。环氧树脂应用时，需经交联和固化。环氧树脂分子中的环氧端基和侧羟基都可以成为进一步交联的基团，胺类和酸酐是常用的交联剂或催化剂。环氧树脂也可制成无溶剂漆和粉末涂料。环氧树脂漆性能优异,广泛应用于汽车工业、造船工业以及化工和电气工业。

聚氨酯是分子链中含有—NH—COO—结构的合成高分子。选用不同的异氰酸酯与聚酯二醇、聚醚二醇、多元醇或与其他树脂配用,可制得许多品种的聚氨酯漆。聚氨酯漆具有耐磨性优异、附着力强、耐化学腐蚀,广泛用作地板漆、甲板漆、纱管漆等。

丙烯酸酯树脂主要是指(甲基)丙烯酸酯类树脂,其共聚物有耐光耐候、浅色透明、黏结力强等优点,广泛用作涂料,也可用作胶黏剂。

(2)水性涂料

水性涂料是以水作主要溶剂或分散介质。与溶剂型涂料相比,降低了有机溶剂用量或基本消除有机溶剂,因此无(降低)毒性、无(降低)异味、不可燃、施工安全、环保,在涂料工业中应用越来越广泛。根据树脂类型,可分为水稀释型、胶体分散型、水分散型或乳胶型三种主要类型。

水稀释型涂料是将水溶性高分子化合物(如水性的聚氨酯、水性的环氧树脂)溶解在水中配制而成。胶体分散型涂料的性能介于水分散型涂料与水稀释型涂料之间。涂料用树脂通常为丙烯酸类树脂,主要用作皮革、塑料和纸张用涂料。水分散型或乳胶型涂料,以水为介质,不饱和单体通过乳液聚合生成聚合物乳液。以聚合物乳胶为树脂基料配制的涂料,称为乳胶漆,大量用于建筑涂料。常用的聚合物乳液有丙烯酸类、苯乙烯类和醋酸乙烯三大类,如纯丙乳液、丁苯乳液、苯丙乳液、醋丙乳液、EVA等。

6.3.8.5 胶黏剂

胶黏剂是能把各种材料紧密地黏合在一起的物质,大多以聚合物为基料,往往再加入增塑剂、增韧剂、固化剂等助剂组成的产品。

胶黏剂按主要组成成分可分为天然胶黏剂、有机合成胶黏剂和无机胶黏剂。用量最大的为有机合成胶黏剂,所用聚合物主要有环氧树脂、酚醛树脂、丙烯酸酯、聚醋酸乙烯、聚氨酯。

环氧树脂胶黏剂以环氧树脂为基料,简称环氧胶,另加有固化剂和其他添加剂。环氧胶是当前应用最广的胶种之一。环氧胶有很强的黏合力,对大部分材料,如金属、木材、玻璃、陶瓷、橡胶、纤维、塑料、皮革等,都有良好的黏合能力,故有"万能胶"之称。

酚醛树脂胶黏剂的黏结力强、耐高温,优良配方胶可在 300 ℃ 以下使用,其缺点是性脆、剥离强度差。酚醛树脂是用量最大的品种之一,用来胶接木材、木质层压板、胶合板、泡沫塑料,也可用于胶接金属、陶瓷。

丙烯酸酯类胶黏剂有两类,一类是以聚合物本身作胶黏剂,例如溶液型胶黏剂、热熔胶、乳液胶黏剂等;另一类是以单体或预聚体作胶黏剂,通过聚合而固化。例如 α-氰基丙烯酸酯[CH_2=$C(CN)COOR$]可以配成单组分胶,黏结力极强;R 为丁基、己基或庚基时,该单体可用作组织的黏结剂,将该单体喷涂在组织表面,可形成薄膜而止血。

聚醋酸乙烯酯可制成乳液胶黏剂(白胶)、溶液胶黏剂,主要用来胶接木材、纸张、皮革、混凝土、瓷砖等。这是一类用途很广的非结构型胶黏剂。

聚氨酯胶黏剂,以多异氰酸酯和聚氨酯为基本组分的胶黏剂统称为聚氨酯胶黏剂。聚氨酯胶黏剂因分子中含有—NCO、—NH—COO—基团,这类胶具有高度的极性和反应活性,对多种材料均有很高的黏附性,可用于胶接金属、陶瓷、玻璃、木材等多种材料。

6.3.9 功能高分子材料

随着科技水平的进步以及人们在生产和生活中对具有特殊性能或功能的高分子材料的需

求，人们开发出了带有特殊物理、力学、化学性质和功能的高分子材料，其性能和特征都大大超出了原有通用高分子材料的范畴，这些高分子材料通常称为功能高分子材料。功能高分子材料，简称功能高分子，又称特种高分子或精细高分子。

对特种和功能高分子材料的划分普遍采用按其性质、功能或实际用途来划分。下面按类型进行简单介绍。

6.3.9.1　光敏性高分子

光敏功能高分子又称感光高分子，是指在光照作用下能发生交联、分解或官能团变化等光化学反应，从而引起材料的物化性质变化的高分子材料。包括各种光稳定剂、光刻胶、感光材料、非线性光学材料、光导材料和光致变色材料等。

感光高分子在当前的微电子工业中已成为必不可少的关键材料。例如大规模集成电路、印刷电路板和激光制版技术中的关键材料光刻胶即为光敏性高分子。光刻胶是一种在光照射下可以发生光分解或光交联反应的高分子材料，反应后溶解性能发生较大变化，对于特定溶剂，从不溶性变为可溶性（光分解反应）或者从可溶性变为不溶性（光交联反应）。对于用光刻胶保护的底材（单晶硅或者印刷版），可以用选择性光照的方式进行区域性脱保护，为下一步刻蚀准备条件。在 1 mm^2 的硅片上集装上万个元件的集成块，离开了光刻胶是不可想象的。

可以发生光聚合反应的光敏高分子材料是光固化涂料中的主要成分。采用光固化涂料可以减少溶剂的使用量，保护环境。印刷工业中采用感光高分子进行照相排版，改革了千年来的制版工艺。光致变色高分子材料在光照条件下聚合物内部结构发生变化，因此聚合物对光的最大吸收波长发生变化，产生颜色改变。这种材料可用于变色太阳镜、智能窗等需要在光照下改变颜色的器件生产。光导电高分子材料指那些在无光照下材料基本上是绝缘的，而当被光照射后其导电能力则大幅度提高。

6.3.9.2　电性能高分子材料

电性能高分子材料包括导电聚合物、能量转换型聚合物、电致发光和电致变色材料以及其他电敏感性材料等。

高分子材料通常为绝缘体，这一性质已经在许多领域得到应用。然而近几十年来，已经发现了不少高分子材料具有半导电性、导电性甚至超导电性。如聚乙炔、聚乙烯基咔唑等。导电橡胶既具有普通橡胶的弹性，还具有理想的导电性。应用到各种电子仪器的按键上，可以消除机械噪声，增加接触的可靠性。导电纤维使纤维的柔性与导电性结合，可以生产抗静电织物。导电高分子材料作为电池的电极材料，可以增加电池的能量密度，并减轻电池的质量。将离子导电聚合物与电子导电聚合物相结合，可以构成没有金属部件，没有液体电解质的全固态聚合物电池等。

氧化还原型导电聚合物通常具有可逆的氧化还原化学特性和特定的氧化还原电位。这样在施加电场时发生氧化还原反应，从而显示出特定物理化学性质，如导电性能突然变化等。比如从非导电状态进入导电状态。此外常表现出外观变化，如电致变色、电致发光等变化，可以满足多方面应用的需要。利用这些功能可以制备出各种敏感元件、光电显示器件、有机分子半导体器件等。

6.3.9.3　高分子分离材料

高分子分离材料包括各种分离膜、缓释膜、其他半透性膜材料、离子交换树脂、高分子螯合剂、高分子絮凝剂等。

这类功能高分子材料发展最早，也发展最快。离子交换树脂是其中最早的品种，于20

世纪 30 年代开始发展，60 年代出现了离子交换膜，70 年代问世了分离功能膜，80 年代发展了高分子吸附剂和生物分离介质。

离子交换树脂属于离子型高分子材料，根据键合到高分子骨架上的离子基团的性质不同，离子交换树脂可分为阳离子交换树脂和阴离子交换树脂两大类。前者的交换基团如磺酸基、羧酸基等酸性基团，具有交换金属阳离子的能力；后者的交换基团如季铵基，具有交换溶液中酸根等阴离子的作用。在分析化学、有机合成、环境保护等方面有广泛的用途，对废水净化、海水淡化、海水提铀、回收贵金属等均有重要贡献，是目前功能高分子材料中应用最广泛的工业化产品之一。

高分子分离膜是以天然的或合成的高分子为基材，经过特殊工艺制备的膜材料。由于材料本身的物理、化学性质和膜的微观结构特征，具有对某些小分子物质选择性透过的能力，因此可对多组分气体、液体进行有选择地分离，并可进行能量转化。根据膜结构和分离机理的不同，高分子分离膜可分为微滤膜、超滤膜、反渗透膜、透析膜、气体分离膜、离子交换膜、渗透蒸发膜等。高分子分离膜材料已经在气体分离、海水和苦咸水淡化、污水净化、食品保鲜、血液透析和液态物质消毒等方面得到广泛应用。近年来，高分子分离膜在医学和药学方面应用研究也取得了较大进展。

6.3.9.4　高分子吸附材料

高分子吸附材料包括高分子吸附性树脂、高吸水性高分子等。

高吸水性树脂是利用树脂结构的亲水性和交联结构的不溶性，以及结构中所含同种离子的相斥性，使树脂很容易大量吸收水分形成凝胶。它们的特点是具有非常高的吸水性和优异的保水性。通常吸水量可达自重的 200～5000 倍，而且在一般受压条件下，所吸的水不会被挤出来。若烘干后，可再吸水，反复使用。其吸水能力主要与树脂结构的亲水性基团和交联程度等因素有关。

高分子吸附材料的用途很广，在日常生活中广泛用于妇女和婴儿卫生用品、医疗保健用品、吸湿鞋垫、吸香水的餐巾等。在制药工业中可对药物进行提取、分离和脱色。在农业上用作保水剂，在干旱地区的农业生产中用于土壤保水、育苗床基材、苗木护理等。在工业中可用作保湿剂、脱水剂、制作高性能电瓶、膨胀橡胶等。在环境治理中对工业废水进行分离净化，可用于大气和水中有机污染物收集分析装置中的富集材料和水的净化材料等。在科学研究领域中广泛用作气相色谱、液相色谱、凝胶渗透色谱的固定相。

6.3.9.5　医药用高分子材料

医药用高分子材料包括医用高分子材料、药用高分子材料和医药用辅助材料等。

第一例医用高分子是用聚甲基丙烯酸甲酯制作头盖骨，以后又用其作为齿科材料，修补破损的牙齿。目前医用高分子已可制作人体的大部分器官，如人工肾、人工心肺等。全世界医用高分子的生产总量已达 800 万吨。

药用高分子材料一般可以分成几类。一是高分子本身具有药用作用的，如生物活性多肽、肝素、带阴离子或阳离子的聚合物，它们或者拥有抗肿瘤、抗病毒作用，或者具有杀菌消毒作用。第二类是与小分子药物复合，作为药物释放控制材料使用，其目的是利用高分子的某些特性，如选择透过性、缓慢分解性和低溶解性等达到控制药物体内释放速率的要求，延长药效。常用于缓释的高分子材料有改性纤维素、聚甲基丙烯酸和聚乙烯醇等。第三类是药物制剂中的高分子赋形剂、导向剂等。其中导向剂是借助于高分子化合物在体内的某些特性，实现定向、定点给药，达到提高药效、减小副作用的目的。

6.3.9.6 高分子智能材料

高分子智能材料包括高分子记忆材料、信息存储材料和光、磁、pH、压力感应材料等。

智能材料的概念起源于 20 世纪 80 年代，这是一类对环境具有可感知、可响应，并具有功能发现能力的新材料。外界环境刺激因素包括温度、压力、声波、离子、电场、磁场和溶剂等，在这些刺激因素影响下，智能材料能产生有效响应，使自身的一些性质，如相态、形状、光学性能、力学性能、电学性能、体积、表面积等随之发生变化。

智能高分子材料的研究涉及众多的基础理论研究，如信息、电子、生命科学、宇宙、海洋科学等领域，已成为高分子材料的重要发展方向之一。目前智能高分子材料研究的内容主要集中在以下几方面。

① 智能高分子凝胶 一种三维高分子网络和溶剂组成的体系。这类高分子凝胶材料可随环境的变化而产生可逆的、非连续的体积变化。高分子凝胶的溶胀收缩循环可用于化学阀、吸附分离、传感器和记忆材料。

② 形状记忆高分子材料 是利用结晶或半结晶高分子材料经过辐射交联或化学交联后形成的具有记忆效应的一类新型智能高分子材料。在医疗上，形态记忆高分子树脂可代替传统的石膏绷带；具有生物降解性的形状记忆高分子材料可用作医用组合缝合器材、止血钳等。航空上，形态记忆高分子树脂被用于机翼的震动控制。利用高分子材料的形状记忆材料可制备出热收缩空管和热收缩膜等。

③ 智能织物 可逆收缩智能织物，受潮湿时收缩，干燥后恢复到原始尺寸，湿态收缩率可达 35％。智能织物可用于传感与执行系统、微型马达及生物医用压力与压缩装置。如压力绷带，它在血液中收缩，在伤口上所产生的压力有止血的作用，绷带干燥时压力消除。

④ 智能高分子膜 用高分子凝胶制成的膜能实现可逆变形，并能承受一定的压力。它的智能化是通过膜的组成、结构和形态来实现的。目前研究的智能高分子膜主要是可起到"化学阀"的作用，用于选择性透过膜材、传感膜材、仿生膜材和人工肺等。

⑤ 智能药物释放体系 智能药物释放系统是在当药物所在环境发生变化时，体系能够做出相应的反应，以一定的形式将药物释放出来的系统。包括生物信息响应系统、靶向药物释放系统、纳米药物释放系统等。随着智能高分子材料领域的发展，智能药物释放系统将成为主要的药物制剂形式和给药方式，在疾病治疗、医疗保健、计划生育等方面发挥作用。

6.3.9.7 高性能高分子材料

高分子液晶材料、耐高温高分子材料、高强高模量高分子材料、阻燃性高分子材料和功能纤维材料、生物降解高分子材料等都属于高性能高分子材料。

高分子液晶在工程材料、非线性光学材料、记忆存储材料、色谱固定相和电显示装置等开发方面有广泛应用前景。由高分子液晶纺成的纤维，具有很高的强度和模量。液晶态的高分子材料用作塑料时具有自增强作用。利用高分子液晶独特的热敏感性、化学试剂敏感性和光敏感性，可用来制作十分灵敏的温度计、痕量元素检测器和光电显示器等。

高分子材料通常是易燃物质。高分子材料大量作为建筑和装饰材料，火灾的危险性大大增加。阻燃性高分子材料是一类特殊的工程塑料，燃点和熔点较高，在高温下不易分解，化学和热稳定性较好。在受到高温，或者遇到火焰时能发生炭化而阻止燃烧。最常见的这类阻燃树脂主要是一些具有芳香酰胺结构、内酰胺等梯形结构和某些芳香聚酯结构的聚合物。

6.3.9.8 反应性高分子材料

反应性高分子材料包括高分子试剂、高分子催化剂和高分子染料，特别是高分子固相合成试剂和固定化酶试剂等。

6.4 复合材料

前面介绍的三类材料各有特色但也有各自的缺点，如金属材料易腐蚀，高分子材料易老化、不耐高温，而陶瓷材料韧性低、易碎裂。人们设想如果将树脂的易成型性和金属的韧性，无机非金属材料的高强度、耐高温的优点进行优势互补，将大大提高材料的性能，于是对这三类不同材料进行复合加工，制备了各种复合材料，并得到了广泛应用。

自然界中存在许多天然的复合材料。例如树木和竹子是纤维素和木质素的复合体；动物骨骼则由无机磷酸盐和蛋白质胶原复合而成。人类很早就接触和使用各种天然复合材料，并仿效自然界制作复合材料。例如早在六千多年前，我国陕西半坡人就懂得将草梗和泥筑墙；而世界闻名的我国的传统工艺品漆器就是由麻纤维和土漆复合而成的，至今已有四千多年的历史。现代复合材料的制作始于 1942 年玻璃纤维增强聚酯树脂复合材料被美国空军用于制造飞机构件。1940—1960 年这 20 年间，是玻璃纤维增强塑料时代，可以称为复合材料发展的第一代。从 1960—1980 年这 20 年间是先进复合材料的发展时期，1960—1965 年英国研制出碳纤维，1975 年先进复合材料"碳纤维增强环氧树脂复合材料及 Kevler 纤维增强环氧树脂复合材料"已用于飞机、火箭的主承力件上，这一时期被称为复合材料发展的第二代。1980～1990 年间，是纤维增强金属基复合材料的时代，其中以铝基复合材料的应用最为广泛，这一时期是复合材料发展的第三代。1990 年以后则被认为是复合材料发展的第四代，主要发展多功能复合材料，如机敏（智能）复合材料和梯度功能材料等。随着新型复合材料的不断涌现，复合材料不仅只应用在导弹、火箭、人造卫星等尖端工业中，在航空、汽车、造船、建筑、电子、桥梁、机械、医疗和体育等各个部门都得到应用。

6.4.1 复合材料的组成

复合材料是由两种或两种以上异质、异形、异性的材料复合而成的材料。大多是有以连续相存在的基体材料与分散于其中的增强体材料两部分组成。复合材料的性能则取决于增强体与基体的比例以及组成部分的性能。

复合材料的基体起到将增强体黏结成整体，并赋予复合材料一定形状，传递外界作用力，保护增强体免受外界环境侵蚀的作用。复合材料所用基体主要有高分子聚合物、金属、陶瓷等。

增强体是高性能结构复合材料的关键组分，在复合材料中起着增加强度、改善性能的作用。增强体按形态分为颗粒状、纤维状、片状、立方编制物等。因为纤维的刚性和拉伸强度大，因此增强材料大多数为纤维。玻璃纤维、高强度碳纤维和高模量碳纤维、碳化硅纤维、硼纤维等是常用的增强体。

6.4.2 复合材料的分类

6.4.2.1 复合材料的分类方法

（1）按用途分类

复合材料按用途可分为结构复合材料和功能复合材料。目前结构复合材料占绝大多数，而功能复合材料有广阔的发展前途。

（2）按基体材料类型分类

① 有机高分子聚合物基复合材料，按有机材料类型又可分为树脂基、橡胶基和木质基；

按树脂种类又有热固性树脂基和热塑性树脂基之分。

② 金属基复合材料，指以金属为基体制成的复合材料，按金属种类可分为铝基、铜基、镁基和钛基等。

③ 无机非金属基复合材料，按无机非金属材料类型可以分为玻璃基、陶瓷基、水泥基和碳基；按陶瓷种类又有氧化铝基、氧化锆基、石英玻璃基等。

（3）按增强材料种类分类

① 玻璃纤维复合材料；②碳纤维复合材料；③有机纤维（芳香族聚酰胺纤维、芳香族聚酯纤维、高强度聚烯烃纤维等）复合材料；④金属纤维（如钨丝、不锈钢丝等）复合材料；⑤陶瓷纤维（如氧化铝纤维、碳化硅纤维、硼纤维等）复合材料。

6.4.2.2 聚合物基复合材料

聚合物基复合材料是复合材料的主要品种，其产量远远超过其他基体的复合材料。习惯上把橡胶基复合材料划入橡胶材料，所以聚合物基体一般仅指热固性聚合物与热塑性聚合物。

（1）热固性聚合物基体

主要包括不饱和聚酯树脂、环氧树脂、酚醛树脂等。室温低压成型是不饱和聚酯树脂的突出特点，是玻璃纤维增强塑料的常用基体。环氧树脂具有一系列的优良性能，发展很快，广泛用作碳纤维复合材料及绝缘复合材料。如碳纤维环氧树脂复合材料用于制造网球拍、高尔夫球棍和滑雪橇等。酚醛树脂对纤维的黏附性不够好，因此酚醛树脂在碳纤维和有机纤维复合材料中很少使用，而大量用于摩擦复合材料。

玻璃钢（FRP）亦称作 GFRP，即玻璃纤维增强塑料，一般指用玻璃纤维增强不饱和聚酯或环氧树脂或酚醛树脂复合而成的材料。玻璃易破碎，但如果将玻璃熔化并以极快的速率拉成细丝，形成的玻璃纤维则异常柔软，并可以纺织。玻璃纤维的强度很高，比天然纤维、化学纤维高出 5~30 倍。将玻璃纤维切成短丝加入不同品种的树脂基体中可制成聚酯玻璃钢、环氧玻璃钢及酚醛玻璃钢。玻璃钢质轻而硬、不导电、性能稳定、机械强度高、耐腐蚀。玻璃钢的生产技术成熟，已广泛用于飞机、汽车、船舶、建筑甚至家具等的制造。

（2）热塑性聚合物基体

包括各种通用塑料（如聚丙烯、聚氯乙烯等）、工程塑料（如尼龙、聚碳酸酯等）以及特种耐高温聚合物（如聚醚醚酮、聚醚砜及杂环类聚合物等）。

聚酰胺（尼龙）具有半结晶结构，品种较多，用于复合材料的为尼龙-66。它可与各种增强体复合，多数为玻璃纤维。聚酰胺塑料本身具有良好的韧性，且有耐磨、自润滑性能，特别是耐油，抗化学腐蚀性强。其支撑复合材料进一步提高力学性能和耐热性，并保留了其他优点，因此特别适合于制造汽车壳体部件和油箱。此外也可以采用造粒法制造中小型齿轮和机械零件。

聚醚醚酮是典型耐高温工程塑料。它是一种结晶度较高的聚合物，各种性能均很好，特别是耐温性。它适合制备高性能复合材料制品，基本上是与碳纤维或芳酰胺纤维采用薄膜叠层法复合制成预浸料，然后经剪裁放入模具中热压成型的。复合材料的热变形温度为 300 ℃，在 200 ℃以下能保持良好的力学性能，例如用 60% 单向碳纤维的增强强度可达 1.8 GPa，模量为 120 GPa；另外还具有阻燃性和抗辐射性。该种复合材料适合于航空航天用制件，如机翼、天线部件、雷达罩等。

6.4.2.3 金属基复合材料

目前用作金属基复合材料的金属有铝及铝合金、镁合金、钛合金、铜及铜合金、锌合金、铅、钛铝及镍铝金属间化合物等。基体材料成分的正确选择对能否充分发挥基体金属和增强体的性能特点，获得预期的综合性能以满足使用要求十分重要。金属基复合材料构件的使用性能要求是选择金属基体材料最重要的依据。

用于各种航天、航空、汽车、先进武器等结构件的复合材料一般均要求有高的比强度和比刚度，有高的结构效率，因此大多选用密度小的轻金属铝及铝合金、镁及镁合金作为基体金属，与高强度、高模量的石墨纤维、硼纤维等组成石墨/镁、石墨/铝、硼/铝复合材料，用它们制成各种高比强度、高比模量的轻型结构件，广泛用于宇航、航空、汽车等领域。

高性能发动机则要求复合材料不仅具有高比强度、比模量性能，还要求具有优良的耐高温性能，能在高温（650～1200 ℃）、氧化气氛中正常工作。铝、镁复合材料一般只能用在450 ℃左右，而钛合金基体复合材料可用到 650 ℃，镍、钴基复合材料可在 1200 ℃使用。因此需要选用钛基合金、镍基合金以及金属间化合物作基体材料。在汽车发动机中要求其零件耐热、耐磨、导热、有一定的高温强度等，同时又要求成本低，适于批量生产，则选用铝合金作为基体材料与陶瓷颗粒、短纤维组成复合材料。

6.4.2.4　陶瓷基复合材料

陶瓷是金属和非金属元素的固体化合物，具有比金属更高的熔点和硬度，化学性质非常稳定，耐热性、抗老化性好，但其脆性大、韧性差。在陶瓷材料中加入第二相颗粒，晶须以及纤维进行增韧处理可以改善陶瓷材料的韧性。陶瓷基复合材料与其他材料相比的优势在于耐高温、密度小、比模量高、有较好的抗氧化性和耐摩擦性能。常用的陶瓷基体主要包括玻璃、玻璃陶瓷、氧化物和非氧化物陶瓷。

将特定组成的玻璃进行晶化热处理，在玻璃内部均匀析出大量微小晶体并进一步长大，形成致密微晶相，玻璃相充填于晶界，得到像陶瓷一样的多晶固体材料称为玻璃陶瓷。玻璃和玻璃陶瓷主要用作氧化铝纤维、碳化硅纤维、碳纤维以及碳化硅晶须增强复合材料的基体。

用作陶瓷基复合材料基体的氧化物主要有氧化铝、氧化锆、莫来石，它们的熔点在2000 ℃以上。非氧化物主要有氮化硅、碳化硅、氮化硼等。碳化物和硼化物的抗热氧化温度为 900～1000 ℃，氮化物略低一些，硅化物的表面能形成氧化硅膜，所以抗氧化温度达1300～1700 ℃。目前研究较多的是碳纤维增韧碳化硅和碳化硅纤维增韧碳化硅。例如将长纤维增强碳化硅复合材料应用于制造高速列车的制动件，它具有传统的制动件无法比拟的优异耐磨性。我国上海硅酸盐研究所研制的碳纤维增强石英复合材料，为我国航天"再返大气层的超高温防热问题"的解决提供了关键材料，做出了重大贡献。

 选读材料

1. 科学家故事

中国稀土之父——徐光宪

徐光宪（1920—2015）是我国著名的物理化学家、无机化学家、教育家，2008 年度"国家最高科学技术奖"获得者，被誉为"中国稀土之父""稀土界的袁隆平"。1944 年，徐光宪毕业于上海交通大学化学系；1951 年获美国哥伦比亚大学博士学位；1980 年当选中国科学院学部委员（院士）。

徐光宪院士长期从事物理化学和无机化学的教学和研究，涉及量子化学、化学键理论、配位化学、萃取化学、核燃料化学和稀土科学等领域，基于对稀土化学键、配位化学和物质结构等基本规律的深刻认识，发现了稀土溶剂萃取体系具有"恒定混合萃取比"基本规律，提出了适于稀土溶剂萃取分离的串级萃取理论，可以"一步放大"，直接应用于生产实际，引导稀土分离技术的全面革新，这种方法比早前西方发达国家使用的"离子交换法"和"分级结晶法"更经济，稀土的纯度更高，促进了中国从稀土资源大国向高纯稀土生产大国的飞跃，我国从被动进口稀土产品变为主动生产并出口稀土加工产品。

2. 科技进展论坛

我国科学家突破从二氧化碳到天然高分子淀粉的合成技术

淀粉是天然有机高分子，目前主要由玉米等作物通过光合作用固定无机物二氧化碳产生。这个过程涉及大约 60 个生化反应以及复杂的生理调控。但植物的光能利用效率比较低，实际上不到 1%。设计不依赖于植物光合作用的新途径将二氧化碳转化为淀粉是一项重要的创新科技任务，将成为当今世界的一项重大颠覆性技术。此前，多国科学家积极探索，但一直未取得实质性重要突破。

2021 年 9 月《Science》期刊上发表了研究论文"Cell-free chemoenzymatic starch synthesis from carbon dioxide"。该研究设计了 11 步主反应，在实验室中首次实现了非自然二氧化碳固定到淀粉分子的全合成。此论文是中国科学院天津工业生物技术研究所马延和研究员团队的突破性研究成果。研究者采用了一种类似"搭积木"的方式，利用化学催化剂将高浓度二氧化碳在高密度氢能作用下还原成碳一化合物，然后通过设计构建碳一聚合新酶，依据化学聚糖反应原理将碳一化合物聚合成碳三化合物，最后通过生物途径优化，将碳三化合物又聚合成碳六化合物，再进一步合成直链和支链淀粉（C_n 化合物）。

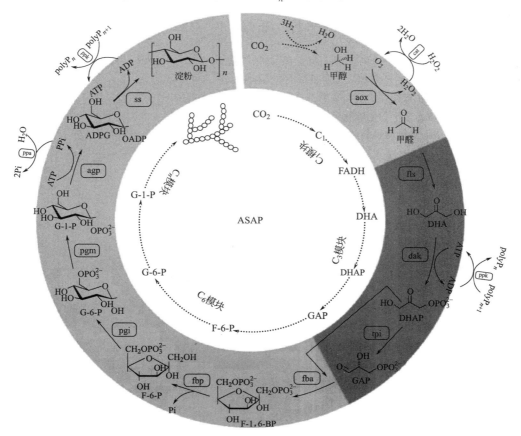

该成果为从二氧化碳到淀粉生产的工业车间制造打开了一扇窗。《Science》杂志新闻部执行主任梅根·菲兰认为，该研究成果将为我们未来通过工业生物制造淀粉这种全球性重要物质提供新的技术路线。淀粉除了食用，也是工业上主要的原料。在医药行业，如胶囊、绷带、酒精的生产都离不开淀粉。在建筑业，淀粉同样不可或缺，隔音板、壁纸、涂料里都有淀粉成分。除此之外，在食品、印刷、纺织、造纸等各个工业领域，淀粉都有着广泛的用途。据统计每年我国的工业淀粉用量在 2800 万吨左右，都需要从粮食中获得。如果未来该系统过程成本能够降低到与农业种植相比具有经济可行性，将会节约 90% 以上的耕地和淡水资源，避免农药、化肥等对环境的负面影响，提高人类粮食安全水平，促进碳中和的生物经济发展，推动形成可持续的生物基社会，则对我国粮食生产和工业生产具有重要意义。

 ## 习题

1. 是非题(对的在括号内填"＋"号，错的填"－"号)

(1)青铜和黄铜都属于金属合金材料。(　　)

(2)在结晶型高分子中，通常可同时存在结晶态和非晶态两种结构。(　　)

(3)缩聚反应制备高分子往往有小分子副产物生成。(　　)

(4)高分子一般没有固定的熔点。(　　)

(5)聚酰胺是指主链中含有—NHCO—基团的聚合物。(　　)

2. 黑色金属是指哪些金属? 有色金属又分为哪几类?

3. 超导材料具有什么特性? 举例说明有什么用途。

4. 耐热合金以什么金属为基体? 主要用在什么领域?

5. 结构陶瓷有什么优点和缺点?

6. 线型非晶态高分子在不同温度下有哪几种不同的物理形态?

7. 说明 T_g 的含义和对塑料橡胶的使用范围的影响。

8. 功能高分子主要有哪些类型? 举出身边的几种功能高分子的例子。

9. 举例说明光敏高分子和电致变色高分子有何不同。

10. 复合材料中的基体材料和增强体材料分别起什么作用?

附　录

附录1　一些基本物理常数

物理量	符号	数值
真空中的光速	c	2.99792458×10^8 m·s^{-1}
元电荷(电子电荷)	e	1.60217733×10^{-1} C
质子质量	m_p	1.6726231×10^{-27} kg
电子质量	m_e	9.1093897×10^{-31} kg
摩尔气体常数	R	8.314510 J·mol^{-1}·K^{-1}
阿伏伽德罗(Avogadro)常数	N_A	6.0221367×10^{23} mol^{-1}
普朗克(Planck)常量	h	6.6260755×10^{-34} J·s
法拉第(Faraday)常数	F	9.6485309×10^4 C·mol^{-1}
玻耳兹曼(Boltzmann)常数	k	1.380658×10^{-23} J·K^{-1}
电子伏	eV	1.60217733×10^{-19} J
原子质量单位	u	1.6605402×10^{-27} kg

附录2　常见物质的标准热力学数据($p=100$ kPa，$T=298.15$ K)

物质(状态)	$\Delta_f H_m^\ominus/$kJ·mol^{-1}	$\Delta_f G_m^\ominus/$kJ·mol^{-1}	$S_m^\ominus/$J·mol^{-1}·K^{-1}
Ag(s)	0	0	42.55
Ag$^+$(aq)	105.579	77.107	72.68
AgBr(s)	-100.37	-96.90	170.1
AgCl(s)	-127.068	-109.789	96.2
AgI(s)	-61.68	-66.19	115.5
Ag$_2$O(s)	-30.05	-11.20	121.3
Ag$_2$CO$_3$(s)	-505.8	-436.8	167.4
Al^{3+}(aq)	-531	-485	-321.7

物质(状态)	$\Delta_f H_m^\ominus/kJ\cdot mol^{-1}$	$\Delta_f G_m^\ominus/kJ\cdot mol^{-1}$	$S_m^\ominus/J\cdot mol^{-1}\cdot K^{-1}$
$AlCl_3(s)$	−704.2	−628.8	110.67
$Al_2O_3(s, \alpha\text{-刚玉})$	−1675.7	−1582.3	50.92
$Ba^{2+}(aq)$	−537.64	−560.77	9.6
$BaCO_3(s)$	−1216.3	−1137.6	112.1
$BaO(s)$	−553.5	−525.1	70.42
$B_2O_3(s)$	−1264	−1193.7	54.02
$BN(s)$	−254.4		14.81
$Br_2(l)$	0	0	152.231
$Br_2(g)$	30.907	3.110	245.463
$Br^-(aq)$	−121.55	−103.96	82.4
$C(s, 石墨)$	0	0	5.740
$C(s, 金刚石)$	1.8966	2.8995	2.377
$CO(g)$	−110.525	−137.168	197.674
$CO_2(g)$	−393.509	−394.359	213.74
$CO_3^{2-}(aq)$	−677.14	−527.81	−56.9
$HCO_3^-(aq)$	−691.99	−586.77	91.2
$Ca(s)$	0	0	41.42
$Ca^{2+}(aq)$	−542.83	−553.58	−53.1
$CaCO_3(s, 方解石)$	−1206.92	−1128.79	92.9
$CaO(s)$	−635.09	−604.03	39.75
$Ca(OH)_2(s)$	−986.09	−898.49	83.39
$CaSO_4(s, 不溶解的)$	−1434.11	−1321.79	106.7
$Cl_2(g)$	0	0	223.006
$Cl^-(aq)$	−167.16	−131.26	56.5
$Co(s, \alpha)$	0	0	30.04
$CoCl_2(s)$	−312.5	−269.8	109.16
$Cr(s)$	0	0	23.77
$Cr^{3+}(aq)$	−1999.1	—	—
$Cr_2O_7^{2-}(aq)$	−1490.3	−1301.1	261.9
$Cu(s)$	0	0	33.150
$Cu^{2+}(aq)$	64.77	65.249	−99.6
$CuCl_2(s)$	−220.1	−175.7	108.07
$CuO(s)$	−157.3	−129.7	42.63
$Cu_2O(s)$	−168.6	−146.0	93.14
$CuS(s)$	−53.1	−53.6	66.5
$F_2(g)$	0	0	202.78
$Fe(s, \alpha)$	0	0	27.28

物质(状态)	$\Delta_f H_m^{\ominus}/kJ\cdot mol^{-1}$	$\Delta_f G_m^{\ominus}/kJ\cdot mol^{-1}$	$S_m^{\ominus}/J\cdot mol^{-1}\cdot K^{-1}$
$Fe^{2+}(aq)$	-89.1	-78.90	-137.7
$Fe^{3+}(aq)$	-48.5	-4.7	-315.9
$FeO(s)$	-266.52	-244.3	54.0
$Fe_2O_3(s)$	-824.2	-742.2	87.40
$Fe_3O_4(s)$	-1118.4	-1015.4	146.4
$H_2(g)$	0	0	130.684
$H^+(aq)$	0	0	0
$H_2CO_3(aq)$	-699.65	-623.16	187.4
$HCl(g)$	-92.307	-95.299	186.80
$HF(g)$	-271.1	-273.2	173.79
$H_2O(g)$	-241.818	-228.572	188.825
$H_2O(l)$	-285.83	-237.129	69.91
$H_2O_2(l)$	-187.78	-120.35	109.6
$H_2S(g)$	-20.63	-33.56	205.79
$HS^-(aq)$	-17.6	12.08	62.8
$S^{2-}(aq)$	33.1	85.8	-14.6
$Hg(g)$	61.317	31.820	174.96
$Hg(l)$	0	0	76.02
$HgO(s,红)$	-90.83	-58.539	70.29
$I_2(g)$	62.438	19.327	260.65
$I_2(s)$	0	0	116.135
$I^-(aq)$	-55.19	-51.59	111.3
$K(s)$	0	0	64.18
$K^+(aq)$	-252.38	-283.27	102.5
$KCl(s)$	-436.747	-409.14	82.59
$Mg(s)$	0	0	32.68
$Mg^{2+}(aq)$	-466.85	-454.8	-138.1
$MgO(s,粗粒的)$	-601.70	-569.44	26.94
$Mn(s,\alpha)$	0	0	32.01
$Mn^{2+}(aq)$	-220.75	-228.1	-73.6
$N_2(g)$	0	0	191.50
$NH_3(g)$	-46.11	-16.45	192.45
$NH_3(aq)$	-80.29	-26.50	111.3
$NH_4^+(aq)$	-132.43	-79.31	113.4
$N_2H_4(l)$	50.63	149.34	121.21
$NH_4Cl(s)$	-314.43	-202.87	94.6
$NO(g)$	90.25	86.55	210.761

物质（状态）	$\Delta_f H_m^{\ominus}/kJ\cdot mol^{-1}$	$\Delta_f G_m^{\ominus}/kJ\cdot mol^{-1}$	$S_m^{\ominus}/J\cdot mol^{-1}\cdot K^{-1}$
$NO_2(g)$	33.18	51.31	240.06
$N_2O_4(g)$	9.16	304.29	97.89
$Na(s)$	0	0	51.21
$Na^+(aq)$	−240.12	−261.95	59.0
$Na(s)$	0	0	51.21
$NaCl(s)$	−411.15	−384.15	72.13
$Na_2O(s)$	−414.22	−375.47	75.06
$NaOH(s)$	−425.609	−379.526	64.45
$Ni(s)$	0	0	29.87
$O_2(g)$	0	0	205.138
$O_3(g)$	142.7	163.2	238.93
$OH^-(aq)$	−229.94	−157.244	−10.75
$P(s,白)$	0	0	41.09
$Pb(s)$	0	0	64.81
$Pb^{2+}(aq)$	−1.7	−24.43	10.5
$PbCl_2(s)$	−359.41	−314.1	136.0
$PbO(s,黄)$	−217.32	−187.89	68.70
$S(s,正交)$	0	0	31.80
$SO_2(g)$	−296.83	−300.19	248.22
$SO_3(g)$	−395.72	−371.06	256.76
$SO_4^{2-}(aq)$	−909.27	−744.53	20.1
$Si(s)$	0	0	18.83
$SiO_2(s,\alpha-石英)$	−910.94	−856.64	41.84
$Sn(s,白)$	0	0	51.55
$SnO_2(s)$	−580.7	−519.7	52.3
$Ti(s)$	0	0	30.63
$TiO_2(s,金红石)$	−944.7	−889.5	50.33
$Zn(s)$	0	0	41.63
$Zn^{2+}(aq)$	−153.89	−147.06	−112.1
$CCl_4(l)$	−135.44	−65.21	216.40
$CH_4(g)$	−74.81	−50.72	186.264
$C_2H_2(g)$	226.73	209.20	200.94
$C_2H_4(g)$	52.26	68.15	219.56
$C_2H_6(g)$	−84.68	−32.82	229.60
$C_6H_6(l)$	48.99	124.35	173.26
$CH_3OH(l)$	−238.66	−166.27	126.8
$C_2H_5OH(l)$	−277.69	−174.78	160.07

续表

物质(状态)	$\Delta_f H_m^{\ominus}/kJ\cdot mol^{-1}$	$\Delta_f G_m^{\ominus}/kJ\cdot mol^{-1}$	$S_m^{\ominus}/J\cdot mol^{-1}\cdot K^{-1}$
$CH_3COOH(l)$	−484.5	−389.9	159.8
$CH_3COOH(aq,非电离)$	−485.76	−396.46	179
$CH_3COO^-(aq)$	−486.01	−369.31	86.6
$C_6H_5COOH(s)$	−385.05	−245.27	167.57

附录 3 常见弱酸和弱碱在水中的解离常数

酸	温度/℃	解离常数 $K_a^{\ominus}$	$pK_a^{\ominus}$
亚硫酸 H_2SO_3	18	1.54×10^{-2} $K_{a1}^{\ominus}$	1.81
	18	1.02×10^{-7} $K_{a2}^{\ominus}$	6.91
磷酸 H_3PO_4	25	7.52×10^{-3} $K_{a1}^{\ominus}$	2.12
	25	6.25×10^{-8} $K_{a2}^{\ominus}$	7.21
	18	2.2×10^{-13} $K_{a3}^{\ominus}$	12.67
亚硝酸 HNO_2	12.5	4.6×10^{-4}	3.37
氢氟酸 HF	25	3.53×10^{-4}	3.45
甲酸 HCOOH	20	1.77×10^{-4}	3.75
醋酸 CH_3COOH	25	1.76×10^{-5}	4.75
氯乙酸 $ClCH_2COOH$	25	1.40×10^{-3}	2.85
碳酸 H_2CO_3	25	4.30×10^{-7} $K_{a1}^{\ominus}$	6.37
	25	5.61×10^{-11} $K_{a2}^{\ominus}$	10.25
氢硫酸 H_2S	18	9.1×10^{-8} $K_{a1}^{\ominus}$	7.04
	18	1.1×10^{-12} $K_{a2}^{\ominus}$	11.96
次氯酸 HClO	18	2.95×10^{-8}	7.53
氢氰酸 HCN	25	4.93×10^{-10}	9.31
碱	温度/℃	解离常数 $K_b^{\ominus}$	$pK_b^{\ominus}$
氨 NH_3	25	1.77×10^{-5}	4.75

附录 4 常见难溶电解质的溶度积(298.15 K)

难溶电解质	$K_s^{\ominus}$	难溶电解质	$K_s^{\ominus}$
AgBr	5.35×10^{-13}	$AuCl_2$	2.0×10^{-13}
AgCl	1.77×10^{-10}	$BaCO_3$	2.58×10^{-9}
Ag_2CrO_4	1.12×10^{-12}	$BaSO_4$	1.07×10^{-10}
AgI	8.51×10^{-17}	$BaCrO_4$	1.17×10^{-10}
Ag_2S	6.69×10^{-50}(α型)	CaF_2	1.46×10^{-10}
Ag_2SO_4	1.20×10^{-5}	$CaSO_4$	7.10×10^{-5}
$Al(OH)_3$	2×10^{-33}	$CaCO_3$	4.96×10^{-9}

续表

难溶电解质	$K_s^\ominus$	难溶电解质	$K_s^\ominus$
CaC_2O_4	2.32×10^{-9}	$MgCO_3$	6.82×10^{-6}
$Ca_3(PO_4)_2$	2.07×10^{-33}	$Mg(OH)_2$	5.61×10^{-12}
$Cd(OH)_2$	5.27×10^{-15}	$Mn(OH)_2$	2.06×10^{-13}
CdS	1.40×10^{-29}	MnS	4.65×10^{-14}
CuS	1.27×10^{-36}	$PbCO_3$	7.4×10^{-14}
$Cu(OH)_2$	2.2×10^{-20}	$PbCrO_3$	2.8×10^{-13}
$Fe(OH)_2$	4.87×10^{-17}	$PbCl_2$	1.17×10^{-5}
$Fe(OH)_3$	2.64×10^{-39}	PbS	9.04×10^{-29}
FeS	1.59×10^{-19}	PbI_2	8.49×10^{-9}
$HgS(红)$	6.44×10^{-53}	$ZnCO_3$	1.19×10^{-10}
$HgS(黑)$	2.00×10^{-53}	$Zn(OH)_2$	3×10^{-17}
$Ni(OH)_2$	5.48×10^{-16}	ZnS	2.93×10^{-25}

附录5 一些配离子的稳定常数

配离子	$K_f^\ominus$	$\lg K_f^\ominus$
$[AgBr_2]^-$	2.14×10^7	7.33
$[Ag(CN)_2]^-$	1.26×10^{21}	21.1
$[AgCl_2]^-$	1.10×10^5	5.04
$[AgI_2]^-$	5.5×10^{11}	11.74
$[Ag(NH_3)_2]^+$	1.12×10^7	7.05
$[Ag(S_2O_3)_2]^{3-}$	2.89×10^{13}	13.46
$[Co(NH_3)_6]^{2+}$	1.29×10^5	5.11
$[Cu(CN)_2]^-$	1×10^{24}	24.0
$[Cu(NH_3)_2]^{2+}$	7.24×10^{10}	10.86
$[Cu(NH_3)_4]^{2+}$	2.09×10^{13}	13.32
$[Cu(P_2O_7)_2]^{6-}$	1×10^9	9.0
$[Cu(SCN)_2]^-$	1.52×10^5	5.18
$[Fe(CN)_6]^{3-}$	1×10^{42}	42.0
$[HgBr_4]^{2-}$	1×10^{21}	21.0
$[Hg(CN)_4]^{2-}$	2.51×10^{41}	41.4
$[HgCl_4]^{2-}$	1.17×10^{15}	15.07
$[HgI_4]^{2-}$	6.76×10^{29}	29.83
$[Ni(NH_3)_6]^{2+}$	5.50×10^8	8.74
$[Ni(en)_3]^{2+}$	2.14×10^{18}	18.33
$[Zn(CN)_4]^{2-}$	5.0×10^{16}	16.7
$[Zn(NH_3)_4]^{2+}$	2.87×10^9	9.46
$[Zn(en)_2]^{2+}$	6.76×10^{10}	10.83

附录6 标准电极电势

电对 （氧化态/还原态）	电极反应 （氧化态＋ne^-⇌还原态）	标准电极电势/V
Li^+/Li	$Li^+(aq)+e^-⇌Li(s)$	-3.0401
K^+/K	$K^+(aq)+e^-⇌K(s)$	-2.931
Ca^{2+}/Ca	$Ca^{2+}(aq)+2e^-⇌Ca(s)$	-2.868
Na^+/Na	$Na^+(aq)+e^-⇌Na(s)$	-2.71
Mg^{2+}/Mg	$Mg^{2+}(aq)+2e^-⇌Mg(s)$	-2.372
Al^{3+}/Al	$Al^{3+}(aq)+3e^-⇌Al(s)$	-1.662
Mn^{2+}/Mn	$Mn^{2+}(aq)+2e^-⇌Mn(s)$	-1.185
Zn^{2+}/Zn	$Zn^{2+}(aq)+2e^-⇌Zn(s)$	-0.7618
Fe^{2+}/Fe	$Fe^{2+}(aq)+2e^-⇌Fe(s)$	-0.447
Cd^{2+}/Cd	$Cd^{2+}(aq)+2e^-⇌Cd(s)$	-0.403
Co^{2+}/Co	$Co^{2+}(aq)+2e^-⇌Co(s)$	-0.28
Ni^{2+}/Ni	$Ni^{2+}(aq)+2e^-⇌Ni(s)$	-0.257
Sn^{2+}/Sn	$Sn^{2+}(aq)+2e^-⇌Sn(s)$	-0.1375
Pb^{2+}/Pb	$Pb^{2+}(aq)+2e^-⇌Pb(s)$	-0.1262
H^+/H_2	$H^+(aq)+2e^-⇌H_2(g)$	0
S/H_2S	$S(s)+2H^+(aq)+2e^-⇌H_2S(aq)$	$+0.142$
Sn^{4+}/Sn^{2+}	$Sn^{4+}(aq)+2e^-⇌Sn^{2+}(aq)$	$+0.151$
SO_4^{2-}/H_2SO_3	$SO_4^{2-}(aq)+4H^+(aq)+2e^-⇌H_2SO_3(aq)+H_2O$	$+0.172$
$AgCl/Ag$	$AgCl(s)+e^-⇌Ag(s)+Cl^-(aq)$	$+0.2223$
Hg_2Cl_2/Hg	$Hg_2Cl_2(s)+2e^-⇌2Hg(l)+2Cl(aq)$	$+0.26808$
V^{4+}/V^{3+}	$V^{4+}(aq)+e^-⇌V^{3+}(aq)$	$+0.337$
Cu^{2+}/Cu	$Cu^{2+}(aq)+2e^-⇌Cu(s)$	$+0.3419$
O_2/OH^-	$O_2(g)+2H_2O+4e^-⇌4OH^-(aq)$	$+0.401$
Cu^+/Cu	$Cu^+(aq)+e^-⇌Cu(s)$	$+0.521$
I_2/I^-	$I_2(s)+2e^-⇌2I^-(aq)$	$+0.5355$
O_2/H_2O_2	$O_2(g)+2H^+(aq)+2e^-⇌H_2O_2(aq)$	$+0.695$
Fe^{3+}/Fe^{2+}	$Fe^{3+}(aq)+e^-⇌Fe^{2+}(aq)$	$+0.771$
Ag^+/Ag	$Ag^+(aq)+e^-⇌Ag(s)$	$+0.7996$
Hg^{2+}/Hg	$Hg^{2+}(aq)+2e^-⇌Hg(l)$	$+0.851$
V^{5+}/V^{4+}	$V^{5+}(aq)+e^-⇌V^{4+}(aq)$	$+1.00$
Br_2/Br^-	$Br_2(l)+2e^-⇌2Br^-(aq)$	$+1.066$
IO_3^-/I_2	$2IO_3^-(aq)+12H^+(aq)+10e^-⇌I_2(s)+6H_2O$	$+1.195$
MnO_2/Mn^{2+}	$MnO_2(s)+4H^+(aq)+2e^-⇌Mn^{2+}(aq)+2H_2O$	$+1.224$
O_2/H_2O	$O_2(g)+4H^+(aq)+4e^-⇌2H_2O$	$+1.229$

续表

电对 （氧化态/还原态）	电极反应 （氧化态 $+ n\mathrm{e}^- \Longleftrightarrow$ 还原态）	标准电极电势/V
$Cr_2O_7^{2-}/Cr^{3+}$	$Cr_2O_7^{2-}(aq)+14H^+(aq)+6e^- \Longleftrightarrow 2Cr^{2+}(aq)+7H_2O$	$+1.232$
Cl_2/Cl^-	$Cl_2(g)+2e^- \Longleftrightarrow 2Cl^-(aq)$	$+1.3583$
MnO_4^-/Mn^{2+}	$MnO_4^-(aq)+8H^+(aq)+5e^- \Longleftrightarrow Mn^{2+}(aq)+4H_2O$	$+1.507$
H_2O_2/H_2O	$H_2O_2(aq)+2H^+(aq)+2e^- \Longleftrightarrow 2H_2O$	$+1.776$
$S_2O_8^{2-}/SO_4^{2-}$	$S_2O_8^{2-}(aq)+2e^- \Longleftrightarrow 2SO_4^{2-}(aq)$	$+2.010$
F_2/F^-	$F_2(g)+2e^- \Longleftrightarrow 2F^-(aq)$	$+2.866$

参 考 文 献

[1] Pauling L，Pauling P. Chemistry. New York：W H Freeman Company，1975.

[2] Miler F M. Chemistry Structure and Dynamics. New York：McGraw-Hill Book Company，1985.

[3] Lide D R. CRC Handbook of Chemistry and Physics. 71st ed. Boca Raton：CRC Press，Inc.，1990—1991.

[4] 申泮文．近代化学导论．2 版．北京：高等教育出版社，2008.

[5] 周伟红，曲保中．新大学化学．4 版．北京：科学出版社，2018.

[6] 浙江大学普通化学教研组．普通化学．7 版．北京：高等教育出版社，2020.

[7] 华彤文，王颖霞，等．普通化学原理．4 版．北京：北京大学出版社，2013.

[8] 杨秋华．大学化学．2 版．北京：高等教育出版社，2019.

[9] 周祖新．工程化学．2 版．北京：化学工业出版社，2014.

[10] 王国建，王德海，等．功能高分子材料．上海：华东理工大学出版社，2006.

[11] 罗红林，万怡灶，黄远．复合材料精品教程．天津：天津大学出版社，2018.

[12] 冯小明，张崇才．复合材料．重庆：重庆大学出版社，2007.

[13] 尹洪峰，魏剑．复合材料．北京：冶金工业出版社，2010.

[14] 吴晓燕．我国实现二氧化碳到淀粉从头合成．世界科技研究与发展［J］. 2021（5）：632.

[15] Haynes W M. CRC Handbook of Chemistry and Physics. 97st ed. Boca Raton：CRC Press，Inc.，2016—2017.

[16] Speight J G. Lang's Handbook of Chemistry. 16th ed. New York：McGraw-Hill Book Company，2005.

[17] Wagman D D. NBS 化学热力学性质表．刘天和，赵梦月，译．北京：中国标准出版社，1998.

元素周期表

IUPAC 2013

氧化态单质的氧化态为0.
未列入；常见的为红色。
以 $^{12}C=12$ 为基准的原子量
（注★的是半衰期最长同位
素的原子量）

图例说明（示例）：

95	原子序数
Am	元素符号（红色的为放射性元素）
镅	元素名称（注★的为人造元素）
$5f^77s^2$	价层电子构型
243.06138(2)★	原子量

氧化态：+2 +3 +4 +5 +6

分区图例：
- s区元素
- p区元素
- d区元素
- ds区元素
- f区元素
- 稀有气体

周期/族	IA 1	IIA 2	IIIB 3	IVB 4	VB 5	VIB 6	VIIB 7	VIIIB(VIII) 8	9	10	IB 11	IIB 12	IIIA 13	IVA 14	VA 15	VIA 16	VIIA 17	VIIIA(0) 18
1	1 H 氢 $1s^1$ 1.008																	2 He 氦 $1s^2$ 4.002602(2)
2	3 Li 锂 $2s^1$ 6.94	4 Be 铍 $2s^2$ 9.0121831(5)											5 B 硼 $2s^22p^1$ 10.81	6 C 碳 $2s^22p^2$ 12.011	7 N 氮 $2s^22p^3$ 14.007	8 O 氧 $2s^22p^4$ 15.999	9 F 氟 $2s^22p^5$ 18.998403163(6)	10 Ne 氖 $2s^22p^6$ 20.1797(6)
3	11 Na 钠 $3s^1$ 22.98976928(2)	12 Mg 镁 $3s^2$ 24.305											13 Al 铝 $3s^23p^1$ 26.9815385(7)	14 Si 硅 $3s^23p^2$ 28.085	15 P 磷 $3s^23p^3$ 30.973761998(5)	16 S 硫 $3s^23p^4$ 32.06	17 Cl 氯 $3s^23p^5$ 35.45	18 Ar 氩 $3s^23p^6$ 39.948(1)
4	19 K 钾 $4s^1$ 39.0983(1)	20 Ca 钙 $4s^2$ 40.078(4)	21 Sc 钪 $3d^14s^2$ 44.955908(5)	22 Ti 钛 $3d^24s^2$ 47.867(1)	23 V 钒 $3d^34s^2$ 50.9415(1)	24 Cr 铬 $3d^54s^1$ 51.9961(6)	25 Mn 锰 $3d^54s^2$ 54.938044(3)	26 Fe 铁 $3d^64s^2$ 55.845(2)	27 Co 钴 $3d^74s^2$ 58.933194(4)	28 Ni 镍 $3d^84s^2$ 58.6934(4)	29 Cu 铜 $3d^{10}4s^1$ 63.546(3)	30 Zn 锌 $3d^{10}4s^2$ 65.38(2)	31 Ga 镓 $4s^24p^1$ 69.723(1)	32 Ge 锗 $4s^24p^2$ 72.630(8)	33 As 砷 $4s^24p^3$ 74.921595(6)	34 Se 硒 $4s^24p^4$ 78.971(8)	35 Br 溴 $4s^24p^5$ 79.904	36 Kr 氪 $4s^24p^6$ 83.798(2)
5	37 Rb 铷 $5s^1$ 85.4678(3)	38 Sr 锶 $5s^2$ 87.62(1)	39 Y 钇 $4d^15s^2$ 88.90584(2)	40 Zr 锆 $4d^25s^2$ 91.224(2)	41 Nb 铌 $4d^45s^1$ 92.90637(2)	42 Mo 钼 $4d^55s^1$ 95.95(1)	43 Tc 锝★ $4d^55s^2$ 97.90721(3)★	44 Ru 钌 $4d^75s^1$ 101.07(2)	45 Rh 铑 $4d^85s^1$ 102.90550(2)	46 Pd 钯 $4d^{10}$ 106.42(1)	47 Ag 银 $4d^{10}5s^1$ 107.8682(2)	48 Cd 镉 $4d^{10}5s^2$ 112.414(4)	49 In 铟 $5s^25p^1$ 114.818(1)	50 Sn 锡 $5s^25p^2$ 118.710(7)	51 Sb 锑 $5s^25p^3$ 121.760(1)	52 Te 碲 $5s^25p^4$ 127.60(3)	53 I 碘 $5s^25p^5$ 126.90447(3)	54 Xe 氙 $5s^25p^6$ 131.293(6)
6	55 Cs 铯 $6s^1$ 132.90545196(6)	56 Ba 钡 $6s^2$ 137.327(7)	57~71 La~Lu 镧系	72 Hf 铪 $5d^26s^2$ 178.49(2)	73 Ta 钽 $5d^36s^2$ 180.94788(2)	74 W 钨 $5d^46s^2$ 183.84(1)	75 Re 铼 $5d^56s^2$ 186.207(1)	76 Os 锇 $5d^66s^2$ 190.23(3)	77 Ir 铱 $5d^76s^2$ 192.217(3)	78 Pt 铂 $5d^96s^1$ 195.084(9)	79 Au 金 $5d^{10}6s^1$ 196.966569(5)	80 Hg 汞 $5d^{10}6s^2$ 200.592(3)	81 Tl 铊 $6s^26p^1$ 204.38	82 Pb 铅 $6s^26p^2$ 207.2(1)	83 Bi 铋 $6s^26p^3$ 208.98040(1)	84 Po 钋★ $6s^26p^4$ 208.98243(2)★	85 At 砹★ $6s^26p^5$ 209.98715(5)★	86 Rn 氡★ $6s^26p^6$ 222.01758(2)★
7	87 Fr 钫★ $7s^1$ 223.01974(2)★	88 Ra 镭★ $7s^2$ 226.02541(2)★	89~103 Ac~Lr 锕系	104 Rf 𬬻★ $6d^27s^2$ 267.122(4)★	105 Db 𬭊★ $6d^37s^2$ 270.131(4)★	106 Sg 𬭳★ $6d^47s^2$ 269.129(3)★	107 Bh 𬭛★ $6d^57s^2$ 270.133(2)★	108 Hs 𬭶★ $6d^67s^2$ 270.134(2)★	109 Mt 鿏★ $6d^77s^2$ 278.156(5)★	110 Ds 𫟼★ $6d^87s^2$ 281.165(4)★	111 Rg 𬬭★ 281.166(6)★	112 Cn 鿔★ 285.177(4)★	113 Nh 鿭★ 286.182(5)★	114 Fl 𫓧★ 289.190(4)★	115 Mc 镆★ 289.194(6)★	116 Lv 𫟷★ 293.204(4)★	117 Ts 鿬★ 293.208(6)★	118 Og 𬀩★ 294.214(5)★

★镧系

| 57 La★ 镧 $5d^16s^2$ 138.90547(7) | 58 Ce 铈 $4f^15d^16s^2$ 140.116(1) | 59 Pr 镨 $4f^36s^2$ 140.90766(2) | 60 Nd 钕 $4f^46s^2$ 144.242(3) | 61 Pm 钷★ $4f^56s^2$ 144.91276(2)★ | 62 Sm 钐 $4f^66s^2$ 150.36(2) | 63 Eu 铕 $4f^76s^2$ 151.964(1) | 64 Gd 钆 $4f^75d^16s^2$ 157.25(3) | 65 Tb 铽 $4f^96s^2$ 158.92535(2) | 66 Dy 镝 $4f^{10}6s^2$ 162.500(1) | 67 Ho 钬 $4f^{11}6s^2$ 164.93033(2) | 68 Er 铒 $4f^{12}6s^2$ 167.259(3) | 69 Tm 铥 $4f^{13}6s^2$ 168.93422(2) | 70 Yb 镱 $4f^{14}6s^2$ 173.045(10) | 71 Lu 镥 $4f^{14}5d^16s^2$ 174.9668(1) |

★锕系

| 89 Ac★ 锕 $6d^17s^2$ 227.02775(2)★ | 90 Th 钍 $6d^27s^2$ 232.0377(4) | 91 Pa 镤 $5f^26d^17s^2$ 231.03588(2) | 92 U 铀 $5f^36d^17s^2$ 238.02891(3) | 93 Np 镎★ $5f^46d^17s^2$ 237.04817(2)★ | 94 Pu 钚★ $5f^67s^2$ 244.06421(4)★ | 95 Am 镅★ $5f^77s^2$ 243.06138(2)★ | 96 Cm 锔★ $5f^76d^17s^2$ 247.07035(3)★ | 97 Bk 锫★ $5f^97s^2$ 247.07031(4)★ | 98 Cf 锎★ $5f^{10}7s^2$ 251.07959(3)★ | 99 Es 锿★ $5f^{11}7s^2$ 252.0830(3)★ | 100 Fm 镄★ $5f^{12}7s^2$ 257.09511(5)★ | 101 Md 钔★ $5f^{13}7s^2$ 258.09843(3)★ | 102 No 锘★ $5f^{14}7s^2$ 259.1010(7)★ | 103 Lr 铹★ $5f^{14}6d^17s^2$ 262.110(2)★ |

电子层（各周期由内到外）：
- 1周期：K
- 2周期：L, K
- 3周期：M, L, K
- 4周期：N, M, L, K
- 5周期：O, N, M, L, K
- 6周期：P, O, N, M, L, K
- 7周期：Q, P, O, N, M, L, K